日本福祉大学COEプログラム
地域社会開発叢書

第1巻

地域社会と開発
― 東アジアの経験 ―

Vol.1
LOCAL INITIATIVES IN DEVELOPMENT
Cases of East Asia

余語トシヒロ・佐々木 隆 共編著

古今書院

序　言

　2003年、日本福祉大学は文部科学省の研究教育拠点（Center of Excellence: COE）の指定を受け、福祉系及び開発系の2つの大学院による共同研究プログラム「福祉社会開発のための政策科学の形成とアジア拠点の構築」に取り組むこととなった。その主な目的は、1つには福祉と開発に関する方法論的融合を図ることであり、2つにはその成果に基づいて途上国の福祉社会開発に従事する専門家並びに現場職員の育成に資することである。

　開発という言葉には、ティンバーゲンからシューマッハーに至る多くの先達の多様な意味と内容が含まれる。しかし、実際の開発行為は、経済の成長、すなわち物財の拡大再生産を如何に効率的に行うかであり、そのための諸資源の《動員と運用》に関する技術的問題が中心である。一方、福祉とは、シュバイツァーの実践やティトマスの提唱を嚆矢とするように、弱者も含む全ての人々の福利と安寧を確保することである。そのためには、公平の原理に基づく資源の《移転と供与》が必要であり、競争の原理に基づく資源動員とは方法論的に大きく異なると考えられる。しかし、資源の移転と供与を如何に効果的に行うかという意味において、福祉も開発と同様に技術的問題として捉えられるものである。

　勿論のこと、経済成長の最終的な目標が福祉社会の達成であり、福祉社会の実現には経済発展が前提となることに開発のみならず福祉の関係者にも異論があるわけではない。しかしながら、両者の間に未だ建設的な協働の枠組みが構築されないのは、共にその依って立つところが上記の技術的問題に止まっているからである。いわゆる専門家が開発や福祉に関わるには、それらを普遍性を持った技術的行為とみなすことが自身の存在価値を確認する基本的な術である。従って、競争と公平という相反する論理を方法論とする者同士がお互いの重要性を認識しながらも、実際の場では協働し難いばかりでなく、或る場合には対立にさえ至るこ

とになるのである。

　途上国への援助も、専門家にとっては《技術的行為》である。しかし、開発や福祉の当事者である現地の人々にとっては、資源の動員も移転も家庭の内や地域において日常的に行っている《社会的行為》であって、開発と福祉が両立するかしないかは、生活と生産の場である地域社会の構造上の問題である。それは、固有性に満ちた多様な存在であって、技術のように普遍化し得るものではない。

　福祉と開発に関する方法論的融合を図るということは、両者の技術的接点を求めることではなく、福祉と開発を包括する意味での地域社会の開発を目指すことである。それは、資源の動員と移転に関する地域の社会的能力と価値観を推し量り、必要な社会的条件を整備していくことである。福祉社会開発に関わる人材を養成するということも、福祉や開発に関する技術的方法論を教えるのではなく、多様な地域社会を《分類》し、その機能的特性を《比較》し、人々に参加の必要性を《説明》する論理的な思考過程を支援することである。

　このような試みが体系的且つ目的的に為されたことは未だなく、それ故のCOEプログラムである。本叢書は以下の5巻から構成される。

　　第1巻：地域社会と開発：東アジアの経験
　　第2巻：地域社会と開発：アフリカの経験
　　第3巻：地域社会と開発：中南米の経験
　　第4巻：地域社会と開発：南及び東南アジアの経験
　　第5巻：地域社会と開発：理論と方法

　第1巻から第4巻は、大陸間或いは大陸内の地域社会構造の特徴を歴史的経過と開発事例を通じて比較検討するものである。社会構造は歴史的過程を経て形成されるものである。しかし、歴史的理解が必要なのはその形成過程を知るためにすぎない。歴史的経過を至上とすると、開発とは歴史の帰結にしかすぎないことになり、途上国は先進国の歴史を辿り直さない限り発展しないということになる。これは、開発を文化に帰結するのと同じく危険な考え方である。歴史と文化、それらを構造に置き換えて論じない限り、福祉社会開発のための政策科学の形成はあり得ない。

　具体的には、東アジアでは日本・韓国・中国を、アフリカからはジンバブエ・ケニア・エチオピアを、中南米においてはブラジル・メキシコ・ガイアナを、そして

南及び東南アジアにおいてはインド・タイ・フィリピンをとりあげ、それぞれの歴史的過程を、多層集権制、無頭制、荘園制、港市制に基づく政治体制に比定しながら、そこにおける基底社会としての地域社会の構造を論じている。しかし実際には、これら大陸間の差異以上に、大陸内の差異、さらには各国内の差異の方がはるかに大きいものであり、そのような多様性に富んだ固有な社会構造の中から地域社会開発のための諸条件を特定していくことが真の狙いである。

　第5巻は、以上の12ヶ国の経験から多様且つ固有な地域社会を理解する分析の枠組みを提供し、福祉社会の開発を進めていく人材養成のためには研修を如何にデザインするかの方法と視点を提供するものである。行政から住民に至る多水準の関係、福祉から開発にわたる多部門の関係、現状把握から行動までの多段階の意志決定、それらを地域社会の構造的特性に即して構築することが開発に関わる《Competency-based Training》を可能にする唯一の方法である。

　本叢書は研究書としての形は敢えて避けている。政策科学の形成に到達点はなく、今後の理論構築には実務者の知識と経験からのフィードバックがより重要な役割を果たすと考えるからである。情報や経済がグローバル化するとはいえ、人々にとっての生産の場は地域社会であり、生から死に至る日々の生活を保障するのも地域社会である。このような地域からの情報発信があってこその意味あるグローバル化である。しかし、福祉と開発に関する諸経験が単なる独りよがりや自己満足的な体験に止まっている限り、対立や無関心は生まれても真の相互理解と学習の機会は生まれてこない。専門家に必要なことは、個人の主張と経験を《相対化》する能力である。相対化することによってのみ個別の経験を客観的に比較する視点が生まれ、お互いの意義を理解し尊重することができる。この叢書はそのためのガイドブックとして、孤立しがちな実務者や地道な事例研究者の交流が可能となり、その知識と経験が蓄積されるような《場》が形成されることを期待するものである。それが、執筆者全員の願いであると共に、福祉社会開発のための政策科学の形成とアジア拠点の構築を目指すCOEの責務でもある。

　このような叢書は、たとえ仮の第一歩としても、1人の努力でまとめ上げることができるものではなく、多くの研究者による過去の蓄積があってのことである。本叢書の主要な一部は、国際連合地域開発センターに集積された公表・未公表の研究報告に拠っている。これら研究報告の執筆者を巻末に記して謝意を表すと共

に、同センターの先見性と資料の自由な利用を許してくれた寛容性に敬意を払うものである。

2008 年 3 月

叢書監修者
余語トシヒロ

本書の目的と構成

　開発の分野では「東アジアの奇跡」という言葉が使われる。確かに、第2次大戦の荒廃からいち早く復興し1970年代には先進工業国としての地位を確立した日本、植民地化と朝鮮動乱による二重のハンディを背負いながらも1980年代には新興工業国となった韓国、改革開放により1990年代から急速な経済成長を続ける中国、東アジアを構成する主要国のいずれもが奇跡的な経済成長を経験し或いは経験しつつある。

　この事実は、第2巻から第4巻の対象となるアフリカ、中南米、南及び東南アジアの諸地域から見れば驚異的なものであり、成長の要因は何であったかが大きな関心事となる。一方、欧米諸国から見れば、途上国の中でも特に停滞的専制国家と規定してきた東アジアの成長は、欧米中心の歴史観やそれに基づく社会認識の再考を迫られるものである。言い換えるならば、東アジアは、発展途上諸国にとっては開発のための実務的関心の的であり、欧米先進諸国にとっては知的関心の対象である。

　東アジア成長の共通点は、農業部門の大部を占める小農経営が社会不安の要因や経済成長の足枷となっている発展途上諸国に対し、この小農経営部門が工業化に果たした積極的な役割である。或る時は工業化のための資本蓄積の場として、或る場合には工業製品の国内市場として、また或る時には農村工業が国全体の経済を牽引するという主体的な役割さえ果たしたのである。このような小農経営のダイナミズムは、工業部門との単なる経済関係以上に小農経営の場である農村社会の内部構造に求められるべきものであり、それは3ヶ国に共通してみられる《村請制》によって条件付けられた農村社会の自治管理機能にあったと言える。小農経営が故の村請制社会の形成とそこにおける農民の社会関係に、経済成長のための資源動員に加え、基本的な生活福祉のための余剰移転を見いだすことができる

のである。

　このような地域社会を規定する最も重要な視点は国制であり、東アジアに共通する特徴は領域管理国家であったことである。領域管理国家とは、その領土における領民の生産余剰を租税の形で、余剰労働を労役の形で動員するために、地籍と戸籍を整備し集権的な官僚機構を通じて徴税と徴用を行うことである。領域管理国家から生じるもう1つの特徴は、従って、徴税を個人から行うか村請けで行うかによって基底社会のあり方が多様なものとなることである。基底社会は、人々が日常生活を営むのに不可欠な社会単位として普遍的に存在するものであるが、村請制の下では、個人と国家を結ぶ中間団体としての機能を派生せざるを得ない。その役割は、行政の一部であると共に、多くの場合、徴税と徴用を確保するために社会秩序の維持を自律的に行い、小農個人では対応できない生産・生活基盤の整備などの社会的事業を担うことである。その結果、中央に対局するもう1つの集権的機能が必要とされ、中央から基底社会に至る多層集権を帰結するものである。

　このような村請制を基本とする東アジアの地域社会は、国によりその時代は異なるが、資源動員という単なる生産の側面だけではなく、教育、医療、貧困救済等、基本的な生活福祉のための余剰移転をも経験してきたのである。本書はそのような農村社会の現在的意味に焦点を当てるものである。ただしその現在とは、上記3ヶ国の農村社会が最も活発に開発に取り組んだ時期を示すもので、最新の情報や状況を意味するものではない。例えば、中国が農村近代化のモデルとして取り上げ、2006年から長期にわたって35万人の農村幹部を韓国に派遣しようとするのは、韓国が1970年代前半に経験したセマウル運動を学ぶためである。すなわち、韓国における35年前の経験が現在における重要な意味を持っているということである。

　第1章では、村請制の内容とその特徴を紹介する。村請制或いは農村の自治管理は、日本では歴史的に、韓国では運動論的に、そして中国では社会主義の理念の下に形成されたものである。ここでは、日本の近世村の成立とその内容を例示的に紹介して、東アジア的村落共同体の成立という課題に答えるものとする。

　第2章では、まず始めに、産業資本の形成に向けた日本の近代化過程、そこにおける農業と農村の変容、第2次大戦後の農地改革と農業協同組合の成立要件と

役割を紹介する。次いで、現在では集落という形で存在するかつての近世村、集落間の絆の強い行政村、合併によって住民の合意を得難くなった広域市、これら3つの状況における資源動員と発展の過程を事例を通じて紹介する。ここで得られる知見は、個人的土地所有と集団的土地運用を使い分けながら、市場経済に向けた地域農業を構築していく農民の知恵と行政の努力である。

　第3章では、李朝朝鮮の里と面を中心とする地域社会形成、植民地化による変容、独立後の農業問題等の歴史過程を紹介すると共に、韓国経済発展のきっかけとなったセマウル運動について詳述する。紹介する事例は、セマウル運動への取り組みの違いを示す3つの農村社会である。それらは、生活改善事業を通じて自治機能を回復し農業の近代化に至った標準的農村、商業的営農集団を社会化し村全体の発展を実現した先進的農村、支配と対立の構造に直面し多くの困難を伴った伝統的農村である。これらの事例に代表されるセマウル運動の意味合いは、従来の経済開発論や参加型開発論に対して或る種の反証を提供するものである。

　第4章では、中国の中央集権に関する歴史的理解を踏まえた上で、革命による農地改革、互助組と合作社の形成、人民公社の成立とその内容を紹介する。人民公社は村請制であるが故に、その1つ1つが閉ざされた画一的な社会であったが、郷村への改組と開放経済の導入により、その現在的意味は多様なものとなっている。事例では、開放経済とはいえ、市場へのアクセスも行政の支援も十分でない状況で、成長のための資源動員と福祉のための余剰移転を村組織の改編を通じて試行錯誤している村民委員会を取り上げる。その目的は、人民公社時代の集権的自治管理経験が、市場や行政といった外的環境が整わない状況で如何なる形で活かされているかを学ぶためである。

　第5章のまとめでは、以上3ヶ国の経験から、地域社会の自己組織力と変容力に対する村請制社会の意味を、その社会的枠組みと開発のための規範形成に向けた制度づくりの視点から整理するものである。

2008年3月

共同編著者

目　次

序　言 ... i

本書の目的と構成 ... v

第1章　村請制村落社会の形成 ... 1
　1-1　律令制から村請制への展開　1
　1-2　村請制村落社会の構造と機能　9
　1-3　貨幣経済の進展と村落社会の変容　15

第2章　日本の経験 ... 23
　2-1　近代化過程における日本農業　23
　　（1）産業資本形成期における農業構造の変容（23）
　　（2）統制経済の強化と農村開発（33）
　　（3）小農経営の確立と組織的対応（38）
　2-2　宮迫集落の事例　53
　　（1）集落の概要（54）
　　（2）茶業組合の設立（56）
　　（3）産地の形成（60）
　　（4）集落における生産者組織成立の条件（63）
　2-3　宮田村の事例　65
　　（1）村(地区)の概要（65）
　　（2）企業の進出による農家の兼業化（70）
　　（3）稲作機械共同利用組織の形成（72）
　　（4）農地利用の組織化（79）
　2-4　飯島町の事例　82
　　（1）飯島町の概要（82）
　　（2）農業組織の再編（84）
　　（3）資源動員を支える地域制度（89）
　　（4）制度の適用：本郷地区の場合（93）

 2-5　日本の経験から得られる知見　95
  （1）集落の構造と機能（97）
  （2）資源の動員と組織化過程（99）
  （3）配慮の制度化（102）

第3章　韓国の経験 ── 109

 3-1　韓国農村社会の形成とセマウル運動　109
  （1）李朝統治下の農村地域社会（109）
  （2）植民地からの独立と近代化への道（117）
  （3）韓国経済の発展とセマウル運動（128）
 3-2　斗山里大新マウルの事例　138
  （1）伝統的組織活動（139）
  （2）セマウル運動の展開（140）
  （3）社会基盤及び生活関連施設の整備（143）
  （4）生活関連事業と村組織の関係（145）
 3-3　倉所一里の事例　147
  （1）伝統的組織活動（148）
  （2）セマウル運動と事業展開（149）
  （3）施設園芸の発展（154）
  （4）マウル組織の再編（156）
 3-4　新村里の事例　159
  （1）伝統的組織活動（160）
  （2）セマウル運動の展開（162）
  （3）耕地整理事業の導入（163）
  （4）水利管理組織の再編（164）
 3-5　韓国の経験から得られる知見　166
  （1）マウルを枠組みとした地縁的社会関係の形成（167）
  （2）地縁的社会関係に基づく組織の形成（169）
  （3）生活改善から経済発展に至る開発パラダイム（172）

第4章　中国の経験 ── 177

 4-1　中国農村社会の形成過程　177
  （1）歴史的背景（177）

（２）　人民公社の成立と解体（189）
　（３）　移行経済下の農村（206）
4-2　禹州市域の事例　216
　（１）　農村企業の概要（216）
　（２）　社隊企業から農村企業への展開（218）
　（３）　行政指導と支援（219）
　（４）　村民委員会と村弁企業（220）
4-3　西街村と路庄村の事例　222
　（１）　西街村の村弁企業（222）
　（２）　村民小組の参入と農業生産（225）
　（３）　路庄村の村弁企業（227）
　（４）　個人企業の展開と農業生産（229）
4-4　岳庄村と八里営村の事例　231
　（１）　岳庄村の概要（231）
　（２）　岳庄村の村弁企業と農業生産（232）
　（３）　八里営村の概要（234）
　（４）　八里営村の村弁企業と農業生産（236）
4-5　中国の経験から得られる知見　238
　（１）　農村社会の構造と機能（239）
　（２）　集体経済下における農村企業の発展（242）
　（３）　個体経済下における新たな試み（244）

第5章　農村社会の内生的発展とその要因 ──── 251
5-1　集権的自治管理機能の形成　251
5-2　農業生産者組織の形成　255
5-3　農村社会における制度形成　257

索　引 ──── 263

謝　辞 ──── 271

著者略歴及び執筆分担 ──── 272

第1章　村請制村落社会の形成[1]

　東アジア諸国は、歴史的には中央集権的な領域管理国家であり、国制として律令が発達した。「はじめに」で述べたように、領域管理国家とは、その領土における領民の生産余剰を租税の形で、余剰労働を労役の形で動員するものである。そのために、土地は公土、人民は公民とし、地籍と戸籍を整備し、集権的な官僚機構を通じて徴税と徴用を行うものである。律令は、それを可能にする法体系であり、律は刑罰に関する諸規則を、令は行政機構と職階・職責に関わる諸規定を意味する。

　本書の対象となる日本、韓国、中国においては、その具体的内容がそれぞれに違っていたとはいえ、その基本的な枠組みは同じものであった。しかし、中国では社会の成熟過程に応じて数世紀にわたって整備されたものが、韓国、特に日本では、それを実施するには未だ成熟しきっていない社会状況の上に導入された。その結果、日本では律令制の原則からはずれた変則的な意味での村請制が先に成立し、中国では逆にその成立が一番遅くなったいきさつがある。

1-1　律令制から村請制への展開

　中国では、紀元前から律令の整備が進み、7世紀にその内容が完備したと言われる。この時期、中国では既に全国的な物流システムと貨幣経済が発達しており、封建的な氏族制は解体され、直系単婚家族を中心とした現代的な戸が既に成立していた[2]。また、王族以外に身分制はなく、律令を支える官僚の採用は科挙と呼ばれる選抜試験によった。従って、令に基づく知事や徴税官の職も現代的な意味での官僚に対する任命であり、王朝の衰退期を除けば、任地が封地的な領有権を

生むことも、職が封建的な身分として世襲されることもなかった。

　このような官僚制に支えられた王朝の専制的な領域支配は 15 世紀まで続き、その後徐々に公民の私的土地所有が制度化されていった[3]。しかしより発達した官僚制の故に、徴税のためには里甲（lijia）制が、徴用のためには保甲（baojia）制が布かれ、個人と国家を結ぶ自治的な中間団体を形成することも、村社会の請負制を導入することもなかった。このことが、中国では古代専制国家がつい近年まで続いたというイメージを与えるものである。村請制が成立したのは、1949 年に成立した共産党政権が「地方への権限の下放」というスローガンの下に高級合作社を組織化した 1956 年以降のことである。この高級合作社において、はじめて農民の生活装置と生産装置を結合させる村落の共同体化が進み、農民自身による自治管理が制度化されたのは 1962 年の後期人民公社以降である。

　朝鮮半島において最も長期にわたって安定した国家を形成したのは 14 世紀末に始まった李（Lee）朝である。李朝による領域管理は中国と同じ律令制によるものであったが、公民の間に両班（yangban）と常民（sangmin）の 2 つの身分が設けられ、両班にのみ官僚となるための科挙の試験を受ける資格が与えられていた。科挙に合格できない両班は、地元の役所で下役を勤める以外に何らの特権があるわけでなく、その生活は常民と変わるものではなかった。

　この李朝が、東アジア 3 ヶ国の中で最も古い時代に村落共同体の自治力を利用した徴税制を導入したと考えられる。15 世紀初めには面（myeon）がそのような中間団体として形成された。それは、里（ri）という村落共同体をまとめた行政村であり、民選による面長の下、独自の規約、司法、治安維持、社会的事業をも含む自治体として機能するのであった。しかし、上位階級としての両班の村住、彼らによる公土の私的荘園化が、面の自治的村請機能を阻害し、李朝の統治を弱めていくこととなった。その後、日本の植民地行政が、里の村落共同体的性格や面の自治的管理機能を破壊したばかりでなく、両班の私的荘園を私有地として認めることとなり、土地所有に裏付けられた身分制を再生産することとなった。それは、植民地的分割支配の方策としての両班少数支配による間接統治を可能にするものであった。その結果、日本の敗戦後は、旧英国植民地に見られるような社会対立を内包したままの独立となった。勿論、英国植民地の場合には少数民族と多数民族の対立であるが、韓国にとっては、土地所有に裏付けられた同じ民族内

の身分対立であり、対応の仕方によっては英国植民地以上に社会統合の困難なことが予想された。

実際のところ、独立後の農業開発事業のほとんどが、農地改革の実施にもかかわらず、農村内の対立或いは忌避によって何らの成果を生むこともなかったのである。韓国の農村社会が自立的に発展し、食糧問題の解消、資本蓄積、国内市場の拡大などによって工業化への道を開くことができたのは、権力構造とは無縁の生活改善事業を端緒とするセマウル（Saemaeul）運動が、村社会の自律的な管理を可能にしていった結果である。

一方、日本が律令制を導入した8世紀は、未だ貨幣経済はなく社会分業も未成熟であった。律令制を導入したきっかけは、中国の朝鮮半島への侵略による危機感により、旧来の氏族制の上に先進的な律令制を導入して国家統合を図らざるを得なかったことにあると言われる。従って、集権的な領域管理を支える地方官が、中国では官僚であり、基底社会を構成する戸が独立した小家族であったのに対し、日本のそれは中央に服属した豪族が地方官であり、戸は主従関係によって結ばれた複数の家族、おそらくは40〜80人ぐらいの規模[4]であったと思われる。それは古代氏族制の擬制としての律令制であった。

このような状況で成立した日本の律令下でも、当初、公土・公民の概念に基づく均田制が布かれるのであるが、そのための開田にあたって労働力を各戸から徴用することができず、氏族の長としての豪族の力に依存せざるを得なかった。その結果、私領地が発生したばかりでなく、公民の私有化も発生したのである。律令制の流れに遡行するこのような動きを抑制するために、新規開田とその荘園所有は、中央政府に連なる貴族と寺社に限って認められることとなった。とは言え、実際の開田は、これら貴族や寺社の所有名義の下で、在地の豪族や律令下での治安維持を担う下僚としての武家階級によって続けられた。彼等はその実質支配を守るためにさらなる武装化を進め、やがては土地と農民を直接支配する新たな階級として貴族支配から独立していくのであった。

歴史上、中国や韓国には存在しなかった中世という時代が、12世紀に日本で生起したのは、これら武力に基づく武家支配と律令に基づく貴族支配が対立し、その結果、在地武家に対する封地的な土地支配が認められ、その統轄者としての武家政権とそれを担う職（将軍）が設けられたことによる。そこでは、貴族によ

る名目的な律令支配と、軍事を担うことを前提にした武家による実質的な封建支配が併存することとなったのである。この中世における武家は、その成立過程によって非常に多様なものであった。主には、(1) 律令に基づき地方官（守護大名）として任命された武家とその配下の武家、(2) 貴族や寺社の下で荘園を実質支配する武家、(3) 荘園を直接領有する武家とその配下の武家、(4) 将軍の直接支配下にあって大小の地域に封地され、その規模に応じて軍事的出役を担う御家人といわれる武家、(5) 名子や被官と呼ばれる被支配家族を内包した戸の長としての武家であった。このように、律令によって位置づけられた武家はその一部にすぎなかったが、どの武家にも共通したことは、氏族的な遺制としての独立性を持っていたと同時に、その内部には主従関係という相互の依存性を持っていたことである。このような多様な武家を中心とする中世の問題は、いずれの武家もが潜在的な土地所有権の意識、或いは中間的な徴税者としての土地支配権の意識を持っていたことであり、律令制の理念とはかけ離れた非常に錯綜した領域支配を生んでいたことである。

　一方、荘園の一部では、武家による在地管理とは別に、荘園主と農民を主体とする村との間での契約的な納税システム（地下請制）がとられ、農村の自治的管理が始まっていたと言われる。このような村を惣村と言う。惣は全てを意味し、惣村は全ての農家による自治村に転意して使われる。しかしながら、その農家とは未だ氏族制の遺制である大戸の長を意味し、その中には隷属的な農家が含まれたものであった。

　このように、惣村を含むいずれの場合にも、戸は主従関係を含むいくつもの家族の集まりとして把握されており、土地に対する所有権と支配権が錯綜し、多元的且つ重層的な支配構造となっていたのである。それは、第 2 巻で紹介するエチオピア北部の土地制度に匹敵するか、或いはそれ以上に複雑なものであったと言える。このような中世の末期（戦国時代とも呼ばれる 16 世紀）は、将軍による武家の統轄が弱まり、律令制に基づく守護大名としての武家と在地武家との間の領国支配に関する争いであり、また在地武家の間での領地争いでもあった。具体的には、律令下では 68 の地方行政区域に分けられた国土が、30 数家の戦国大名によって分割独立支配され、さらにその下では 260 以上に及ぶ大小の領地に分かれて相争った時代である。

このような時代の統治課題が、如何に封建諸領主の武力を管理し、その臣従関係を固定化するかであったことは当然である。そのため、第1に、各領国の領主の支配下にありながら小領地の支配者でもある武家をその領地及び領民から分離し、第2に、徴税システムを一元化するために、農村内の主従関係を解体して実際の耕作単位である直系単婚家族を独立した戸として制度化し、第3に、以上の結果として、各領国の富力とその位置関係を明らかにしてその間の均衡を図ることが必要だったのである。

　第1の点に関して実施されたのが兵農分離と刀狩りである。兵農分離とは、従来、土地に帰属した配下の武家、つまり、或る時は村に在って農事を管理し、或る時には領主の下で軍事・行政に従事したものを、一切その土地関係から切り離して城下町に居住せしめ、職業的戦闘集団として再編することであった。武家の内、村に残る道を選んだ者は土豪として有力者層を形成するのではあるが、彼等も農民として規定され、その所有する武器を含め全ての武力を農村から排除したのが刀狩りである。

　このような兵農分離政策は、権力抗争の激しかった中部地域を中心に始まったが、東北地方や九州さらには山間部などの周辺地域では兵農未分離のまま終わったところも多い。従って結果的に、兵農分離という武家と農家の社会的分業を果たした中部地域の織田、豊臣、徳川が順次全国の統一者となり、近世武家政権を樹立することとなったのである。17世紀に始まる近世は、武家と農家という社会的分業を担う封建的身分が制度化されただけではなく、支配者としての武家は都市に居住し、被支配者としての農家は農村に居住するように、その居住地域が空間的にも分離されたことを特徴とする。

　この農村という耕作者の居住空間を確定しその納税力を担保しようとしたのが上記の第2点に関して実施された村切りと検地である。村切りとは、課税単位としての村の領域（村境）を確定することであり、検地は、村の領域内の生産地を特定しその面積を実測することである。圏域管理国家として、検地は古くから行われ、律令制下の民部省図帳、荘園制下の検注、中世武家政権下の田文があるが、検注や田文などは指出（家臣による自己申告）であり、それほど精緻なものではない。しかし、戦国期、諸大名が自らの領地の一円支配を推進するようになると、その領国支配の基礎作業としての厳密な検地が行われるようになる[5]。

この時期の検地は、田畑1枚1枚の面積と生産高が検地帳に記され、私領民として耕作に携わってきた者も本百姓（公的農民）として検地帳に登録し、永代耕作権を与えると共に貢租義務を課したものである。検地帳は、一言で言えば、地籍と戸籍に課税台帳を統合したようなものである。全国検地は、従来、戦国大名によってまちまちであった検地基準を、共通な面積尺度と土地評価尺度に統一し、さらに、米の生産高という全国共通尺度でもって各領国の富力を公定した一大事業であった。また、貴族や寺社の荘園も統一者による新たな知行の対象となり、従って厳密な検地が行われた。

　検地帳には、当初、字名、土地形状、等級、面積に加え、分付名（所有者）と作人（実際の耕作者）が分けて記載された。しかし、近世に入ってからの新しい検地では、作人が所有者として登録され、耕作者がすなわち納税者として確定され、地主その他の中間的既得権が排除された。また、納税の方法は村請制となった。その形態は中世荘園制下の惣村による地下請制に類似するが、既に述べたように、そこでの戸は主従関係を含む大戸であり、村の自治機能を担う戸長は一族の長としての封建的なものを代表した。しかし、近世の検地においては検地帳に載せられた耕作者が戸を形成するのであり、ここにようやく直系単婚小家族を単位とした現代的意味での戸が形成されたのである。

　このような近世の検地、すなわち全国的な測量検地は以下の条目に従って行われた[6]。

①田畑1筆（枚）毎の検地（測量）を行うこと。長さの単位は6尺3寸、面積の単位は歩（坪）とし、300歩を1反とすること。
②石盛り（米の生産高）は基準に従って上・中・下で示し、下々田は検地役人の見計らいによる裁量に任せること。
③屋敷の石盛りは1石とすること。
④山畑の石盛りは過去の生産高を報告させた上で検地役人の裁量で決めること。
⑤基準石盛りより高い上々田は以前からの石盛りを用いること。
⑥山や海からの小物成（生産物）は申告に基づいて石盛りに換算すること。
⑦以上をもって村全体の石盛りを示すこと。ただし水田化が可能な畑の面積、干害や水害の可能性のある水田の面積を付記すること。

⑧村切りは隣接する村同士の立ち会いの下で行うこと。
⑨計量の単位は京桝とし、古い桝は全て回収すること。
⑩検地結果を検地帳にまとめ、その写しに検地役人の判を押して村方にも残すこと。
⑪検地役人は村方の供応を受けず、全て自らの賄いで行うこと。ただし薪と馬の飼料は村方に提出させること。
⑫検地役人は村方からの謝礼・贈り物をいっさい受け取らないこと。

　一方、村請制による年貢高は、以上の検地で認定された村の生産高に対する定率であり、領主による年貢取得料の上限が確定されたものと見ることができる[7]。これはかつての隷属農にとって、それまでのただ働くだけで、給与されるものは戸長の私的配慮による20～30％前後[8]の取り分という状況から脱却できるものであった。村請制の取り分は50％が原則であり、農民の努力によっては取り分がさらに多くなることが期待され、独立した農家としての近代的経営が成り立つことでもあった。実質的には60～70％の取り分になった[9]と言われる。農民にとって検地は土地私有の契機とも捉えられ、従って、上記の厳密な測量にもかかわらず農民による抵抗はなかった。

　しかし、中世的（兵農未分離な）武家支配が残っていたところでは検地への抵抗があり、その度合いによっては村ごと殲滅されたところもある。また、名子や被官を残すことで妥協されたところも一部には存在した。このことが、近世村が中世的遺制を一部の地域に残すこととなり、近世が農民の自治的世界であったか、或いは隷農的な封建世界であったかの議論を生むと共に、現在の農村の性格に地理的な違いが生じる遠因ともなっている。

　第3の点に関して実施されたのが知行である。以上の諸手段でもって封建領主の家臣団を農地・農民から地理的にも社会的にも分離することによって、それまで彼らに帰属した領地・領民の支配権を、全国の統治者が各封建領主に与える知行権に付属させることができたのである。つまり、農民は永代農地に帰属して一体となって大名領国を形成し、家臣団は俸禄者として領主に帰属し、この領国と領主を結ぶ知行権は全国の統治者に帰属し、よって全国の統治（武家の統轄）を可能にしたのである。

　この知行権と領国支配権の関係は単なる形式に止まらず、例えば、或る領主が

領地換えになった場合、つまり知行権が行使された場合、その武力の禍根を残さぬため領主は家臣団全てを新領地へつれていくことが要求され、一方、検地帳に記載された農民は1人もその領地からつれ出すことは許されなかったのである[10]。このような知行権の意味からも明らかなように、近世封建体制における全国の管理は、一応は領主による封地制をとりながら、それは必ずしも領主にとって天賦の領国支配権を意味するものではなく、多くの場合、領国管理をまかされていたにすぎない。従って、その管理のあり方如何によっては、つまり体制を維持する能力の如何によっては、常に領国とり上げ或いは小領への移封という立場にあった。

　一方、知行された大名は、既に述べた俸給者としての家臣団に知行所として従来の村からの徴税権と徴用権を与えることもあった。しかし、1つには彼等家臣団による私的支配によって村の秩序が脅かされたこと、2つには頻繁に行われた領地替えから、このような家臣団の知行所制度は名目化し、近世の早い時期に全ての徴税は領主の一括行政（藏入り米）となった。

　いずれにしろ、この時期の封建制は、中国や韓国との対比で言えば、科挙という官僚選抜試験の代わりに、知事としての大名武家、官僚としての一般武家という世襲的身分が、律令制の枠組みの中に折衷された形で生かされた日本的特徴である。それは、封地封建制よりは絶対王政に近い性格を持っていたのであり、さらには、各封建領主の武力増大を防ぐために、領国の富力に応じた参勤交代（将軍の命令による出陣形式の擬制）の出費項目を細かく規定した上、必要に応じて武家政権（徳川幕府）のための河川改修その他の土木工事を命じてその出費を強いたのである[11]。

　これらのことが、彼ら領主をして、領国管理に関する2つの関心を生ましめた。第1は、領国の収入を増やすために、農業、特に米の生産力を増大せねばならぬことであり、第2は、農村社会の安定を図って農村からの納税を確保することであった。第1の点に関して言えば、近世封建制時代のはじめ100年間における河川改修や灌漑事業は600件に及び、農地の拡張は当初の150万haから300万haへと倍増するのである。事実、この時期におけるこれら事業のほとんどが領主による直営であり、彼等の事業経験が地方の書として蓄積され、地方行政体による開発行政の知的基礎を為していくこととなった[12]。また、これら事業実施のた

めの技術集団の形成をも促すこととなった。

1-2　村請制村落社会の構造と機能

　日本の近世村は、以上に紹介した兵農分離、刀狩り、村切り、検地、村請等の諸施策を総合した形での村落共同体である。勿論、この村落共同体は、農奴制下の農村社会とは対極にあり、農民による耕作権は制度的に保証され、村は土地の運用権を伴った自治的性格を持ったものである。そこでは農村への外的強制力の執行は極度に押さえられたものであり、領主といえども、徴税権の執行以外には農民と農村の如何なる権利も侵すことは許されなかった。

　それを保証するための土地支配権は、上位権力（将軍と大名）と下位権力（村方と農家）の間で以下のように明確に区分されたものであった[13]。

①知行：将軍による大名及び直属の武家（旗本）に対する統轄支配の一環を為すもので、具体的には徴税権者としての領主の任命権。

②領知：大名の領地・領民に対する支配、具体的には領地と領民の安全確保を前提とした徴税権。

③進退：村がその村持ちの入り会い山林原野に対して行う支配権を意味するが、多くの場合、村社会の秩序を維持するために個人の農地利用や配分を共同規制する運用権を含む。

④所持：各農家が納税を前提に農地を永久利用する耕作権。

　一方、前記の第2点の農村社会の安定を図り農村からの納税を確保するためには、農家の社会的身分や永代耕作権を保証するだけでなく、農村そのものを法度支配（法的規制）の下に置き、外部、特に都市の影響から隔てておくことが必要であった。それらは、農民の移動の禁止、農民の身分と耕作権の永代売買禁止、分地制限、勝手作の禁止、消費生活の規制、商人の農村での営業禁止等々である[14]。また、農家は五人組に編成され、納税の共同責任を負うと共に、異端信仰、人身売買、博打、徒党の相互監視と告発の義務を負った[15]。

　これらの諸規制の下で、農民のエネルギーを農村内における生産活動に限定させるためには、農村を社会的にも経済的にも自己完結させることが必要であった。

そのため、村切りされた農村は次の種類の土地によって構成された。それらは、(1) 農民の居住地域である集落や (2) 生産のための耕地に加え、(3) 農民の消費燃料源としての共有薪炭林、(4) 耕地の肥料源としての共有草地、そして (5) 村の諸経費に当てる村持ち耕地である。図 1-1 は、この近世村の空間的枠組みを概念的に示すものである。

村を構成するこれらの土地情報は全て名寄帳に整理され、農村管理のみならず開発のためのデータ・ベースとされたのである[16]。例えば、先に述べた開墾・灌漑事業においては、農地の生産性よりも、上記の 3 つの共有地が、農地・農民とのバランスを持って確保できることが農村存立の条件として事業計画作成の中心課題となっていたのである。さらに、これら共有地への入会権が村民にのみ与えられ、農民にとっては、農地の所有のみが生存の条件ではなく、農村社会のメンバーであることが不可欠だったのである。

近世の村は、以上のような空間的枠組みを持った村落共同体として、また村を単位として納税を請け負う自治的な行政単位として成立したのである。その自治組織の中心を為すのが村方三役である。それらは、(1) 庄屋（東日本では名主）、(2) 組頭、(3) 百姓代である。庄屋は、村政全般を取り扱うものとして村内の有力農民がその任に当たる。組頭は、村内がいくつかの組に分かれている場合にはその代表者としての責務が課され、同時に庄屋を補佐する。百姓代は庄屋・組頭による村政運営を監査する役職である[17]。この村方三役による村政は、第 1 には、大名による徴税・徴用の代行であるが、作柄の状況に応じた毎年の交渉、さらに

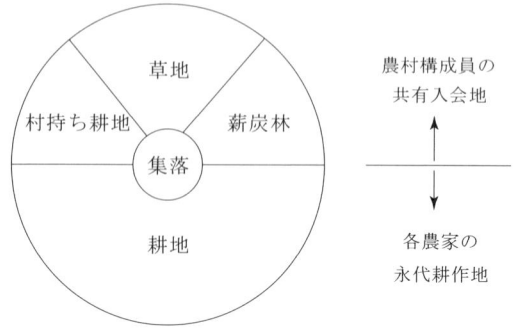

図 1-1　近世村の概念図
（作図：余語トシヒロ）

は不当な要求に際しては、中央政府である幕府への直訴をも含むものである。第2は、村内の生活・生産基盤の整備と上記の土地に関する進退及び運用。第3は、村法の制定とそれに基づいた裁判権の執行。第4は、村における文化・福祉・社会事業の実施。第5は、以上の全てに関わる財務管理、文書管理、そして村内の合意を得るための寄り合いの開催である。

　第1の徴税は当初は米の物納であり、そのための村内の差配が中心であるが、後に一部金納となったときには、市場における相場の情報収集や投機的行為まで含むものとなった。また、大名経済が困窮した際には、先納金或いはご用金として村による領主の救済処置も行った。勿論のこと、その反対給付として、領主は自然災害や緊急事態に村を救済することが期待され多面的な公的救済（社会福祉）制度が整備された[18]。また徴用には、助郷、人馬の提供、普請等があり、その負担の各農家への割り振りと伝達、確認作業が含まれ、一旦徴用を受けた場合には、全責任を負って主体的に取り組むものであった。

　第2の土地慣行では、下記のような土地利用の調整や規制に関わるものが中心であった[19]。

① 入り会い：共有地の維持管理と利用（草や薪の採取）に関する取り決め。多くの場合、販売目的の採取は禁止された。
② 余内：無収穫地が生じた際、その租税分を各農家が検地帳に基づく持ち高に比例して負担すること。
③ 地ならし：各農家の検地帳に基づく持ち高と実際の生産高に違いが生じてきた時に行う自主的な再検地。
④ 割地：耕地の配分或いは再配分に関する総称であり、地域や時期によりその内容は多様である。主なものとして、(1) 地ならしの結果、検地帳の持ち高に応じて耕地を再配分すること、(2) 自然災害が一部の農家に集中するのを避けるため、各農家の農地を分散化すること、(3) 不可避の理由で財政難に陥った農家に村持ちの農地を貸し付けること等があげられる。
⑤ 村役：村持ちの入り会い山野の管理に加え、用水路の掘削、村道の改修、社寺を含む共有施設の改築等のための労働動員。
⑥ 補償：上記の用水路の掘削、村道の改修、さらには新たに溜め池を作った場合に失われる田畑の年貢を関係農家で負担する旨の約定。

⑦無年季的質地請け戻し：質地・質流れ地などを元金さえ返済すれば質入れから何年経過していても請け戻すことができる慣行。後には有名無実化する。
⑧土地売買の制約：他村に売らない、質入れは村内で行う、金が必要な農民には村が質にとって金を貸す、等々の慣行。これらの慣行を通じて、徴税の対象となる農地が他村の農家の所有となることを防いだ。

　このような土地慣行を維持するためには、それに違反した農家或いは村民を処罰する機能が必要となる。上記第3の裁判機能として、村からの追放、付き合い禁止、罰金刑等が村内の裁判権として認められていた。このような裁判権を含む村の頂点に立つのが先に述べた庄屋であるが、領主行政の代行や単なる行政的パイプ役としてより以上に、村全体の納税や秩序維持の最終責任者としての役を負わされていたのである。従って、これら共有地とその入会の調整、灌漑水の配分を含む農村の基盤整備と管理を通じて、村民全体の生活・生産維持を図ることが重要な任務だった。そのため、年間延べ数千人に及ぶ労働力を村役として動員し、水路、村道、その他共同施設の維持管理を図る一方、郷倉に代表される農村福祉の整備をしていかざるを得なかった。

　郷倉を含む第4の文化・福祉・社会事業に関わるものとして以下のものがあげられる。
①村単位の氏神の創出と祭祀。祭日と祭事の決定を含み、村方芝居もその一環として育成・奨励された。
②お七夜、宮参り、初節句、誕生祝い、七五三等、産育に関わる諸行事の決定。
③成人・婚姻の承認、組織への参入の承認。
④貧窮者への無利子貸し付けなど村費による救済、及び公的救済の願い出。
⑤上層農民による金品の施与、住居の提供、就職の世話等の呼びかけと調整。
⑥困難者救済のための無尽講や頼母子講の組織化、或いはその承認。
⑦領主による社倉や義倉に加え、郷倉（備蓄食糧）の管理。
⑧寺子屋師匠の引き請け。一般的には、住居の提供や生活の一切を賄える量の米穀を用意する必要があった。
⑨村方医師の引き受け。上記の寺小屋師匠と同じ条件が用意された。

　ここに上図の空間的枠組みにおける村落共同体の諸機能が明らかにされるのであるが、これらの諸機能を執行したのは、目的に応じて作られた機能組織ではな

く、近隣を土台とする地縁的な村組であった。村組は、同一地域に定位される家々の一律平等的結合であり、(1) 村落内を分画した地域単位にほぼ平準化した形で組織され、(2) 家数や家並を本来的な編成基準とはしないものである[20]と規定されている。構成は 10 〜 30 戸の農家からなり、その主な機能は以下のようであった。

①上記の村全体の共同機能を割り付けられそれを分担する。さらには、水番、夜番、防火、祭礼行事における出仕、産土神への供米提供、等々。

②農事労働、家普請、葬婚など、個々の農家の生産・生活に即した互助機能。従って無尽講や頼母子講の単位となることも多い。

③飢饉に際しての領主からの支援金や貸付金、救済米を受ける最小単位として機能し、個々の農家の状況に応じて分配。

村組の組頭は、有力層からの選抜、入札(選挙)、輪番等、地域によって多様であった。一部の地域では寄り合い所を共同所有する場合もあったが、そうでない場合には、一定期間の寄り合い所を提供する宿元を輪番で決め、茶、炭、薪などの準備を担当した。その場合も、座布団や食器などの道具は組によって共有されていた。村組は、このような日常生活に基づいた多機能の地縁組織の故に、先に述べた五人組は、近世半ばにはこれら村組に統合されるか有名無実となっていった。しかし、既に述べたような兵農未分離のまま中世的封建制を残した村では、逆に五人組が村組の機能を果たすようになった場合がある。

以上に見られる自己完結的で共同体的性格の強い農村社会は、その土地慣行、行政機能、社会慣行等々からその特性を理解することができるが、村請制としての農村には、第 5 点の財務管理と文書管理が、村の行政力との関連で必然的なものとなってくる。兵農分離により徴税権者は納税者から空間的にも隔たることとなり、文書による支配が必要となってくるわけである。また村方の要望も文書によって提出されねばならない。このような文書による支配は、権力側も明文化した自らの決定に規制されることとなる[21]。また、村内においては、生産・生活基盤に関わる諸事業のための財務管理、福祉のための基金管理、検地帳の作成、納税記録等々、全てが文書化されねばならなかった。さらには、各農家の年貢負担額を書き上げた名寄帳が作成され、全ての農家による押印が必要とされ、百姓代による監査が為されたわけである。これは、中世の主従制に基づく人間関係が解

体し、個人個人の権利に基づく自治体として村が機能していたことを意味すると同時に、農民或いは村民であることは、識字と計算能力が必須であり、上記の寺小屋教育が普遍的に必要とされたのである。

　村毎に作成された文書は 30 種以上になると言われるが、その主なものは以下の通りである。

　①検地帳・名寄帳・その変更の文書
　②年貢、その他の租税の記録書
　③各種小物成や賦課された役負担分の記録書
　④村の運営費を記した村入用帳
　⑤五人組帳
　⑥人口や家族構成等を記載した宗門人別帳
　⑦その他証文類

　このように 1 つの小国家にも相応するような農村行政には、庄屋を頂点とするヒエラルキーが形成されるのだが、注意すべきことは、これら庄屋が領主を頂点とする大名行政の末端には必ずしも位置していなかったことである。かつては、庄屋をはじめとする村の有力者層は、従来の領主及びその家臣団の支配による封建ヒエラルキーに属していたのである。しかし、既に述べた領主交替の事実や村請制の故に、明らかに独立した人格を持つようになったのである。例えば、村は自己の名義で他村と議定をなし、村の連合体（郷中）として協約を結ぶこともできたという農村自治の実態を上げることができる。また、庄屋と農民を中心とする農村社会は、新しく知行された領主の理不尽な政策に対しては、庄屋自身、村民を組織して抵抗し、或る時は百姓一揆にも至るのである。極刑という形で責任をとらされる危険すらあったのであるが、庄屋にとっては、領主に服従して村民の信頼を失うよりは死をもって村民の信頼をその子孫につなぐことの方が価値があったのである。

　このような農村管理者層の価値観を育て維持したものに、宮座階梯と寄り合いを上げることができるかもしれない。社会組織としての宮座階梯は、先に述べた幼児の産育から始まり、子供組、烏帽子成（若者組）、長成、年寄り衆と続く年齢階梯制である。これは、第 2 巻で紹介する *gada* system と同じく長老制社会にのみ見られるものである。庄屋や村方三役となるには、単にその家柄ではなく、

この年齢階梯組織の中で指導者としての能力と資質を証明することが必要条件であった。一部には世襲による場合や直接選挙による場合もあるが、一般的には、数軒の家柄から合議で選ばれ、寄り合いにおいて承認されるという手順がとられた。庄屋の選出に限らず、全ての審議事項は、個々の村組や村全体での寄り合いにおける協議、内容に応じては年齢階梯を代表する肝煎（廻り持ち）や年寄衆（10人をとな衆）との協議によった。

既に述べたような兵農未分離かつ領主の領地替えがなかったところでは別の様相を示していたとは言え、一般的には、中央での集権、領主を中心とする地方レベルの集権、さらには農村社会をもう1つの集権体制とする近世封建社会の多層集権が、農村社会の自律性と地縁的に強く結ばれた村落共同体を形成し、後には小農による農業発展の基礎となっていくのである。

1-3　貨幣経済の進展と村落社会の変容

以上に紹介した農村社会の形成に加え、近世封建制を支えたもう1つの柱が米作に基づく経済体制であった。領国の富力が米の作高によって測られ、米が換金のための主要物財であった。従って、米が農民が領主に納める租税であり、領主はその米を家臣団への俸給とし、残余を売って領国の維持管理にあてた。また、家臣団は飯米を残して残余を売りその家計費としたのである。つまり米が領主の財源であり、米作が農民に課せられた義務だったのである。

かような米の流れを中心に、日本の流通システムが形成されたのは当然である。その1つは領主により売却された米を、江戸（現在の東京）、大阪、京都の大消費地へ廻す全国的な物流ネットワークであり、全国の米生産高の20%以上がこの流通にのった[22]。その結果、航路開発や港湾整備を伴う流通基盤の整備に加え、海路と陸路の運送業、集出荷、倉庫業務、価格調整、為替、先物取引、決済制度等、市場取引に必要な諸機能が全国にわたって発展した。これらの市場取引を担ったのは、各藩を代表する蔵役人と免許を与えられた独占的商人である。

他方、家臣団により売却された米と農民の余剰米を領国内で流通させる地方流通システムが地方商人を中心に発達し、ここにも領主を中心とする全国流通シス

テムと農村経済を基とする地方流通システムが、多層集権と斉合して形成されていくのである。

　この流通システムの二重構造が農業的意味合いを持ってくるのはむしろこの先の変革期で、この時期においては、システムの発展そのものがより大きな影響を持った。つまり、流通システムの発達が米の換金性をより高め、領主にとってより商品価値のある米を得ることが必要になった。これが農民にとって、第1に、高収米を作るだけでなく、その乾燥、脱穀、籾摺を通じて良質な米を作ることを必要とし、第2に、そのために、在来種に合う農具を作るか或いは在来の農具に合う品種を選抜育成するという技術革新が自然に発生した。これは改良品種とか改良農具という個別技術を意味するのでなく、栽培から収穫調整までの一貫技術であり、数百に及ぶ斯様な技術体系が在来技術に基づき各地に発生してくるのである。第3は、当然のこととして、農民がこれら農業機器の操作・修理を習熟せざるを得なかったことである。さらには、第4点として、遠隔地への大量輸出に見合う丈夫で規格化された米俵を作る技術、それを使って納米することを普遍的に必要としたことである[23]。そしてこれらのことも、次の農業変革期において、新しい市場に対応していく農村社会のダイナミズムの基礎となるのである。

　いずれにしろ、以上に、知行権と米作経済に基づく近世封建体制下の農村をみるのであるが、その初期100及至150年は安定した成長期であり、農民も私領民の時の得分30～40％に較べ、50～60％の得分を得、農民にとっては、土地の肥培管理と技術の改良、そしてそれを子孫に伝えることが全てであり充分であった。かような状況と先きに述べた農地拡大や流通整備が相まって、この時期における農業生産の増加をその初頭に較べ少なくとも2.5倍にしたと言われる[24]。しかしながら、かような農業生産の増加は流通経済の益々の拡大と都市消費経済の急激な成長を招き、やがては農業と農村の変革をきたし、その安定の上にあった近世封建体制そのものを崩壊に導くのであった。

　武家（家臣団）の城下町居住、商人の農村での営業禁止、流通システムの発達については既に述べた。当時、人口3,000万に対し、武士、商人、流通関係者、手工業者、及びその家族を含む非農村人口はおよそ600万であった。これが、江戸、大阪、京都ばかりでなく、全国に20以上の大・中消費都市を形成していった。これらの都市消費人口に、完備された流通システムを通じて米以外の各地の産物

が出まわりはじめると共に、貨幣を中心とする消費経済がさらに拡大していったのは当然である。それと共に、領主にとって領国管理と幕府から決められた出費項目のための貨幣需要が増大していったのである[25]。

しかし一方、米を中心とする農業生産の伸びは、農地の外延的拡大の限界から当然鈍化していった。これには土木技術の停滞と家臣団の体制への寄生、また、彼等が都市に住むことによって消費文化を享楽し、土木事業実施のエネルギーを喪失していったこともある。いずれにしろ、当初には、領国の全米作高の40～50％を租税として農民から取り、その約半分を俸給として家臣に与え、その残り、つまり全米作高の20～25％で領主及び領国の財政需要を賄えたのが、米作の増産にもかかわらず、次第に40％以上に及ぶのである[26]。

かような状況の下、領主がとり得た一般的な手段は、まず第1に貢租率の増加であり、第2に貢租米を一括売却して家臣団への俸給を貨幣に代えることであった。これは米価の上昇と共に家臣団の実収入の低下をきたしたが、それによって領主の貨幣収入が増えるばかりでなく、全国商人からの負債力を増すことができたのである。そして後に、第3の対策として導入されたのが、製塩を含む海産、鉱山、製糖、窯業、織物、製薬等々の地場産業を奨励育成し[27]、その直轄販売によって、といっても全国的商人への販売を通じてであるが、貨幣収入の追加増大を図ることであった。

当時、農村では農家経済の維持のため農地の0.7 ha未満の分割は規制されていたのであるが、徐々にではあるが人口の増加があり、農地拡大の限界と相まって大多数の農家を規制以下の農地規模にしていた。近世初期の得分の増加と収量増の効果は、人口増により既に吸収されており、家計余剰はむしろ低下していたのである。領主のとった第1の手段が、農民の生活危機に直ちに結びついていったのは当然である。農村が自己完結的経済圏であり、農民にとって農村にしか居住が許されなかった以上、彼等のとり得た対策は、まず共有草地をつぶして都市消費向けの商品作物を作ったり、副業を行って減少した米の得分を補うことであった。これは、領主が第2の手段をとった以降、さらに一般的になる。つまり、領主が貢租米を一括して全国的商人に売却することにより、地方商人の取り扱い分が減り、その結果、彼らをして農村の商品作物栽培と副業を奨励し、その販売を扱って生活せざるを得なくしたのである[28]。

農家は、年貢としての米を組頭や庄屋に納めるのであるが、当初より、畑作物は個人が現金化して金納することになっていた。従って畑作の比重が大きいところでは農民の市場及び商人との接触は以前からあったが、この傾向が純稲作地帯にも拡大し、一部では水田の畑作物への転用すら引き起こし始めた。農村の供給、都市の需要、そして地方商人の関心が結びついた時、商品作物の栽培が一気に拡がっていったのである。その主なものは、煙草、綿花、養蚕、藷類、漆、茶、麻、藍、紅花、果実、薬草、等々であった[29]。問題は、これら作物栽培が今までの自給自足のためではなく、市場に向けた激しい地域間競争を伴って産地形成していったことである。そして、この産地形成の基礎が、先に述べた農民の機器操作を含む収穫調整技術であり、在来技術の一貫した体系であり、村組或いは五人組の共同作業であり、そして庄屋による生産者組合的な組織化であった。さらに、この生産者組合と結びついてなされた地方商人による加工業が、ますます産地形成を拡大していったのである。ここにも先きに述べた領主による手工業を中心とする地場産業に対抗して、農村社会による農業を中心とする地場産業が形成されていったのである。

　ところが、この地場産業の隆盛と領主による納米の一括売却は前にも増して流通経済を盛んにし、全国の富の70％以上が大都市に集中するという結果を招く[30]。そして都市消費経済の益々の拡大と貨幣需要をきたした。都市において最も被害を受けたのは少ない貨幣給に押さえられた下層家臣団であり、地方商人が仲介する副業によって辛うじて家計を賄うという状態に落ち入った。このことが、まず彼等を行政力から脱落せしめ、むしろ地方商人や庄屋との連携を強めていくこととなった。

　米を中心とした近世初期の流通システムに加え、上記の領主による地場産業と農村と地方商人による地場産業を概念的に示すのが図1-2である。いずれにしろ、人的にも財政的にも弱体化した行政力でもって領主が為し得たことは、さらに貢租率を上げると共に、今まで課税対象外であった共有草地をもその商品作物栽培の故に金納税の対象としていくこと以外になかった。その影響は、まず産地形成のできなかった農村に経済破綻という形で現れてきた。貢租率が60％、極端な例では70％にも及ぶに至って、農民の組織的な抵抗や農村からの違法流出が一般化し、封建体制の経済基盤であった農村社会そのものが崩壊しはじめたのである[31]。

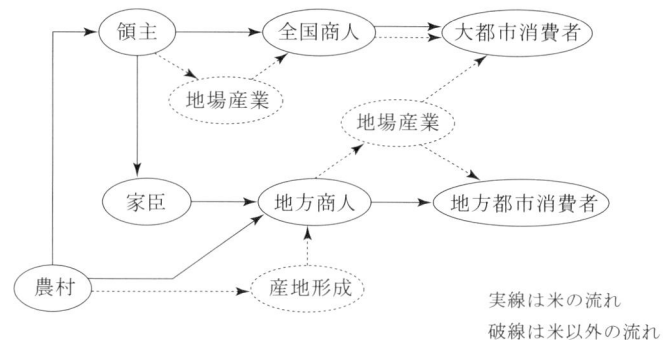

図 1-2 近世物流システムと地場産業の形成
（作図：余語トシヒロ）

　これは産地形成に成功した村がより安定したものであったということを意味するものではない。第1には、肥料源としての草地の喪失が、米作の生産を除々に低下させ、高い貢租率と相まって納米を益々難しくしていった。第2に、商品作物の販売とそれに必要な肥料の購入の故に、農家経済が市況によって左右されるようになった。第3に、商品作物の栽培のための2期作と集約栽培の導入の故に、衣料その他、かつて自給していたものを生産するための時間が失われるようになり、消費生活における貨幣需要も増大していったのである。商品作物栽培の場合、その粗生産額の約30%は肥料の購入、主に地方商人からの魚粕の購入にあてられたのであり、その上に50%近い金納を強いられた時、その残余でもって米作の得分の減少を補うには余りに少なかった。時期的にずれこそはすれ、これら先進農村にも経済破綻は来たのであり、より貨幣経済化していたが故に事態はより深刻であった。

　農民は、様々な金融手段をもって事態の回避を図らねばならなかった。主な金融手段は、(1) 村融通、(2) 庄屋の立て替え、(3) 借金、(4) 村役人の裏書請をした上での質、(5) 年季奉公の前借り、(6) 無尽、等々であった。無尽については神立の著作[32]からその例を以下に引用する。例えば38名がそれぞれの金額を出資し、合計が31両とする。融資が必要な人は籤を引き2名が当たりとする。寄り合いのお茶代1両を引いた30両がその融資に当てられ、1人15両を借りることとなる。その際、融資を受けた者はその金額に見合う担保を提示し証文を書くのが通例である。そして、次の集会に1両を載せて16両を返す。その結果、

32両が新たな基金となる。そこからお茶代1両を引いた31両を新たな2人が融資として受け取る。1人あたり15.5両の融資となり、次の寄り合いに1両足して16.5両を返す。これを繰り返し、当初の予定した金額、例えば36両になったときに最初の出資額に応じた金利を付けて全員に返す。

　ほとんどの農村が疲弊した状況の下、上記の金融というその場限りの問題解決に対し、2つの農村再開発の動きが見られ後々まで日本の農村開発の形を決めていくことになる。1つは、商品作物の導入をより積極的に進め産地形成を強化するために、(1) 各種商品作物の収益性、(2) より合理的な栽培方法、(3) 加工方法、(4) 購入肥料の使い方から、これら商品作物の導入を可能にするための、(5) 短期稲品種、(6) 耕地の準備や収穫調整を効率化する農具、等々を紹介・説明するものである。それは、地域の状況に応じて幾種類もの農書としてまとめられていった。これが各地の地方商人を通じて、或いはその援助の下で広められていったのである。彼らは農村の事情と市況の両方に精通しており、また庄屋との結びつきも強かったために、農書による新技術の普及には目ざましいものがあった。

　もう1つの動きは、領主の援助の下、農村を近世封建体制下の初期状態に回帰させるための農村復興事業であった。それは、(1) 農村の総合調査と診断、(2) 生産基盤整備計画、(3) 違法流出した農家の再建を含む農家の負債整理計画、(4) 領主の貢租軽減と農民の労務提供を含む事業財政計画、(5) 事業実施組織計画、(6) 農民の道徳教育を含む互助組織とそれに基づく営農計画から成るものである[33]。この事業手法は仕法という名称で体系化され、特に、道徳教育を含む農村社会の規範に関しては村是という形でまとめられていった。

　しかしながら、富の70％が都市に集中する状況は貨幣経済化した農村にとってその存立の限界であり、村社会に基づく封建経済と都市消費経済の矛盾は拡大する一方であった。領主による貢租率が極限に達し、その上、共有草地に課税が及ぶに至って、庄屋を中心とする農民の組織的抗争が頻発し、年間10件以上に及ぶようになる[34]。

　農村或いは郷中による農民の抵抗はこのときに始まったものではないが、近世半ばまでの抵抗は、領主と農村の関係を前提とした訴願権としての直訴或いは強訴であったのに対し、末期におけるそれは、村内の格差拡大に対する村方騒動や世直し運動に変わっていった。そして、領主と全国商人が結託して、商品作物の

販売まで独占しようとした時、単なる領主と農村の抗争から全国商人と地方商人の抗争に拡大し、さらに、産地形成を成している数十ヶ村が糾合しての地域抗争に至った。既に述べたように、副業を通じて地方商人との関係を強めていた下層家臣団がこれらの勢力と結託した時、将軍を頂点とする武家支配が危うくなったばかりでなく、小農経営を中心とする日本農業に村請制村落共同体という空間的・社会的枠組みを与えた近世封建体制が終わることとなるのである。

注

1) 本章は、余語トシヒロ「A Course of Events in the Development of Japanese Agriculture」、長峰晴夫編『Nation-Building and Regional Development』Maruzen Asia、1981 の一部を和訳・修正・加筆したものである。初出の内容は、古島敏雄「日本封建農業史」四海書房、1941 及び「近世日本農業の構造」日本評論社、1943 に多くを負っている。以下の英文表記は初出での引用である。
2) 中村哲「東アジア専制国家と社会・経済」青木書店、1993、p.26。
3) 中村哲、同上、p.126。
4) 木村礎「村の語る日本の歴史：古代・中世編」そしえて文庫 8、1985、p.130 から筆者が推定。
5) 神立孝一「近世村落の経済構造」吉川弘文館、2003、p.13。
6) 佐藤満洋「検地」、中村質・利岡俊編『日本古文書学講座 第 6 巻 近世編』雄山閣出版、1979、p.48 から意訳。
7) 神立孝一、同上、p.4。
8) 木村礎、同上、及び「村の語る日本の歴史：近世編」そしえて文庫 10、1986 から筆者が推定。
9) これらの数値は、日本村落史講座編集委員会「日本村落史講座 7」雄山閣出版、1990　安良城盛昭「幕藩社会の成立と構造」お茶の水書房、1982　水林彪「封建制の再編と日本的社会の確立」山川出版、1987　神立孝一、同上、等から筆者が推定。
10) Jiro Iinuma, *Nihon Nogyo no Saihakken*（Rediscovery of Japanes Agriculture）（Tokyo: Nippon Hoso Shuppan Kyokai, 1977）．
11) Jiro Iinuma, *Nihon Nogyo no Saihakken*.
12) Seiichi Tohata et. al., ed., *Nihon Nogyo Hattatsu Shi*（History of Japanese Agricultural Develop-ment）Vol.1（Tokyo: Chuo Koron Sha,1953），and Furushima, *Nihon Hoken Nogyo*

Shi.
13）渡辺尚志「近世村落の特質と展開」校倉書房、1998、p.26。
14）Furushima, *Kinsei Nihon Nogyo no Kozo*.
15）Furushima, *Nihon Hoken Nogyo Shi*.
16）Shinzaburo Ohishi, *Noson*（Japanese Village）（Tokyo: Kondo Shuppan Sha,1980）
17）水本邦彦「近世の郷村自治と行政」東京大学出版会、1993、p.108。
18）小椋喜一郎「会津藩にみる公的救済の思想とその実態」東京YMCA国際福祉専門学校研究紀要、1997。
19）青野春水「日本近世割地制史の研究」雄山閣、1997。
20）竹内利美「近隣組織の諸型」東北大学教育学部研究年報、1967。
21）文書管理という概念を整理したのは青木美智男であるが、ここでは大藤修「近世農民と家・村・国家」吉川弘文館、1997、p.50を引用。
22）Keizo Mochida, *Beikoku Shijo no Tenkai Katei*（Development Process of Rice Market）（Tokyo: Tokyo Daigaku Shuppan Kai, 1970.
23）Yasumasa Koga, "Gijutu Seiritsu no Shakaiteki Shojouken"（Social Foundation for Technology Development）, *Ajia Keizai*（Asian Economics 19; 12, 1978）
24）Furushima, *Nihon Hoken Nogyo Shi*.
25）Furushima, *Nihon Hoken Nogyo Shi*, and Tohata et. al., ed., *Nihon Nogyo Hattatsu Shi*.
26）Hajime Sato, *Nihon no Ryutsu Kiko*（Market Mechanism of Japan）（Tokyo: Yuhi Kaku, 1974）.
27）Hajime Sato, *Nihon no Ryutsu Kiko*.
28）Hajime Sato, *Nihon no Ryutsu Kiko*.
29）Hajime Sato, *Nihon no Ryutsu Kiko*.
30）Hajime Sato, *Nihon no Ryutsu Kiko*.
31）Furushima, *Nihon Hoken Nogyo Shi*.
32）神立孝一、同上、p.316。
33）大藤修「近世の村と生活文化：村落から生まれた知恵と報徳仕法」吉川弘文館、2001。
34）Heibon Sha, *Sekai Daihyakka Jiten*（Encyclopaedia Vol.2,1973）.

第2章　日本の経験

　産業革命を伴う日本の近代資本主義体制は、近世封建体制の崩壊による明治政府の樹立（1868年）から日中戦争の開始（1837年）に至るおよそ70年間にわたる。その内、日露戦争（1904〜1905年）を契機に産業資本が興隆するまでの40年間の日本農業は、近代的な土地私有制度の導入に伴う地主制の発生と彼等による積極的な農業投資によって特徴づけられる。その後、世界恐慌を経て戦時体制に至る30年間は、地主制農業の問題が露呈し農村が疲弊した時代である。

　現在では、第2次大戦（1941〜1945年）後の農地改革によって安定した自作小農制が確立している。とは言え、1953年頃まで続く食糧問題の時期、農業技術の革新と集団営農の形成が図られた1954年から1960年に至る経済復興期、そして1961年に始まる農業構造改善事業を通じて農家所得の増大を目指した経済成長期など、激変する社会・経済情勢に応じて多様な変容を迫られることとなった。その中でも、1968年以降は米の生産過剰を調整するための減反政策に象徴されるように、食糧問題から農業問題に日本農業が大きく転換した時期であり、その対応策として小農による集団営農の構築が模索されるようになった。そこでは、事例にも示されるように、村請制村落社会で与えられた社会的・空間的枠組みが最も重要な意味を持つこととなったのである。

2-1　近代化過程における日本農業[1]

（1）産業資本形成期における農業構造の変容

近代的諸制度の整備と地主制農業の形成

西欧的近代国家を目指した明治政府にとって、領主制の廃止と近代的な行政システムの整備、身分制度の廃止、職業と居住の自由、宗教の自由等々、封建的諸規制の改廃がその政策課題の中心であった。農業については、1871年に耕地利用制限が撤廃され、1872年には土地所有公証としての地券が交付されると共に耕作権永代売買禁止が解除された。これにより土地の利用・処分が自由になり、完全な私的土地所有制度が確立したのである。翌1873年には、従来の納米制度から地租を分離するため地租条例が制定され、土地所有者に対する金納税が地価の100分の3に定められた[2]。

　農民も封建的身分制度から解放され、職業や移動の自由を得たばかりでなく、その大半は零細な農地を保有する自由農民となった。近代的諸制度の下におかれたこれら農民が最初の経済変動を経験するのは、それから間もなく1877年に勃発した内戦を通じてであった。約9ヶ月に及ぶこの内戦に、政府は国家予算の1年分に当たる戦費を要し、その大半を新紙幣の発行で賄った[3]。また、それに先立つ10年間に、官営工場、鉄道、港湾等、経済基盤整備を柱とする殖産興業政策に同じく4年分に当たる累積投資をしており、これが、内戦を契機にインフレを引き起こした。その結果、内戦時の米価が3年後の1880年には2倍になるという米価騰貴をもたらし、農民をしてインフレ景気を謳歌せしめると共に、その消費生活の異常な拡大をもたらしたのである。

　しかしこのインフレにより、政府は財政破綻に瀕し各事業の実施もできず、翌1881年からデフレ政策をとるに至った。1886年には紙幣の兌換制を布くことができるまでに至るが、同時に、農産物価格は半分以下になり深刻な農村不況を招いた。農民にとって、一度膨らんだ消費生活を縮めるより以上に高利の負債を背負うことの方が多く、結局このデフレ政策が功を奏した3年間だけで、売買された農地は全国農地の約10%、抵当流れになったものは30%にも及んだ[4]。

　この激しい土地流動を通じて、農地の集積が見られたのは当然である。主な土地集積者は、第1は農村内に在って農業不況に耐え得た元の庄屋を中心とする上層農であり、第2は地方都市に在って近世封建体制下における産地形成を推進し、農産物の購入や肥料の販売を通じて農民と強く結びついていたかつての地方商人であった。

　第1の農村内における土地集積者は従来からの耕作者であり、従って、集積し

た農地を小作に出すよりも隷農的定雇により自己の経営を拡大していった。これにより、彼らが近世封建下でもそうであったように、耕作技術を中心とする技術革新のより強力な担い手となり、また農村社会の組織者となっていったのである。

第2の地方商人による土地集積は、投げ売りされた農地の拾い買いであり、或いは貸付金の担保流れであって、それは数ヶ村に散在し、決して自己経営に向くものではなかった。従って全ての農地は小作に付されたのであるが、彼らはむしろそれによって農産物の買入れを確保し、肥料の販売を確実にしたのである。いわば自己の市場を持ったのであり、農村における影響力を強めると共に、彼らの従来の目的である産地形成を数ヶ村にわたって拡大する基盤を得たのである[5]。

ここに資本主義体制下における日本農業の地主制、つまりインフォーマルな農村行政担当者で且つ農業技術普及担当者としての耕作地主、そして産地形成すなわち地域産業発展の推進者としての不耕作地主の形成を見るのである。彼らの影響力が如何に強いものであったかは、例えば1873年の地租条例時に全国農地の約20％が小作地であったものが、1890年頃には約40％に及んだということからも推測される。さらに、この土地集積が機会ある毎に行われ、最終的には全国農地の55％以上が彼等の影響下に入ったと言われる[6]。

地主による農業投資

ところで、この農村不況が終了した後の20年間に、これら地主をして農業投資に向かわしめる3つの要因があった。第1は、後に述べる勧業政策の成果もあって日本の産業経済が発展期を迎えており、非農業人口も約1,600万人、全人口の35％に膨張しており、彼等を中心とする農産物需要が急増していたことである。たとえば米価で見ると、不況時に較べ2.5〜3.0倍に至ったのである[7]。第2は、個々の農民の実収穫高を充分には把握できなかった近世の領主に対し、この時期の地主は、実収穫高を常に把握した上で分益小作料を課し、より直接的な、言い換えればより封建的な力を発揮することができたことである。第3は、本来5ヶ年毎に地価を査定して地租を改定していく予定であったのが、地主の抵抗で難行したことと、査定費用の問題で実施できなかったことである。結局、地租は1873年当時のまま据え置かれ、農産物価格の上昇効果はすべて地主の手中に帰し、彼等をして土地生産性の増大と土地資本の拡充に向かわせたのである。

土地生産性の増大は主に耕作地主によって図られ、耕地整理、暗渠排水、客土等、既耕地における土地改良が中心であった。勿論、村中の同意あっての耕地整理であり、耕地整理あっての暗渠排水であり、そして共有草地あっての山土の客土であってみれば、在村地主としての封建的権力がなければ実施できなかったことである。これら土地改良による効果はそれだけで約20%の増収であったと報告されている。他方、不耕作地主としての関心は小作地の外延的拡大であった。それは、開墾・干拓を中心に進められ、同じ時期に50万ha以上の農地拡大を見たのである[8]。

　一方、勧業政策の一環として、1881年から1884年の3ヶ年をかけて所謂ゆる「興業意見」が策定された。これは、各地の地場産業を興し、その生産物の輸出を奨励し、もって外貨を獲得して財政危機を救おうとした地域産業振興計画であった。政府はその準備金をもって低価格にあった農産物を買い支え、生産者保護を図る一方、その低価格が故に輸出拡大の端緒を開くことができたのである。

　しかしながらここで注目すべきことは、地場産業がこの時期に新しく興されたのでもなければ、その輸出を可能にする流通システムが新しく設立されたわけでもないということである。第1章で述べたように、手工業を中心とする地場産業と全国流通システムは、全国商人を含む領主経済により近世封建体制下に既に確立しており、また、これら地場産業への原材料供給を含む農業的地場産業すなわち産地形成が、地方商人を中心に既に展開していたのである。また、農民にとっても、大量輸送に必要な品質の規格化と梱包・出荷は一般的な技術であり、産地形成に必要な生産者組織も既に形成されつつあったことは既に述べた通りである。

　いずれにしろ、政府の財政力も行政力も脆弱だったこの時期の農業発展は、地主とその力あってのものであり、興業意見に基づく勧業政策は、彼らをしてもう1つの農業投資、すなわち先に述べた農地への資本投下に加えて、商品作物生産拡大のための産地形成への追加投資に仕向けるのに成功したのである。その結果、先に述べた同じ20年間に、煙草2.2倍、棉を除く繊維作物1.8倍、繭2.7倍、藷類1.6倍、大豆を除く豆類1.8倍、野菜類2倍、果実類2.5倍、牛乳14倍、鶏卵2.4倍等々、非常に多岐にわたっての増産を見たのである[9]。言い換えるならば、近代資本主義制初期の諸制度の改革は、産業経済のより自由な発展を促すためのものであり、

農業においても、その担い手である上層農と地方商人をして地主化せしめ、近世封建制下よりもさらに強固な社会的影響力と生産基盤を与えたことである。

地主による技術革新

　明治初年（1868年）から15年間、農業技術の普及は主に欧米の農作物、栽培法、農具、牧畜種等の輸入・導入に向けられた。その模倣・改良を行うための勧農試験場、種畜場、模範加工工場、農学校等の設立が行われ、外国人技師や教師の雇い入れが数多く行われた。1877年には、その普及を目ざして、全国的には勧業博覧会、地方では共進会を催し、さらにその普及を定着させるため、その後の5ヶ年間に、各県に勧農場、授産場、展示圃を設けた。しかしながら、畑地における休耕輪作を基礎とする欧米技術を日本の気候風土に適合させることは難しく、また現場の指導者も農具の取り扱いに未熟なため実用には至らなかった。

　一方、政府主導の技術導入と普及に刺激され、在来技術と品種の交流を図る農談会が耕作地主を中心に各地で自発的に組織されつつあった。そこで興業意見が意図したのは、これら農談会を通じて在来技術と篤農家を動員することであり、1881年の第2回勧業博覧会においては全国各地の篤農家を召集して全国農談会を開き、展示された西欧改良農具への批判を求めると共に、農業技術改良の方策を問うことであった。

　政府が意図した技術革新が、欧米農学に基づく農法・農具の個別技術であったのに対し、これら篤農家の在来技術が、近世封建制下の産地形成を通して各地に確立し、作目の組み合わせや労働配分を考慮した一貫的な生産技術であったことは言うまでもない。これら在来技術の詳述は省くにしても、それらが、稲作を中心に商品作物を追加的に導入することを可能にするもので、農家にとっては直ちに所得増につながるものであった。政府は、これら篤農家と在来農具の改良に意欲的であった鍛冶職人を中心とする巡回教師団を編成し、各地で実演さらには他の在来技術との競演を推進した。その結果、優良技術の選択と普及が一気に進むこととなった。この篤農家と在来技術の動員がその技術革新の中心となった25年間に、先の商品作物の導入と産地形成の拡大に加えて、米の収量性が45％、水田拡大と相まってその生産量は50～60％増加したのである[10]。これら増収・増産に加え、篤農家と在来技術の動員がもたらした効果は次の3点であった。

①農具の改良に携わってきた鍛冶職人が、全国での実演・競演を通じて各地の土壌条件や慣行農法を知るに及んでさらに改良を重ね、全国的な農機具産業を創出するきっかけとなったこと。

②この巡回普及事業を通じて、各地の農談会、耕作地主、篤農家の連絡が密になり、先の全国農談会を発展させ、より恒久的な「大日本農会」の設立に至り、以後、技術普及のチャンネルとしてばかりでなく、地主利益の代表とはいえ、それを政策に反映させるべく全国組織に育っていったこと。

③先の欧米技術導入期に学んだ農学者が、その普及に行き詰まった故に、これら在来技術の理論化と一般化にその努力を払わざるを得なかったこと。

これらのことが、後に、在来技術を欧米理論でもって体系化することをその主要業務とする中央農事試験場と、その応用試験を行って普及の基礎とする地方農事試験場から成る農事試験体制につながるのである。つまり、先進技術の導入と在来技術の動員という2つの経験過程を経て確立されたこの農事試験体制は、篤農家とその現場から学ぶという1つの基本姿勢の上にあった。その結果、在来技術が篤農家の経験と地域性による限界に達した時、それを科学的に普遍化するという次の段階の技術革新に貢献し得たのである。西欧技術の導入と移植を目的とする殖産興業政策に対し、勧業政策の方法論は、行政権力をもって農村社会に踏み込むよりむしろその構造と機能を利用した方がよいという認識に基づくものであった。この認識が、以後の農業開発行政の1つのスタイルを決めていくのである。

その第1は、実態調査方式による政策決定である。興業意見そのものが3ヶ年の実態調査期間を経て作成されたように、以後、「適産調」等の政策決定に関わる実態調査制度が確立し、それを通じてモニター機能を含む計画機能が行政体の中に定着した。

第2は、中央政府は直接地方の開発事業に参加せず、先の農事試験制度や、日本勧業銀行と日本農工銀行の設立による金融制度、そして各種の補助金制度に基づく制度的アプローチをとったことである。従って、ここにおける計画とは、実態調査の結果に基づいて新しい制度の制定やその適用を調整し、政策を実行可能で且つ効果の高いものにすることであった。

第3は、これら制度的援助の受け皿としての能力ある農民組織の育成であり、

それが産業組合の設立奨励、そして後の農業協同組合へ続くのである。もっともこの時期の農民組織の構成員が主に地主であり、近代資本主義制後半期にこれら地主が農業開発の前線から脱落した時、それに代わる受け皿を見い出せぬまま第2次大戦後の農地改革を迎えるのではある。

産業資本の興隆による地主制農業の変革

　以上、農民特に下層農の立場から見た場合を別にして、着実な農業発展をもたらした地主制農業も、1904年から1905年にわたる日露戦争を契機にその転機を迎える。この戦争には国家予算の4年分に相当する戦費が費やされ、戦争遂行のため、鉄道、港湾、航路がさらに整備・強化された。その結果、殖産興業政策の下で西欧から移植された重工業とその関連部門も著しく拡大し、日本の産業資本の興隆に至ることとなる[11]。これが農業部門にもたらした意味合いは、1つには、農業労働者の流出による在村地主の不耕作地主化であり、もう1つは、輸出入拡大による農業生産構造の縮小であった。

　前者に関して言えば、産業資本の興隆が、農村人口の都市への流出を促し、農業労賃の上昇を来したのである。日露戦争をはさむ10年間の米価上昇率に対し、労賃上昇率は4倍以上であった[12]。このことが隷農的定雇や臨時雇いの上にその経営基盤を築いてきた耕作地主の存続を難しくしたのである。しかしながら、当時においては、離村は次男以下に限られ、彼らを中心とする農業労働者の離村はあっても、自ら経営する者が離村するまでには至らなかった。継ぐべき家のある場合、たとえそれが狭小な農地保有であれ小作経営であれ、離村することはなかったのである。それは、単にこの時期の都市の人口吸引力がそこまで及ばなかったという以上に、長い近世封建体制の下で形づくられた農村社会の特質によるものであった。つまり、家は村と土地に在ってこそのものであり、村組や五人組等にその根をおく地縁的な互助組織が、たとえ小作であっても自らの意思で家を廃絶し離村することを社会的に許さなかったのである。

　従って、農業労働者が減少する一方、農家戸数は依然として維持され、下層農による小作地需要は依然として高い状況にあった。そこでは、自己の労働力で耕作できる以上の農地を保有していた耕作地主が、その経営を放棄して貸付地主に変わったのは当然である。また、地租は定率金納であるが小作料には何ら規制が

設けられなかったことが、耕作地主の貸付地主化に拍車をかけた。

　彼らの選択は、1つには家と農地を保有したまま、都市へ出て不在地主化する方法と、他には、彼等の大半がそうであったように、収穫量の半ばに相当する小作料を物納せしめ、それを市場において商品化するという商業者機能を留保し、そこからさらに追加利潤を得る方法であった。

　彼等地主をして市場危険を負いながらも追加利潤を獲得する余地を残し得たのは、米穀を主とする農産物販売市場において、産業組合を利用した価格操作が可能であり、従来商業者が行っていた分野にまで進出し利潤を確保し得たことである。事実、日露戦争前には2,000未満であった組合数が、その後15年間に13,000を越すに至った。それらは、以前の生産者組織としての機能を喪失し、市場に向けた商業活動を主とした協同組織として発達していくのである[13]。同じことは、先に述べた大日本農会についても言え、かつての全国的な技術普及の機能から、これら商業活動の連合体として地主の商業利益を代表するものになっていった。かくて長い間、最も積極的に農業を経営し、技術革新の中心的存在であった在村耕作地主が、今や耕作を離れ、農業生産上における一切の危険負担を小作人にゆだね、小作料米を収得する地代取得者に化したのである。

　産業資本の興隆がもたらしたもう1つの点は、肥大した産業経済が、狭隘な国内市場や植民地市場における企業活動に止まり得ず、原料輸入を含む海外貿易の拡大に向かわざるを得なかったことである。そのことがより安く良質なエジプト綿やインド藍の輸入、化学染料や薬品の開発を促したのは当然である。その結果、従来の産地形成の主要項目であった商品作物がこの時期に消失したのである。たとえば、日露戦争後の20年間に、棉は70％、藍は85％減産した。経済の国際化に対応して生産拡大を見たのは僅かに繭と茶であり、これらは引続き2.1倍、2.4倍の増産を示した。勿論、他方では、都市消費農産物、たとえば野菜類、果実類、畜産製品の需要増があったのであるが、これらと繭、茶を合わせても、全体の損失を埋め合わせるには至らなかったのである[14]。

　このことが、日本農業を稲作を主要生産物とする生産構造に縮小させると共に、一方の土地集積者であった地方商人をも、その産地形成から撤退せしめ、物納される小作料米の商品化で利潤を得ようとする貸付地主に転化させることになったのである。かように、かつての農業生産の担い手であった在村地主と地方商人

が、単に物納小作料を収得する地代取得者に化した時、例えばその物納が主に米であっても、その生産増大のための土地資本投下、つまりかつての土地改良や農地の外延的拡大への動きは全く見られなくなった。

地主制農業の行き詰まり

　産業資本の興隆により、国家の歳入における地租の割合も地租条例当初の80〜90％から20％以下に減り、また食糧の供給力も停滞した以上、日本経済、特に産業資本にとって、もはやこれ以上農業部門に頼る必要もないし、ましてやそれを保護育成する理由もなかった[15]。むしろ日本農業の最後の柱である米すらも植民地から大量移入した方が、(1) 低米価の故に労働賃金を低水準に抑えられる、(2) 植民地の購買力が増え市場が拡大する、(3) 農業を比較において不利な状態におくほど地主資本の移転が速くなる等々、産業資本にはかえって好都合だったのであった。

　これが、朝鮮、台湾の両植民地における米の強制的作付けと収奪的買付けに発展していくのである。それが如何に意図的であったかは、中国東北地方における雑穀の計画的生産、その雑穀の朝鮮と台湾への移送、移送された雑穀に相応する分の米の買付けというシステムから明らかであり、両植民地にとっては正に飢餓輸出だったのである。事実、日露戦争直後には15万トン程度の輸入が、15年の間に約8倍に増大し、その傾向はその後も続いたのである。

　かような輸入米増加の圧迫下にありながら、この時期の日本農業は、土地生産性を高めて増産することも労働生産性を高めて低価格に対抗する能力ももはや喪失していたことは既に述べた通りである。地主の関心が、納米の商品化過程だけに限定されていたのであれば、彼らの対抗手段が輸入米にはなかった厳密な品質区分による商品価値の増加であったのは当然の成行きである。それが「全国米穀検査制度」に発展し、日本米の品質をより向上させたのであるが、それは先きの近世封建下において領主のとった手段と全く同じで、その意図するところや内容を繰り返し述べる必要すらない。むしろ問題は、この品質区分の手間と費用が小作人の負担限度を越えるものであり、遂に紛争に発展していくのである。ここにも近世封建体制の末期と同じことが繰り返されていくのである。かつては領主と農村の2つの権力構造間の争いであったのが、ここでは、農村社会の内部におけ

る地主と小作の階級闘争であり、小作人は小作人組合を結成してこの争いに対応していくのである。しかしながらこの時期の小作争議は、主に小作料率の軽減をその目的とするもので、地主制農業の基本的問題が露呈し日本の経済体制そのものが危うくなるのは 1929 年にはじまる世界恐慌を通じてである。

この世界恐慌が、日本農業、特に地主経済に及ぼした影響は次の点であった。第 1 には、地主の主要収入源であった米、繭、茶の価格の暴落であった。例えば、米では 60% 以下、繭に至っては 30% 以下に下落したのである。第 2 には、日露戦争から第 1 次大戦に続く好況により、地方政府の歳入も増加して公共事業の拡大が為されてきたのであるが、恐慌による税収減に伴いそれらの維持すら難しくなった。そしてそのほとんどが地方税としての地租の増大という形で地主に転嫁されたのである。地方行政の中核であった地主にとってこれを避けることはできず、結局彼等の負担は以前の 10 倍近くに及ぶのである。これに先の小作争議による約 10% の小作料率軽減が加わり、地主の経済破綻を決定的にしたのである[16]。

政府としては、植民地における産米増殖計画の打ち切り、米穀統制法による植民地からの輸入統制、米穀自治管理法による生産調整、地方財政負担軽減のための補助金交付等々をもって事態に対処したのであるが、日本農業すなわち不耕作地主農業が好況によるインフレの上に成り立ってきた以上、恐慌下においては見るべき効果をもたらさなかったのは明白である。彼等地主にとって取り得た方策は、産業組合が無担保信用組合であったことを利用してそこからの負債を増やすことであった。彼等は、従来、農村の中堅として認められ大きな信用を得ていたのであるから、手近に且つ簡易に無担保信用を得、限度額以上の借款を得ていくのに何ら歯止めが働らかなかった。こうして組合資金の膠着化と運転資金の欠乏を招き、さらに農業恐慌が続くに及んで産業組合の活動も停滞し、商業利潤を上げていくことが難しくなったのである。

その結果、盛期には 26,000 に及んだ産業組合の内、約 12,000 の組合が破産に陥ることとなった。産業組合が無担保信用組合であったことは、同時に無制限責任組合であり、そのことが組合員つまり地主の負債を生じ土地所有の交替をも生んだことは当然である。たとえば上中層農の平均でみると、家計余剰 310 旧円が 80 旧円の赤字となり、総収入 2,900 旧円も 1,700 旧円に減少し負債が 840 旧円に達したのである。そして極端な場合には、産業組合に融資していた銀行に土地が

集中し銀行地主という現象さえ生まれた[17]。問題は、誰が新しい土地所有者になろうと、これら地主が既に地主でなくなり、離村するかさもなくば自ら小作人になるよりいたしかたなかったことである。また土地所有を維持し得た地主も、産業組合はなく、農産物の商品化のうま味もなく、そして小作料だけでは生活できなくなったため再び自作農化しようとしたことである。

ここに、かつての封建領主が農村経済の最後の拠所であった産地形成を自己の中にとり入れようとした時に農民の武力抗争を招いたように、地主が小作経済の最後の拠所である耕作権を自己の経営にとり戻そうとした時に小作争議は農民運動に発展し農地改革への動きを醸成していくのである。すなわち、従前には小作料の軽減を目的として、年間争議件数約400、小作組合数300未満、争議参加小作人40,000人未満であったものが、15年後には、年間争議件数約7,000、小作組合数4,000以上、争議参加小作人100,000人以上に増えていくのであり[18]、その目的も、耕作権を守るための権力闘争に展開していくのである。

（2）統制経済の強化と農村開発

農村経済更生計画と自作農創設事業

　1937年の日華事変以降、戦時体制が日に日にその色彩を濃くし、国の役割は強化され、社会・経済を調整し統制する機能がその政策の中に強くあらわれてきた。農業政策においても、それは食糧生産確保のための農地・農民政策でありそして流通政策であった。そのことは、農業における事態を直視し、かつて成果を上げ得なかった諸政策・制度をより強化することでもあった。

　その中心となったのが「農村経済更正計画」であった。それは、各行政村に、(1)土地利用の合理化、(2)農村金融の改善、(3)労力利用の合理化と生産費の軽減、(4)農業経営組織の改善、(5)生産項目及びその販売、(6)農用資材の配給、(7)農家貯蓄を含む災害対策、(8)農家所得の増大、(9)農村生活環境の改善、等々に関して計画を樹てさせることであった。そしてその計画に従って、例えば、農業機械化事業、共同施設建設事業、救農土木事業に対する補助金や助成金が与えられ、村自身により実施することが要求された[19]。

　その結果、約9,000ヶ村で、(1)田打車、足踏回転脱穀機、動力機等の農業機

器の導入、(2) 共同稚蚕場、共同作業場、共同収益等の経済施設、並びに、託児所、共同浴場、共同炊事場、簡易水道等の社会施設の建設、(3) 農業機械の共同購入・共同利用、並びに共同施設の共同管理・共同利用のための農民組織の設立、(4) 救農土木事業による貧農の農家経済改善と農道の建設が実施された。政府は国家予算の1年分に相当する財源を用意し、5,000ヶ村への追加支援を通じて全国小作地の15%を自作農地化し約100万戸の自作農を創設することを目指した[20]。

しかしながら、政府はその実施に入って間もなく致命的な問題に直面する。それは第1に、農村内部に地主経済と小作経済の二重構造性があり、かつての農村社会にみられたような共通規範は働かず、農村という行政単位が最早や自律的な開発単位ではないこと。従って、そこにおける計画の実行性も有効性も乏しいこと。第2は、自律的な開発単位は、村組或いは五人組的互助組織を基礎に未だ下層農を中心に生きている集落（かつての近世村）であることが明かになってくるのだが、単に下層農の自作農化のみならず、彼等の経営規模を適正な大きさに引き上げない限り、農村の経済更正も食糧増産の目標達成もあり得ないということであった。

他方、「自作農創設事業」においては、小作農が購入しようとする農地の価格を、小作料額から地租とそれに伴う加税金額を差し引いた残額を土地資本の利回り率で除したものでもって標準価格とし、地主がその価格での売却を了承した場合、小作人は政府融資を得てそれを買取り、従来の小作料額と同額を25ヶ年償還にあてることで小作農が農地を取得できるようにしたのである[21]。

今までこれらの事業が各村の自発的参加や地主と小作人の任意協議にまかされていたのに対し、戦時体制に入ると、政府が明確な実施目標を持って直接介入することになる。その主なものに、(1) 農民の集団訓練事業、(2) 適正規模農家をもって構成される標準農村の設立事業、そして、(3) 緊急開墾を含む中国東北部及び内蒙古への分村事業であった[22]。これらは、数年後に敗戦を迎えるのであってみればたいした実績を残さなかったのは当然である。むしろ、この非常時において、上記の諸事業を補完・強化するためにとられた次の3つの施策が後に大きな意味を持ってくることになる。

第1は、戦争犠牲者の家族への自作農創設事業の優先適用であった。これは、犠牲者への保証と厭戦感の拡大を防ぐためであり、そして自作農創設の促進で

あった。つまり、戦争犠牲者家族への農地売却を拒むことは、全体主義高揚の下、どの地主にとっても不可能に近かったのである。ところで1937年以降の日華事変の間はまだしも、それに続く第2次大戦の戦死者が120万人、負傷者が460万人に至り、ほとんどの小作農家がこれら犠牲者を抱えたのであれば、日本中の小作農家に自作農となって当然という空気が生まれ、ついには、農地改革なかりせばどこに彼等の不満が爆発してくるかわからない状態にまで盛り上がっていったのである。そして、この農民のエネルギーなしに第2次大戦後の農地改革の実現はあり得なかったのである。

　第2は、先に述べた小作制度の合理化を意図するもので、それは「小作料統制令」であり「農地価格統制令」であった。そして「農地調整法」により不耕作農地の管理・買取りが強制的に行われることになり、現在耕作している小作人以外への農地の販売が禁じられた。これらの調整と自作農創設事業推進上の地主・小作間の調停のための農地委員会が各市町村に設立され、小作地及び小作問題の実態把握が全国にわたって為されたのである[23]。この農地委員会が後の農地改革の実施主体であり、その情報と実務経験の蓄積が後の農地改革における実務の完璧さを可能にしたのである。

　第3は、戦時下の食糧確保のために「農地管理令」と「生産統制令」に基づく土地利用と作付けの統制が為され、さらにこれら統制のもとで生産された食糧を消費者に安定供給するための「米穀配給統制法」が施行され、米穀の投機的価格付けが禁止されると共に、管理・配給等の流通経路が一本化されたのである。さらに「食糧管理法」により、政府がその流通業務の一切を担当することとなり、食糧の国家管理制度が完成するのであった[24]。これが、第2次大戦後の食糧問題を最小限に防ぐ手段となると共に、その価格付けにより農家所得をコントロールし、さらに、食糧管理の委託を通じて農業協同組合を育成していくことになるのである。

農地改革の実施と農業協同組合の設立

　第2次大戦後の政策課題は食糧問題の解決であった。そのための主要な制度改革が、第1に農村民主化の基礎である農地改革の実施であり、第2にその上部構造としての農業協同組合の設立であった。

占領軍行政部より農地改革の実施意向が示された時、そのための障害は何もなかった。既に述べたように、地主は小作地及び小作人に対するほとんどの権利を失っており、農産物の販売を通じて市場利潤を得る機会もなく、農地改革を来たるべくして来たものと受け止めざるを得なかったのである。また農地委員会では、如何なる農地法案が成立してもそれを実施すべく準備が進められていた。むしろ、政府自身にできるだけ穏健に進めたいという意図があり、これが農地改革を2度にわたって実施させることとなった。

　終戦後6ヶ月で実施に入った第1次農地改革は、従前の自作農創設事業の延長線上にあった。そこでは、不在地主の所有農地の全てと在村地主の所有農地の5 haを越える部分を解放の対象とし、地主と小作人の直接交渉で小作人に買い取らせることとした。そして、両者の協議が整わない限りにおいて農地委員会が裁定を下し、強制譲渡させることとしたのである。しかしながら、5 ha以内においては、不在地主でも近く耕作を予定する場合には解放の対象としないとしたことと、農地価格が統制されてはいても地主と小作人の直接交渉としたことが、農地解放の対象面積を少なくしたばかりでなくその進渉に期待されたような実績が認められなかった。

　従って、その1年後の1946年には第2次農地改革に入ることとなった。そこでは、第1に、如何なる不在地主も、たとえば一次的離村者や退職後帰農を予定する給与所得者を含め一切の農地保有を認めなくしたこと、第2に、在村耕作地主もその所有限度を1 haにしたこと、第3に、以上による解放対象農地を政府の発行する農地証券（20年後に換金可能）でもって農地委員会に直接一括強制買収させたこと、第4に、これら買収された農地を、農地委員会をもってして、従来0.2 ha以上を耕作し高生産性の実績を示してきた小作人に優先配分させたこと、第5に、在村地主に残された1 haの農地においても、それが小作されてきた場合、その小作料率の変更のみならず小作契約の解約その他小作人に不利となることは全て農地委員会の承認を必要とすること、等々が実施された。その結果、地主には、農地を家族名義に分散する途も、再度土地集積を図る途も、また、特定の小作人に偽装解放する途も閉ざされたのである[25]。

　以上の第2次農地改革を通じて、全農地約530万haの内、200万haの土地移動が為され、土地所有関係は表2-1に示されるように変わった。改革前には、

46％の小作地からあがる生産高の内、50％以上が小作料として地主の得分であったのが、改革後は、13％の小作地から僅か4％の小作料を得るにすぎなくなり、ここに、実質的に地主の存在は皆無となり完全な自作小農経営が成立したのである。

表 2-1　第 2 次農地改革の実績

	改革前	改革後
不在地主の小作地	15％	0％
在村地主の小作地	31％	13％
自作地	54％	87％

(出典：川野重任『農業発展の基礎条件』東京大学出版会、1972)

　以上の農地移動の結果、もう1つの主要な政策課題であった農業協同組合の設立は、それが如何なる形をとったにせよ、もはや地主の組合ではなく自作小農民の組織となったことは言うまでもない。従って、そこにはかつての地主の組合であった産業組合の機能、すなわち、(1) 信用事業、(2) 購買事業、(3) 販売事業の他に、農村経済更正計画の下で農村社会に期待された諸機能、(4) 農作業及び農業労働の能率を高める事業、(5) 農地・水利施設の開発・管理事業、(6) 農産加工事業、(7) 災害に対する共済事業、(8) 保健・医療を含む農村生活改善事業と文化事業、(9) 普及を含む農業教育事業が加わってくるのである[26]。

　勿論、戦時下における諸事業を通じて、農民が上記の諸項目について既に訓練を受けていたのではあっても、新しく設立された農業協同組合の組織管理と運営に関する経験が不足していたのは事実である。管理能力のある地主が追放された後、無経験な農民をして組合を維持させ得た大きな要因は、先に述べた食糧管理制度を中心とする農産物流通の統制であり、具体的には組合に以下の管理経験と収入を保障するものであった。

①農民から政府へ供出される米の独占的な集荷業務と手数料収入。
②供出米の農協による独占的な保管業務と保管料収入。
③政府から農民に支払われる供出米代金を独占的に取り扱う銀行業務と手数料収入。
④肥料等の配給制度を通じての独占的な販売業務と手数料収入。

　このような独占業務を通じて、組合管理の実務を習得する機会と組合運営のた

めの収入保障がおよそ10年近く続けられ、その間に自作小農民の組合経営能力が育てられたのである。その結果、食糧管理に関する諸統制が除かれ、商業的業務の展開が必要になった際にも、総合的農業協同組合としてさらに発展することが可能だったのである。そして後には、総農産物販売額の50%、総農業資材購入額の55%を占め、農村経済における指導的役割を果たすまでに至るのである。

　農民が農地改革の恩恵を得、農業協同組合が以上の保護を受けた一方、農業部門が1つの義務を負ったことは当然である。それは食糧供給であった。敗戦による占領地及び植民地からの復員と引き上げで人口は一挙に600万人増加し、他方、植民地からの米の移入停止ばかりでなく、海外貿易も禁止され、その結果、恒常的に300万トンの米が不足する状態であった。都市には失業と飢餓があふれ、例えば都市労働者の食費支出が家計収入の80%を上まわる[27]という極貧状態であってみれば、低価格での米の強制供出に至ったのはやむを得ないことであった。

　しかしながら、農業部門自身、約400万人の都市からの還流人口を迎え、総人口の約45%に当たる3,800万人の農業人口を抱えているところへ、生産量のおよそ50%の強制供出[28]は農村自身の食糧不足をきたし、さらに、政府の買い上げ価格が生産費（自家労賃と租税公課を含む）より低いのであってみれば、農民による農業投資が低下したのは当然である。結局、かような形での農業部門からの資本移転が終戦後7〜8年続き、その間、資本蓄積をすませた工業部門がその生産を再開するに及んで農業への圧力も緩和され、農業自身の成長もその後ようやく始まるのである。勿論、その時になって初めて農地改革と農業協同組合が重要な意味を持ってくるのであるが、この時期、つまり1953年頃迄は、1937年に戦時経済体制に入って以来、その生産性はha当たり玄米3.0トン、総生産量900万トンの水準から一歩も進むことなく完全までに停滞していたのである。

（3）小農経営の確立と組織的対応

農業技術の革新

　1950年に勃発した朝鮮動乱は、日本の国際的立場に大きな変化を来たした。それは朝鮮動乱の特需であり独立を含む海外貿易の自由化であった。例えば、1950年以降5ヶ年間の一般貿易収入が60億ドル、貿易支出が50億ドルであっ

たのに対し、特需は 30 億ドルに及んだのである[29]。これを契機として、1954 年には軽工業を中心とした経済復興の途につく。経済復興に伴う農業の役割りは、従って従来の食糧供給に加えて、(1) 特需以降未だ海外市場の乏しい工業にその販路としての農村市場を提供すること、そして後には、(2) 農業生産と農村市場を維持したまま労働力を都市へ供給することに変わっていく。この時期は、農業にとっても発展期であり、機械化への試みと新技術の普及が盛んに行われた。後に述べる「新農村建設事業」が、食糧問題から経済復興への過渡的な問題に対応しつつ日本農業の近代化を推進していくのである。

軽工業の復興に伴う消費材の生産回復、そして供出米割当量の軽減による所得増が、長い間押さえられていた農民の購売意欲を喚起し、農民の増産意欲と換金作目の導入を促した。1950 年頃から動き出した普及体制が、早期稲栽培のための苗代技術の導入、農薬の利用、施肥技術、ビニール等を利用する季節外園芸、動力耕耘機、配合飼料等々の導入を可能にし、生産力を飛躍的に増大させた[30]。そしてこのことが事実であるが故に、普及体制こそが技術伝播の鍵であったように考えられがちであるが、そこには次のような要因が与えられていたのである。

第 1 には、火薬、発動機等の軍需産業が肥料、農薬、農業機械等の生産に衣替えを済ませ、農村市場への参入を図ったことである。彼等は、化学肥料や飼料の配合調整をし、同じく農薬を開発或いはパテントを欧米から買い求め、またあらゆるタイプの農業機械を試作し、その効果試験を全て農事試験場に委託したのである。それは、彼等が農業に未経験であったことと農事試験場の試験結果が販路開拓に重要であったことによる。

この委託研究を通じて、第 2 の要因である高収技術体系の確立が農事試験場によって飛躍的に進められることとなった。既に述べたように、労働集約的高収技術の体系は戦前期に既に確立していたのであるが、それは農民にとって充分な習熟を必要とするものであった。その技術体系に均質で大量に生産可能な工業製品を農業材料として導入することにより、或いはそれら工業製品に合った技術体系に置き換えることにより、未熟な農民でも、容易に、確実に、安定した高収量を上げることが可能になったのである。

第 3 の要因は、戦時中、軍事目的で編成されていた村の青年団が改組され、農業改良、生活改善、文化活動を民主化というスローガンのもとに活発に展開し、

同じく戦時中行われた集団訓練事業の経験が彼等を新技術習得のための自主的な研究会に発展させたのである。このことは、かつて近代資本主義制前半期に在村地主達により組織され、技術革新の原動力となった農談会に相応するものが、今回は小農自身により村を単位として形成されたことである。

　従って普及員の役割りが、かつて行政と農民の間のチャンネルであった在村地主の代替であったとはいえ、在村地主の封建的な権力を用いることなく技術革新を可能にしたのが、第2点の誰にでも習得できる高収技術体系の開発と、第3点の農民による受け皿組織の形成であったのである。日本の普及体制が持った意義は、単なる技術伝播の装置としてより、むしろ普及員の多くがかつての反地主体制を唱えた農民運動家のモラルを継承していたことにある。事実、彼等にとって新たに農民との接触を図ろうとした時、農民運動家の経験に学ぶ以外に方法はなかったのである。このような普及員による活躍が、先に述べた青年組織や研究会の活動を全国的に拡げていくと共に、それらを小農による農業近代化に不可欠な集団営農の母体にまで発展させていったのである。

集団営農の発展

　農業の主体者であるこれら農民が、新しい生産技術の導入と拡大しつつある商品作物の都市需要に応じるため種々の集団営農を構成していったのには以下の2つの理由があった。

　第1には、新しい生産手段或いは栽培技術を導入する上での集団化で、例えば画期的に高収をもたらす稲の早期栽培を実施するためには、従来の水利慣行を改め、稲の作期・品種の統一を行い、従って農薬の種類・散布時期を決める等、村の構成員全員の同意が必要であった。また、作期の統一による労働需要の一時的なかたよりを軽減するために、田植・収穫等の協同組織を必要としたのである。

　第2は、新しい商品作物の導入に際しては、特に市場での取引を有利にするために卸売市場への共同出荷が不可欠であった。それは、農産物の量的・時期的な安定出荷であり品質の統一であった。そのためには、単に出荷のための集団化のみならず、上記の稲作にも増して同一の生産手段で栽培技術を共有する必要があり、その点でも集団化していかざるを得なかったのである。

　勿論、かような集団営農の展開は、既に述べてきたように近世封建制時代や産

業資本の形成期にも見られたことであり、その延長線上にあるにすぎない。しかし今回のそれは小農自身によるものであり、小農が集団化という手段によってそれを実現しようとしたところに特徴がある。この集団化を可能にしたのが、繰り返し述べるまでもなく、農事試験場による容易に高収を実現できる技術体系の確立であり、普及員の農民運動家的なモラルであり、戦中・戦後の危機的状況下でとられた諸政策であった。また、小農の集団化の方法について見ると、村構成員全員の参加と平等意識が不可欠な条件であった。そこには、近世封建制下の農村で経験した運命共同体的な連帯性や所得均衡を図るための割地等の現代的な活用が見られる。いずれにしろ、この経済復興期は、市場機会を掴むために集団化や共同化に必要な煩雑な手続きを農民がいとわなかった時期であるし、また新しい試みに対する冒険をせざるを得ない活力ある時期であった。

　とは言え、全てが順調だったわけではない。当時、工業生産が回復したとはいえ、朝鮮動乱後の不況を含む景気の循環に常に左右され、好況も2年以上続くことはなかった。各企業が1つの好況期をつかまえてその設備投資を行い日本産業全体の再編を進めてはいても、その本格的成果があらわれるにはまだ時間があった。このことが、第1には、政府の財政支出を工業に向かわさざるを得ず、農業への投資を極く限られたものにした。それどころか、当時、農民が農業協同組合から借入できたのは貯蓄高の4分の1程度で、その他は金融市場を通じて工業部門の資金需要を充たすのに利用された。第2には、工業が回復したとはいえその労働需要は未だ充分なものではなく、50万以上の潜在失業者が終戦直後の状態から依然として農業部門に滞留していたのである。にもかかわらず、新技術の導入が定着するにつれそれは多くの購入資材を要し、農家の現金支出は増大し、農家の家計を圧迫しはじめていたのである。潜在失業者を農業にまかせている工業が支払う賃金に較べ、不用な労働を抱え現金支出の増加をきたしている農家家計からみてその農業労働の実質賃金が高かろうはずはなかった。しかし、当時の農民には農業を捨てて都市に出る選択はなかった。他方、日本経済全体から見た時、国民総支出に占める農家支出割合はおよそ20%あり、総固定資本形成による支出割合18%よりいまだ高く、その市場価値、特に不況時の下支えとしての役割から農業を無視し得ないものであった[31]。

農業政策の転換

1955年、かような農民の不安と国民経済の必要に応じ、適地適産による農産物の総合的増産と自給を図ることを目的として、従来の農村建設事業が「新農村建設事業」に再編された。農村建設事業は、終戦時以降、食糧問題と失業問題の解消を目的として、(1) 積雪寒冷地帯振興事業、(2) 特殊土壌地帯及び災害地帯振興事業、(3) 急傾斜地帯振興事業、(4) 湿田単作地帯農業改良促進事業、(5) 海岸砂地地帯振興事業、(6) 畑地農業改良事業、そして (7) 離島振興事業を促進するため、その計画と実施の枠組みを与えてきたのである[32]。この内容からもわかるように、それは耕境外農業を確立して食糧と失業の問題に対処しようとしたものであった。かような耕境外農業の確立が莫大な基盤投資を必要とする一方、農民を自給経済から商品経済に脱却させるのに多大な困難を伴うことは明白であった。ただ当時としてはそれ以外に方法がなかったのである。

しかしこの時期に至って、農業を耕境外に拡大しなくとも、先に述べた技術革新を集団営農を通じて促進することにより、より少ない投資でもって食糧の総合的増産と自給が可能であり、さらに農家所得の増大も可能であり、何よりも新技術の普及による工業製品のための農村市場の拡大が可能であることが明らかになった。そういった意味で、新農村建設事業への再編は食糧不足に関するプロブレム解消政策から適地適産というポテンシャル開発への政策的転換だったのである。

その事業内容は、従来の産地形成を集団営農で促進するための物的設備を各地に造ることであり、5ヶ年間に4,500ヶ所の農村を指定し、1ヶ所当たり1,000万円の事業投資を行うことにしたのである。総事業費450億円の内、融資事業90億円、補助事業360億円で、その内、国の補助は僅か130億円であった。しかもその実態は、新しい追加補助ではなく、従来の零細補助事業を共同施設の設置に向けて統合したものであった。それらは主に、稲の共同乾燥施設、果実・野菜の共同集荷場、集乳所、稚蚕共同飼育所、有線放送施設等々であった[33]。

これらの共同施設に見られるように、それは農家に水稲以外に何らかの商品作目を加えることを可能にし、ここに、稲作収入が基本給で商品作物でボーナスをかせぐという農業経営の基本的パターンを創ったのである。この基本給を確たるものにするため、農民は益々集団化・共同化を進めると共に、肥料・農薬の増投を

していったのである。また、従来農耕に使っていた牛馬の飼養労働をボーナスかせぎの時間に向けるため耕耘機の導入に入っていった。この事業が、当然のことながら先に述べた共同体制に既に入っている集団のみを拾い上げ補助対象としていったことが、未だ集団化していない農村・農民に大きな刺激となり、益々かようなパターンを拡大し普遍化していったのである。その結果、例えば耕耘機だけを見ても、この前後 5 ヶ年間にその普及台数は 8.3 倍になっている[34]。こうして、農村市場が工業部門に開かれ、日本経済における農業と工業の連関が成立したのである。

　いずれにしろ各作物の生産は飛躍的に伸びた。戦時統制から戦後の食糧問題の時期の 20 年間、900 万トンを超えることがなかった米の生産が、この 5 ヶ年間に一気に 1,200 万トンに達したのである。また、果実は年率 13％、野菜は 7％、畜産物は 12％で増産していったのである。特に乳牛は 40 万頭から 80 万頭、豚は 80 万頭から 260 万頭に急増した[35]。

　この増産事実が、新農村建設事業の進展過程や、耕耘機の普及過程に単純に相関するといっても、それはその事業投資の直接効果でもなく、耕耘機の導入のせいでもない。むしろそれ以前にはじまった集団営農化を伴う新品種、新作目、新栽培法、新出荷体制に負うものであり、それが、行政側にとって増産政策を制度化する方法論となったのである。言い換えれば、この事業のもたらした意味は、地主という媒体の居なくなった状況下で、参加という手法によって小農自らが計画作りをするのを制度化するのに成功した点にあった。

　つまり、第 1 には、事業指定を受けるに際して、それを希望する地域が事業の枠組みに従って新農村建設計画を作成し、県がそれを査定し、その上で国の認定を経て指定地区になるというルールを作り上げたのである。第 2 は、先に述べたように、この事業は、各局バラバラの補助事業を 1 つの政策に向かって統合・調整する制度的枠組みを与えるものでもある故、各計画がその枠組みに従って作成されていることが一旦認定されれば、その計画実施に際し、国レベルの各局が全指定地区の各個についてお互いの煩雑な調整を計る必要はなく、全ての統合・調整実務を県或いは事業実施主体に任せることができるようになったことである。第 3 には、この事業が農民の主体的参加を前提とし、農村が共同的受け皿として機能していることを条件としたことが、実施主体として指定された地方自治体や

農業委員会、さらには専門家として参加した普及員にとって、まず農民の実態を把握し、彼らの意欲と能力を評価し、次いで、各種補助事業の内容・運用に精通し、さらには農民の立場と行政の立場の両面から実施可能な計画を立案することが地域の農民と行政への責任となったことである。そして第4には、計画立案が実施主体により為されたものであり、彼等にその実施手段である各種補助事業の統合・調整が任されたのであるから、計画実施が確実に為されたことである。

このようにして、国、県、市町村、農民の間の機能分担に基づく多水準計画とその手順が確立するのである。すなわち、政策決定者としての国、行政チャンネルとしての県、開発手段のデリバリーメカニズムとしての市町村、そしてリシービングメカニズムとしての営農集団である。このような事業の制度的枠組みと各レベルの機能分担が、計画作成と実施に関するガイドライン化を可能にし、それが、ひいては一般行政官や技官が特別な訓練や経験なくして調査・計画作成・実施、それらの管理を滞りなく遂行するのを可能にし、全てを一般行政事務の中で処理することを可能にしたのである。この制度化された形式が、以降、農業政策は変わってもその実現の行政手法として引き継がれていくのである。

構造改善を伴う農業の選択的拡大

以上の新農村建設事業の開始とほぼ時を同じくして始まった好況は、重化学工業や電力等の基礎産業の投資を技術革新を伴う大型設備化、従って投資の長期化に導き、また、かつて景気に応じて倒産・設立を繰り返していた中小企業をその系列の中に組み込んでいった。その結果、1960年頃より日本経済は今までの2年毎の好不況の波から安定した経済状況に入っていったのである[36]。新農村建設事業による農業の発展も、かような日本経済の中で、特に都市成長或いは工業発展との関連で見た時、全く別の様相を呈していた。

第1には、継続的な人口の都市移動をもたらし、1955年における非農就業人口2,500万人が、5年後には3,000万人に至ると共に、これら雇用者の所得が約80％増加した。これにより、都市の食糧消費パターンも大きな変化を来たし、例えば、穀類の消費はこの5ヶ年間一定或いは若干の減少を示したのに対し、野菜は年間1人当たり68 kgから86 kg、果実は15 kgから25 kg、肉類は3.3 kgから4.9 kg、そして牛乳・乳製品は12.1 kgから25.6 kgに急増したのである[37]。このことが、

商品作物の需要を一挙に押し上げ、先に述べた農業発展の起因となったのであるが、その一方、この消費生活と利便性へのあこがれが、農民、特にその若年層への都市吸引力となって働いたのは当然である。また企業にとっても、その低賃金と新技術への適応力から、若年層を中心に雇用することが必要であった。1955年には農家子弟の中・高校卒業者の内25%が農業に従事していったのが、5年後には10%に激減するのであった[38]。こうして、農業部門は中・高年層を中心とする従来の潜在失業者を抱えたまま、後継者不足の問題に直面していったのである。

　第2には、企業の莫大な資金需要を充すため、農業部門における貯蓄の流用が引き続いて行われた一方、これら企業の設備投資負担を軽くするため、低価格で主穀を都市に供給することが図られ、農家の基本給である米価は1953年の水準のまま押えられてきたのである。事実、政府の物価政策の指標である「新物価体系」が示すように、戦前の物価水準に較べ戦後の一般物価を65倍とする一方、米価を45倍に押さえる政策がとられてきた。しかしながら、これは決して農家経済の余裕を示すものではなかった。先に述べた農業機械の導入や換金作目の拡大が、この5ヶ年間に土地生産性、労働生産性から見て各々10、20%の上昇を示したのに対し、投資に対する資本生産性の上昇はほとんど零であった[39]。さらに、適地適産政策の下、農家の自給経済が崩れるにつれ、家計における現金支出が急増せざるを得ない上に、増収分は農業機械等の投資への償還に当てられねばならなかった。農家は、その資金不足を補うために非農業部門への出稼ぎを余儀なくされ、その結果、農家の家計に占める農業所得の割合は低下し、1955年の70%が5年後には60%になった。また農家の所得は、対都市所得比で90%であったものが80%に低下した[40]。ここに、農村と都市の所得格差の問題と共に、この出稼ぎが先の後継者問題と相まって、単なる農業生産力の維持どころか小農発展の基礎である村落共同体の維持すら難しくしていく危険性を示してきたのである。

　第3は、都市化・工業化による土地需要で、1953年から7ヶ年の農地転用累積が66,000 haに達した。これは全農地の1%強にすぎないが、そのほとんどは平野部の優良農地であった。また、この転用が、土地利用規制のないまま都市と工業部門の都合によって周辺農地を無視して為され、その結果、灌漑システムの破壊により利用できなくなった農地はそれ以上にのぼったのである。

かような事態の下、1961年に「農業基本法」が制定され「第1次農業構造改善事業」が発足した。その目的は、従って、農工間の所得格差是正と自立農家の育成であった。そのための主戦略は、新農村建設事業の適地適産による増産に対して選択的拡大による労働生産性の上昇であり、そのための物的基盤整備であった。

その意味するところは、第1には、投入に対して高い生産性をもたらす作目のみを選択し、従来の補完作目を廃除し、その分に振り向けられてきた諸資源を高生産性作目の拡大にまわすこと。そしてその最適な経済規模を実現する大型物的基盤・大型設備を充実して農業の労働生産性を高めることである。

第2は、かような選択的拡大により非農業部門との所得均衡を図る潜在能力のある農家を自立農家として選択的に育成し、そうでない農家を農業から離脱させ非農業部門にまわすこと。つまり、新農村建設事業におけるパイを大きくすることからパイを分ける人の数を減らすことになったわけである。言い換えれば、農業近代化の足枷となるような小農をも含む地縁集団から、能力ある農民を中心とする機能集団への転換を図ったのである。

第3には、その帰結として、1つには離脱する農家の農地を自立農家の規模拡大にまわすと共に、都市・工業の土地需要を充たすこと。そして他方では、大型物的基盤・大型設備の拡充と自立農家の選択的拡大による投入増が、今までの企業設備投資が一段落して遊休しかかっていた建設業への市場を確保すると共に、成長した重化学工業に対する農村市場をさらに拡大することであった。事実、先に述べた1955年当時の国民総支出における農家家計支出の割合20％が、この時期には13％に落ち、総固定資本形成の支出27％を下まわり、日本経済にとって農村市場の拡大が必要であったのである[41]。

この第1次農業構造改善事業は、約3,100ヶ市町村に平均1億円の事業を10ヶ年にわたって実施することを予定した。その内容は、まず土地基盤整備事業として、(1) 農地集団化事業、(2) 団体営土地改良事業、(3) 団体営農地造成事業、(4) 草地造成改良事業、(5) 農用地造成改良事業であり、次いで経営近代化施設事業として、(1) 水田作経営近代化施設、(2) 畑作経営近代化施設、(3) 特用作物経営近代化施設、(4) 園芸経営近代化施設、(5) 畜産経営近代化施設、(6) 養蚕経営近代化施設、(7) 農業基盤整備用機械の諸事業であった。また、その事

業財政処置として、(1) 補助金制度と (2) 農林漁業金融公庫と農業近代化資金による融資制度が用意された[42]。

ところで、上記の3つの意味合いからいって問題になるのはこれら事業の実施基準で、例えば水田の基盤整備の場合は、1区画0.3 ha以上、乳牛舎の場合30頭以上、肥育豚舎の場合300頭以上、鶏舎の場合5,000羽以上に規制され、さらに既存の施設を利用することは一切この事業対象からはずされ、全て新しく購入・新設することが条件だったのである。これは明らかに農村では賄えない大型工事・大型施設・大型機械への投資を農民に実施するよう要請したものであり、同時に、零細農や基幹労働力のない農家にとって農業活動への今後の参加を不可能にし、農業で生計を樹てることへの見切りをつけさせることであった[43]。

いずれにしろ、この事業実施は1961年以来7ヶ年で2,700の市町村に及んだ。その事業内容は、例えば1962年から1964年にかけての3ヶ年平均で見ると、実施市町村240の内、米作近代化35%、果樹作近代化48%、野菜作近代化18%、畜産近代化61%、養蚕近代化18%で、1ヶ所平均1.8作目の近代化を目指したのである。そしてそこにとられた技術も全て大型一貫機械化と呼ばれるもので、その結果、労働生産性が飛躍的に上がったことは事実である。例えば、全国平均で見ても、事業開始直前の1960年に較べ、1968年には土地生産性1.2倍、資本生産性半減に対し、労働生産性は1.7倍に達したのである[44]。

しかし、この労働生産性の上昇をもってしても、同じ時期に約3倍の増加を示した都市勤労者所得との均衡を実現することは不可能に近く、従って第1に、今まで低く押さえられてきた米価を上げて農民の基本給のアップを図ると共に、第2に、労働生産性の上昇によって生じた遊休労働時間を完全燃焼させ得るよう個別農家の経営規模をも拡大する必要があった。

ここで、第1点の米価に関して補足説明すれば、従来の生産費パリティー方式、すなわち米の生産費に加えてその再生産に必要な利潤を与える均衡点を米価算定の基準としたのに対し、この時期より所得パリティー方式、すなわち農家所得が都市勤労者所得との均衡が保てる点に米価を持っていく算定方法に変わるのである。こうして、政府の買上げ価格が米穀販売業者への売り渡し価格を上まわり、政府の食糧管理による赤字がはじまるのであるが、そこには、零細農家の離脱による農家の減少と残った自立農家による経営規模拡大により労働生産性がさらに

上昇し、かような逆ざやの問題は解決されるであろうという見通しがあったのである。

自立農家の育成

以上述べてきたあらゆる意味で、第2点の零細農を農業から離脱させることが急務であった。従ってこの第1次農業構造改善事業では、上層農家でないと管理・運営できない大型物的基盤・大型施設・大型機械による生産体制を確立し、その運営を彼等を中心とする生産組織にまかせ、その中で農家層が分解するのを待ったのである。さらにそれを強く押し進めるため、事業の補助対象から一切の個人が排除され、上層農家を中心とする或いは上層農家になり得る農家の集団のみが対象とされたのである。また、これら集団も米価値上げにより増加した農協貯金の運用が規制され、先に述べた農林漁業金融公庫資金、農業近代化資金、農業改良資金等の制度資金による貸付に限定され、これら資金の持つ制度的規制によって、個別意志による営農展開は許されなくなった。こうして上記政策に見合った事業にしか資金がまわらないようにして営農集団を締め付け、農家層の分解を促進しようとしたのである。

しかし実際には、(1) 単に「農地法」により農地流動が難しいだけでなく、(2) 農民の土地に対する価値観、つまり農地を手離すと地域社会の成員でなくなるという意識、(3) 中・高齢農民にとって今さら他産業へ移っても充分な保償が得られないという現実、そしてこれらの意識と現実に益々拍車をかけた (4) 都市化による農地価格の急騰と (5) 米価上昇による農地保有価値の増大等々が、農民を農業から離脱させこそすれ、肝心の土地流動を一切生じさせなかったのである。そして、農民をして土地を手離さず農業から離脱するのを可能にしたのが集団営農化と生産技術の近代化そのものだったのである。この点に関して若干の補足説明をするとすれば、以下の通りである。

先の新農村建設事業期を通じて、基幹作目、主に米作から基本給を得、追加作目、主に換金作目からボーナスを得るという集団営農の1つのパターンが確立していたことは既に述べたが、今回の大型技術体系を伴う第1次農業構造改善事業においても農民はこのパターンを完璧なまでに踏襲し、単に階層の違いによる対応の仕方を変えただけで自ら階層分化を進めることはなかったのである。

すなわち、上層農でも基幹作目への大型技術体系の導入は自己の経営規模では過剰投資であり、従ってお互いの協同化を進めるのであるが、土地の非流動性から規模拡大ができない限り各農家に労働余剰が生じる。その結果、一部農家の基幹労働力による専業的機械化耕作に委せ、他の農家は補助的労働力を農業に残して基幹労働力を農外兼業に出していったのである。

中層農ではその経営規模から元々基幹作目だけでの自立は難しく、従って当初より基幹労働力を追加作目に仕向けるべく、例えば土地集約的な施設園芸や施設畜産に協同投資をしてその完全燃焼を図るか、或いは農外兼業に出ていったのである。そして残った補助労働力でもって基幹作目の維持を図るため上層農と結託してその専業的機械化耕作に委せるか、さもなくば自ら同じような専門的に基幹作目部門を担当する農家を作っていったのである。

そして下層農では、基幹作目のみによる自立は当然難しく、また追加作目部門への過大な投資も大きな負担であり、その当初より基幹労働力による農外所得を主とする兼業に入っていったのである。そしてここでも残った補助労働力による基幹部門の維持が、上層農或いは中層農による専業的機械化耕作との結託で図られるのである。

こうした傾向は、表 2-2 に示される事業開始直前と直後の統計によっても明かである。そこでは、農家総数の減少は一般的傾向として認められるが、離農した農家から残った農家への農地移転が認められないばかりでなく、残った農家の間での農地移転も認められないのである。つまり土地所有規模の変動によって示される農家階層の分化はほとんど生じなかったのである。一方、追加作目部門への農外兼業の組み入れによる兼業化は著しく、自立農家と目される専業農家はその政策意途に反して半減したのである。そしてその傾向は、中・下層農のみの傾向に止まらず、選択的育成の対象となった上層農においても全く同じであった。

こうして、経済効率の高い作目を選択的に拡大し、同じく経済効率の高い大型技術体系を導入し、そしてそれらの経済効率を追求できる上層農を選択的に育成しようとした政策も、結局は、地縁的共同体を単位としてその追加作目部門を拡大していくか、或いはその中に農外兼業を組み入れていくことを可能にしていったにすぎないのである。ここでも、農民の村落共同体は上層農のエゴイズムを貫徹できるような社会ではなく、多分に相互扶助を目的とした五人組的なもので

表 2-2　農家階層別専業化及び兼業化の推移　　（単位：千戸、括弧内は%）

		1960年	1965年	1970年
上層農家	農業専業	165(70.2)	122(47.8)	103(34.2)
	農業所得を主とする兼業	69(29.4)	129(50.6)	191(63.5)
	農外所得を主とする兼業	1(0.4)	4(1.6)	7(2.3)
	合計	235(4.0)	255(4.6)	301(5.8)
中層農家	農業専業	791(56.3)	463(34.3)	293(23.0)
	農業所得を主とする兼業	573(40.8)	803(59.5)	825(64.9)
	農外所得を主とする兼業	42(3.0)	84(6.2)	154(12.1)
	合計	1,406(24.1)	1,350(24.7)	1,272(24.6)
下層農家	農業専業	999(24.0)	527(13.7)	349(9.7)
	農業所得を主とする兼業	1,341(32.2)	1,101(28.6)	741(20.6)
	農外所得を主とする兼業	1,823(43.8)	2,219(57.7)	2,501(69.6)
	合計	4,163(71.5)	3,847(70.4)	3,591(69.4)
その他		17(0.3)	12(0.2)	12(0.2)
農家総数		5,823(100.0)	5,466(100.0)	5,176(100.0)

（出典：農林省『農業センサス：1970』）

あった。言い換えれば、地縁性に基づく集団は一般に規模に対して不平等であると考えられる大型生産手段をもその集団営農化を通じて平等にしていったのである。そして、第1次構造改善事業の目指した地縁的集団から機能的集団への脱皮は成らず、むしろ基幹作目部門を中心とする地縁的集団を温存したまま追加作目部門で結びついた機能集団を重複させていったのである。

農業問題の顕在化と地域農業の模索

　1960年頃にはじまった企業の本格的な技術革新・設備投資が、1965年に至って日本経済の復興を為しとげる。それは、単なる生産高の回復だけではなく、国際貿易市場におけるシェアを戦前の水準に戻したのである。そして1967年乃至1968年頃から一気に輸出を中心とする高度経済成長に入った。

　この高度経済成長は、第1次農業構造改善事業を中心とする農業近代化の成果はともかく、日本経済全体における農業の位置を益々低めていくこととなった。第1に、1960年以来の農業への投資が当時の総固定資本形成に占める割合1.7%を2.2%に上げこそすれ、国民総支出に占める総固定資本形成の割合35%に対して農家家計消費支出のそれを10%足らずにし[45]、このことが完全に輸出経済に入った日本経済にとっての農村市場の意味を最早無に等しいものとしたの

である。第2に、都市勤労者所得の引き続く上昇で、米の年間個人消費約310 kgが1965年以来急激に減少して約250 kgに落ち、米の恒常的生産過剰期に入った。その結果、主穀の安定供給に対する農業の重要性も薄らいできた。

こうして、第1次農業構造改善事業下における政策努力も先の新農村建設事業におけるそれと同様に、その政策効果が何らかの形で現われてきた時には他産業との関連において全く無に帰せられるか、或いは別の課題を負わされることになっていたのである。ここでは、国内市場としての価値も無くなり、米穀生産の過剰をきたし、一方、農家の兼業化を通じて労働移転が為された以上、既に所得均衡も自立農家育成も、従って米価の高水準維持も意味がなくなってきたのである。むしろ都市周辺農家の離農促進による農地の都市・工業への供給増が期待されるのである。そして食糧管理による赤字累積、農民保護のための農産物輸入規制、金のかかる農業への投資、等々に対する農外からの強い批判が、農業の秩序ある撤退を望むようになってきた。

他方、農業部門自身も1つの問題を抱えていた。それは、既に述べたように、第1次農業構造改善事業による小農経営の近代化が、飼料作目等の補完作目や豆類・麦類等の経済的に非効率な作目を切り捨てることによって成り立ったことである。つまり、それら原料を海外より安く輸入し、付加価値の高い乳・肉・卵等に加工することによって農業生産性の上昇を図ったのである。従って最終食料品でみた自給率80％も、それを原料でみた時には40％以下という極端な水準まで落ちていたのである。その点を指摘された時、日本農業は非常時の最低食糧自給を維持するという大義名分をも失っていたのである。こうして、米の生産過剰を調整するため水田の一部を強制的に休耕或いは転作を奨励する減反政策が導入されることとなった。

ここに、今までの作目別の生産近代化施策と全国での一律的な適用に対する反省が生まれ、1968年に今後の農政の展開についてのガイドラインを示す「総合農政」が策定され、1969年には「第2次農業構造改善事業」が発足することとなった。そこでは、第1に、その目的が、第1次事業における作目の選択的拡大と自立農家の育成に対し、自立農家が地域農業の中核的位置を占めるようなシステムを実現することに置かれた。具体的には、水田利用の再編を推し進め、転作作物の効率的生産を実現するために農地の作物別団地化が図られたのである。第2に、

計画の要件として、第 1 次事業の適用が作目の選択的拡大と自立農家の育成が可能な地域であればよかったのに対し、地域農業の中核となり得る自立農家が既に存在し、協業のための組織化と経営規模の拡大が可能な地域に限定された。従って第 3 に、その実施基準として、第 1 次事業の大型設備が作目の拡大を意図するものであったのに対し、協業組織の経営を近代化するための大型設備に重点投資することになった。

そこには、都市の異常な拡大による農業の後退或いは縮小の必要を認めながらも、最小限の農業適地を確保或いは保全しなければならないこと、また農外兼業なくして農家の生計が成り立たないことも認めながらも、農業というものをせめて地域組織の中に残していかない限り、農業・農民そのものが壊滅或いは消失し、将来の非常時における展開すらできなくなるだろうという切羽詰まった立場があったのである。

そうした立場を反映して、1975 年頃には、(1) 自立農家の規模拡大のために「国有林野法」と「農地法」の改正、(2) 農業協同組合を地域的経営組織体として活用するための「農業協同組合法」の改正、(3) 農村の土地利用区分を明確にして農地保全を図るための農業振興地域の法的線引き、(4) その地域に農民を止めるよう兼業機会を確保するための「農村地域工業導入促進法」、(5) 老人から若い後継ぎへ農業経営をスムーズに移転させるための「農業者年金基金法」等が成ったのである。これにより、(1) 農用地利用増進事業、(2) 地域農業生産組織化推進事業、(3) 地域農政特別対策事業、(4) 地域農業生産組織総合整備事業等が補完事業として発足し、地域農業の組織化を推進していく総合農政の体制が整ったのである[46]。

しかしながら、これら諸事業を上記政策目標に向かって統合・調整していく役割を持つ第 2 次構造改善事業も、その事業内容を見る限り大型設備投資に表される第 1 次構造改善事業と変わるところはない。問題は、その運用を通じて期待される地域農業構造を実現するため、如何に農業地域の選択、協業組織体の選択、そしてその経営近代化が図られたかである。実際のところ、その運用も地域社会のそれへの対応の仕方も、当然のことながら各地域の状況に応じて千差万別である。例えば地域の概念にしても、その中核とか主体とか言ったとき、それは単なる大きさや制度上の問題ではなく、協業が機能し得る社会的・空間的枠組みとの

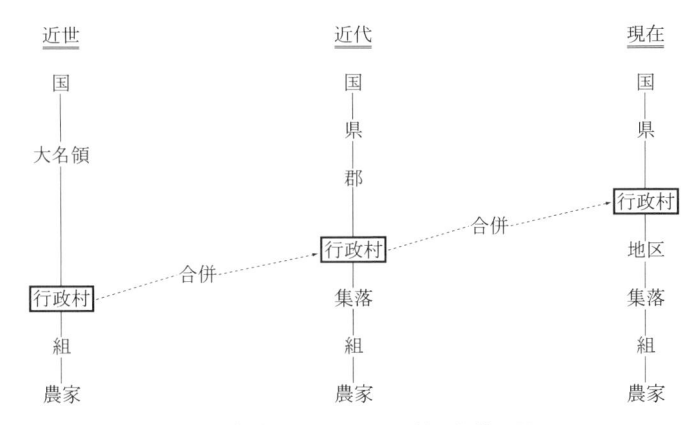

```
近世              近代              現在
 |                |                |
 国               国               国
 |                |                |
大名領            県               県
 |                |                |
            郡              [行政村]
         ┌──[行政村]──合併──┘ |
[行政村]─合併─┘      |         地区
 |                集落              |
 組                |               集落
 |                組                |
農家               |                組
                 農家               |
                                  農家
```

図 2-1　各時期における行政村と集落の関係

関連で吟味されねばならない。

　そういった社会空間としての地域を、以上に述べてきた近世、近代（産業資本形成期）、そして現在との関連で概念的に示すと図 2-1 のようになる。

　協業に関する伝統的な社会空間としての地域は、近世村にその出発点がある集落である。たとえば減反政策の実施においても、各農家の実情に応じ且つ全農家が納得する減反率を個別に割り付けるという非常に困難な作業は、集落のインフォーマルな行政機能に頼らざるを得なかったのである。しかし、フォーマルには広域市町村とも言われる行政村が制度上の基本的な単位であり、政策の受け皿となる空間的枠組みと協業が自成する社会的枠組みは非常に乖離したものとなっている。従って、そこにおける地域の意味、中核農家の役割、協業の仕方、そのための組織は非常に多様且つ曖昧なものとなっている。このことを念頭に、以下では、近世の行政村であり現在では集落である宮迫、地区の段階に止まって広域市町村への合併を拒む宮田村、現代的な広域市町村である飯島町の 3 つの事例における減反への取り組みと、それに並行した地域農業の成立過程及びその内容を検討する。

2-2　宮迫集落の事例 [47]

（1）集落の概要

　宮迫は愛知県幡豆郡吉良町に属する1集落であり、町の中心部より最も遠い丘陵地帯に位置している。その形状は長さ4 kmにわたる細長い谷間に沿ったものである。1940年代までは、日本における丘陵地帯のほとんどがそうであったように、ここでも稲作と養蚕を組み合わせた営農形態が中心であった。およそ90戸が農業に従事し、その内、9戸が0.3 ha未満、24戸が0.3〜0.5 ha、24戸が0.5〜1 ha、9戸が1〜2 haの農地を所有していた。水田面積がその半分を占め、残りは畑作及び桑園が中心であった。

　非農家を含む総戸数は100戸前後でいくつもの集落組織を通じてその社会生活が営まれてきた。集落組織は大きくは2つのカテゴリーに分けられる。1つは、組（宮迫では班と呼ばれる）を通じて全戸が参加する集落組織である。近世から続くこのような組織の構成員は戸であり、1つの戸から複数の代表者が選ばれたり或いは誰も選ばれないということはない。2つは、近代以降に編成された消防団、青年団、子供会、PTA、婦人会等々、年齢や性別による組織で基本的には個人がその構成員となるものである。

　宮迫の場合、前者に属する組織として、（1）集落全体の管理に関わる組織、（2）神社の管理に関わる組織、（3）寺院の管理に関わる組織の3つがあり、それらが集落管理の中心を担ってきた。全ての農家は10戸から20戸で構成される組に属し、そこからそれぞれの組織の運営委員が2年の任期で選ばれてきた。組を代表する組長は、主には組の世話役或いは連絡係であり1年任期の輪番である。後者の年齢や性別による組織はそれぞれが独自の目的を持つとはいえ、集落全体の行事においてはその特性に応じた役割を分担することが慣習的に了解されてきた。

　組を土台とする3つの組織にはいずれも法的根拠はなく、従って何らの強制力を持つものではない。しかし、それぞれに年間計画を立て、予算を組み、各戸から経費を徴集し、その執行を担当する。集落管理組織は、道路や水路の補修、公民館の維持等、集落における社会事業を担当する一方、吉良町や農業協同組合からの情報を組を通じて各戸に伝える役割を果たす。神社や寺院の組織は、その付随する山林や建物の維持・管理と祭りなどの関連行事の主催が主な業務である。

　これら日常的且つ慣習的な業務に加え、集落管理組織では町や農業協同組合か

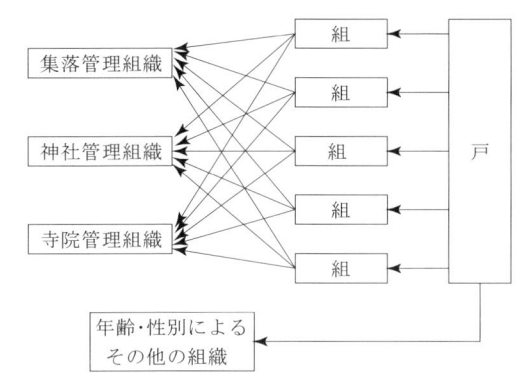

図 2-2　宮迫の集落組織の構成
(作図：佐々木隆)

ら提示される新たな政策への取り組みを検討したり、或いは集落の総意を代表して町や農業協同組合に働きかけるなど、非日常的な業務も多い。神社や寺院の組織では、施設の改築や移転の必要が生じた時には集落の総意を図り、計画を立て、資金と労働力を動員し、それを執行しなければならない。宮迫にはかつて3つの神社があったが、70年前に1つの神社に統合している。寺院は集落構成員が同じ宗派に属するため元々1つだったが、墓地は3ヶ所に分散していた。1955年にはそれらを1ヶ所に統合している。

　これらのことは、いくつかの事業過程が集落内に組み込まれていることを意味すると同時に、それを支える意思疎通の仕組みが備わっていることも意味する。そのような仕組みの1つとして、宮迫では宗教的な集まりを取り上げることができる。集落の構成員はいくつかの異なった宗派に属しているのが一般的であるが、ここでは全戸が同じ宗派に属している。その結果、宗派に特有な行事があるたびに集落の全世帯が集まることとなる。1950年頃までは、毎月12日・18日・25日の3回、組ごとに集まる習慣が続いていた。この集まりは本来宗教上のものであるが、必要に応じて地域の諸問題についての議論が行われ、問題の所在とその解決方法についての共通認識が形成されていたのである。

　養蚕のように市場経済の影響が大きい農産物に依存する地域では、需要の変化に応じて如何に作目の転換を図るかは重要な課題である。1940年代の後半は、宮迫の農家にとってもそのような課題に直面していた時期と言える。第1節でも

述べたように、養蚕は当時すでに衰退過程に入っており、それに代わる新たな作目が求められていたのである。組における月3回の集まりでも、話の内容は宗教上のことから離れ、養蚕に替わる何を栽培するかが大きな議題であった。

宮迫では約半数の農家がこの時期に養蚕（桑）に代わって梨を導入した。しかし残りの半数はその機会を逃してしまったのである。これらの農家が注目したのは隣接する西尾市で栽培していた茶である。西尾市は100年程前より茶の産地として発展してきたところである。宮迫はこの西尾に隣接した地域であることから、茶生産に適した立地条件をもっていると考えられた。こうして1949年に宮迫でも茶の栽培が開始されることとなった。

（2）茶業組合の設立

茶生産に参加した農家は34戸であった。最初は西尾市から調達した雑多な在来種をそれぞれの農家が適地と思う自分の畑地に播いた。そのときの合計面積は5 haであった。播種後、34戸の農家全員が参加して宮迫茶業組合を設立した。梨の場合は、吉良町の農業協同組合の選果施設や出荷システムに依存することができる。しかし吉良町における茶の栽培は初めてであり、必要な加工施設が農業協同組合にはなかったためである。産地を形成するまでのこの組合の活動は、従って以下の3段階にわたって行われねばならなかった。

①栽培から、加工・出荷までの生産体制を整える第1段階。
②産地としての生産規模を拡大する第2段階。
③農家の経営能力を高める第3段階。

組合が最初に行ったのは、農林省の茶業試験場に、土壌調査、環境調査、技術指導を依頼したことである。その結果、品種を最新種の「やぶきた」に変えること、育苗方法を挿木に変えることの指摘を受けた。また、宮迫が茶生産の適地であるとの折り紙をつけられ、このことが生産者の意欲を高めた。1950年に茶業試験場の原種圃場から新しい品種を分けてもらい各農家で苗木の育成をはじめた。

次に組合が行ったのは、1950年の煎茶工場と1955年の碾茶工場の建設である。当初は西尾市と同じく煎茶の加工を目指していたのであるが、煎茶の市場取引量は大きく集落単位での産地形成は難しい。従って、特殊な用途であり取引量が限

写真 2-1　宮迫茶業組合設立時（1950 年）の加工工場
（撮影：余語トシヒロ）

られている碾茶（茶の湯の原料）の生産へ切り換えたのである。

　最初の工場は組合員の土地を借り、組合員の出資により建てられた。出資額を1人5万円と1万円の2つに分け、5万円の出資者6名が役員となり、1万円の出資者28名は一般組合員となった。そして組合は役員のみの決定により運営されるという方式をとった。逆に言えば、運営に関わるものはそれ相応の出資金を負担し、そのリスクを負わなければならないという方式である。そしてこのような運営方式はその後も継続してとられることとなった。

　このような方式は、十分な意欲と展望をもって取り組む農家が未だ一部の人に限定されていたという条件の下でとられたものである。宮迫では茶の生産は初めてであり、また副次的経営部門の1つとして出発したことから、高額の出資金を負担することに大部分の農家は踏み切れなかったのである。そこで、そのような農家にも負担しうる出資額を決め、工場建設に必要な残りの資金は茶の生産に意欲的に取り組む6戸の農家が負担することにし、そのかわり負担が少ない農家には組合運営についての発言権も小さくする措置をとったのである。

　この加工工場では、西尾市での料金を基準とした利用料金を工場の利用量に応じて徴収し、収益は組合で内部留保金として積み立てておくこととした。そして新たに工場をつくる際や機械を導入する際の資金は基本的にそこから出し、足りない場合は組合員から出資金を募る方式をとった。1955年に完成した2棟目の碾茶工場は、このような内部留保金で古い施設を買って建設されたものである。

　以上が宮迫での茶生産の第一段階の姿であった。ここでようやく茶の栽培から

加工・販売に至る一連のシステムが整ったのである。とは言え、宮迫が1つの生産地として発展し市場の中での地位を築いていくためには、まず生産規模の拡大が必要とされた。しかし前述のように、個々の農家では未だ茶生産に経営の主力を注ぎこむという意思決定を行える状態ではなかった。当時、茶園は畑地で造成されており、それ以上茶作の拡大を行うためには水田を茶園に転換しなければならないところまできていたのである。しかも当時は茶が不況ということもあり、多くの農家では水田を茶園にすることは不利益と受けとられたのである。

　問題は、経営転換の時期にはきているが個々の農家では具体的な行動には踏み切れないというジレンマにあったことである。このとき組合が注目したのは5 haの町有地であった。この土地は、吉良町が1940年に建てた農民道場とその付属の農場用地として山林を開墾したものである。しかし1950年代に入ってからは使われないままに放置されていた。組合はこの土地を10年契約で町から借り受け、組合員の全戸が出役して茶園として造成し各農家に分配することにした。

　この5 haの用地を茶園地として加えたことにより、組合としての規模拡大と生産量の増加がある程度実現されたのである。ここで注目しておかなければならないのは農地の分配方式である。組合が農地を借り茶園に造成することは全体の生産量の増加につながることであり、組合としても、個々の組合員としても、そのこと自体に何らかの問題があるわけではない。しかし、農地を分配する際には、個々の組合員の間で利害の対立が生じるのが常である。組合では、このような農家間の対立を避けるために経営規模の小さい農家から優先的に農地の利用権を与えることとした。具体的には、茶園が0.4 ha以下の農家に優先的に分配された。

　これは宮迫が茶の産地として伸びていくためにとった組合の措置である。当時、茶を経営の中心にしている農家が未だ多くはなかったため、宮迫で茶作が定着するかどうか不確実な状態であった。しかし一方、組合の役員層を中心に茶作を経営の軸と位置づけている農家も現れていた。これらの農家にとって、自らの生産物を有利に販売するために、まず市場に産地として認知されるだけの規模を確立することが先決であった。しかし自分たちの経営のみを拡大させるにはリスクが大きすぎる。従って、前者の小規模農家も茶生産から脱落しないようにすることが自らのリスクを回避しつつ産地化を達成する方法だったのである。

　産地として確立しておらず、個々の農家の生産量も少なく、従って販売に不利

な段階では、規模が小さい農家が茶生産を止めたら規模の大きい農家も止めなければならないという危機意識があり、それが規模が小さく生産にも積極的になれない農家に農地を優先的に配分させたのである。ちなみに組合の役員は全てが既に 0.4 ha 以上の茶園を持っており、農地分配の対象とはならなかった。

　このような農地分配の方法は、組合と町との間の一括契約により、組合が農地の利用権をもったことにより可能となったものである。これは、近世村請制の下での村落社会の進退（運用権）と同じく、農地利用における組織的意志決定を可能にしたと位置付けることができるでものである。

　以上のようにして組合としての生産規模を拡大したとはいえ、宮迫が茶の産地として成立するには未だ不十分であった。農地の分配を受けたのが生産基盤の弱い小規模農家であったこと、また茶の販売価格もよくなかったことから、茶生産が個々の農家経営の中に定着するには、さらにいくつかの試行錯誤が必要だったのである。なかでも 1959 年に起きた台風により茶園の半分が被害を受けた時は、茶生産に対する意欲を失い被害を受けた茶園を放置しておく組合員がではじめたのである。これは宮迫の茶生産が直面した最初の危機であった。

　このような生産継続の危機に直面した時、産地としての対応には 2 つの違いが認められる。産地が成立し農家全体の利益も伸びている場合には、農家間や農家と産地間の利害の一致が大きく、産地或いはその組織維持のために個々の農家が払う犠牲は増大する利益にくらべ相対的に小さなものと意識される。しかし、産地として未だ成立しておらず、その組織維持が困難に陥った場合には、個々の農家の利益と産地全体の利益の相違、或いは個々の農家間の利害の対立が如実に現れ、組織維持のために払う犠牲がそれから得られる利益に比べ短期的に大きなものとして意識される。このような対立は、産地組織の解体に至るか、或いは利害が共通する農家間の組織に分化・再編されることとなる。従ってそれ以後の生産は、個々の農家或いは利害を共有する農家の小集団に委ねられることとなる。そして産地としての生産を継続し得るかどうかは、個々の農家がどれだけの経営能力を持っているか、或いは個別でも対応し得る能力を持った農家がどれだけ形成されているかにかかってくることになる。

　この経営能力は、農家が生産や販売において商品経済の経験を蓄積した程度、言い換えれば、農家が属する産地の歴史的経過に依存する。産地としての伝統を

有する地域では、各農家に経営経験の蓄積があるため個別でも対応が可能となり、産地全体としての生産の維持・継続が行われ得る。しかし、産地としての伝統を持たない地域では、個別での対応は限定されたものに止まり、全体としての生産も維持されにくいことになる。逆にいえば、新しい産地において生産を継続していくためには、個別に解体される契機が強く作用する中で、且つ産地全体としての統一性がより強く求められるのである。

　宮迫では、茶業組合が 5 ha の土地利用権を持っていたことが、危機に際しても主導性を保ち得た要因となったことは言うまでもない。組合が行ったことは、第 1 には、茶業試験場の専門家を招き意見を聞く機会を持ったことである。それにより組合員全体の茶生産に対する意欲が高まり、茶生産を継続していくという組合員間の合意も得られた。第 2 には、組合が内部留保金で苗木を購入し各組合員へ分配し茶園の修復を図ったことである。茶生産を開始したばかりで未だ農業経営の副次的部門にすぎない段階で、個々の農家が自力で苗木を購入し茶園を修復することは経営の論理からいっても難しいことであった。それを組合が行ったことで茶園が修復されることとなった。そして第 3 には、茶生産を縮小或いは止める意向を示した農家の農地を、組合が利用権を持つ 5 ha についてであるが、組合が主導権をもって再分配したことである。そしてその際も茶園面積が少ない農家から優先的に分配し、小規模茶作農家の脱落を防ぐことが意図された。茶の販売価格を高めるために、生産量を拡大し品質を向上させ産地としての評価を高めることが組合としての行動目標となっていたのである。これらのことは、組合が独自の資金を持ち、独自の意思決定をしうる主体になっていたことを示すものであり、宮迫の茶生産を維持し得た要因となったのである。

（3）産地の形成

　以上に紹介した生産体制の整備、生産規模の拡大、自立農家の育成による品質の向上という諸段階の後、具体的には台風の被害を受けた 1959 年以降の 10 年間で宮迫の茶生産は産地としての発展期に入る。1969 年には碾茶工場を新設した。建設費 1,110 万円の内、50％が国庫補助、10％が自己資金、40％は借入れである。自己資金分については、組合員出資金の増額により調達したが、ここでも役員は

12万円、一般組合員は5万円という差を設けている。また借入金については、年々の組合の収入から返済する方式にしている。1975年及び1978年にもそれぞれ高性能碾茶工場を新設した。これらも先の工場建設の場合と同じ方式で資金調達を行っている。現在はこの2つの工場を使用し、それ以前のものは廃棄されている。また出資金も増加し、役員で48万円、一般組合員は18万円になっている。

　これら高性能加工工場の新設にみられるように、宮迫の茶生産は1960年代の後半から著しく増加した。茶生産が定着し、茶園の拡大が水田の転換により行われはじめることとなった。各農家にとっても、茶作を中心とする経営形態に切り換えていくという方向が確立したのである。当初は34戸で5 haの茶園面積であったのが、1970年代の前半には30戸で21 haへ、そして1980年には30 haへと急増したのである。このような生産拡大をもたらした最大の要因として1960年代の後半から茶の価格が前年を常に10～20%上回るようになってきたことがあげられる。

　水田の茶園化は1980年代前半も続き、現在では宮迫集落の農地の一角が全て茶園の団地となっている。この団地形成は組合として組織的に行ったものではなく、各農家が独自の判断で行った結果である。茶の生産適地は限られており、自ずから茶園もそこへ集中し団地化されたのである。

写真2-2　宮迫集落の茶園団地の景観
（撮影：余語トシヒロ）

このような産地の形成を、生産手段、土地と機械、施設等の結合形態の転換過程としてとらえれば、確かに茶業組合の役割は大きいものであった。基本的な要素の結合形態の転換期には組合としての統一性を維持しながらその転換過程を主導する形が一貫してとられてきたのではある。しかし日本の生産者組合の多くがそうであるように、宮迫の茶業組合も個別農家の経営活動に直接関わってきたわけではない。茶生産の転換期には組合としての統一性が強調されたのは事実であるが、それは個別の経営能力の蓄積が不十分であったために生じたのである。実際のところ、1980年代には組合の意思決定や施設の共同利用においても個別経営の責任を明確にしていく方向が打ち出されている。その理由として、第1には、碾茶は京都を中心とする卸売業者の伝統的な銘柄品として販売されるものであり、競り市場において値付けされるわけではない。従って、生産者としては幾人かの仲買人と選択的に交渉できる規模と品質を確保できれば、後は個人の生産・加工技術が評価される相対取引の方が有利なためである。第2には、従って、生産共同よりは競争の原理を産地の中に活かすことが重要なためである。そして第3には、既に述べたように、経営能力の高い個別農家の集体としての産地こそが、農家間或いは農家と産地の間の利害の一致を見るからである。

　第1節で述べたように、1970年代からは国の政策として水田利用再編が推し進められ、転作作物の効率的生産を実現する方法として農地の作物別団地化が図られてきた。写真2-2に示される茶園団地の状況も、このような政策の一環としての耕地整理事業を導入した結果ではある。しかし宮迫では、このような転作政策の時期が自主的に水田を茶園に切りかえていく時期に一致していたにすぎない。このことは、農家の所有農地が分散している状況から作物別の団地化に至るのは、地域の生産が拡大し産地として確立していく努力過程の一断面にすぎず、そのような過程を担う主体とその社会的条件を無視したモデルは有り得ないことを示している。逆に言えば、国が政策的に実現しようとしている転作とその団地化は、転作作物の生産が地域的に確立するに至っていない段階で農地利用の集団化を図ることを意図していることになる。産地として成立し得る条件が育たない段階において、或いは産地として育ち得る社会的条件をモデルとして描き得ないままに団地化を図らねばならないという大きなジレンマの中に国の政策が置かれていることを宮迫の例は示しているのである。

（4）集落における生産者組織成立の条件

　宮迫での茶生産は、生産農家が結成した組合を核として産地にまで発展してきた例である。産地として成立するかしないかは、価格の上昇や自然災害などの外的要因が大きいのは事実である。しかし個々の産地組合をみれば、自然災害のような外的阻害要因を内的に処理し生産を継続していく場合と、そのまま生産が縮小していく場合がある。一般的には、産地あるいは組織としての伝統を持っている地域では前者の場合が多く、新しく生産を始めた地域では後者が多い。この後者の立場にあった宮迫茶業組合が前者の過程を辿ったところにこの事例の特徴がある。組合の発展をこのように特徴づけた理由として事例が示唆するのは、（1）農家経営に占める茶作の固定性、（2）集落における組織の多元性、（3）組織経験を伴う人的資源の蓄積、（4）それを可能とする意思疎通の仕組み、等々である。

　宮迫の茶生産の発展過程においてはいくつかの主要な局面があった。第1には、吉良町から借入した土地を組合員全員の出役で茶園に造園しながらも組合の主導で小規模農家にのみ分配したこと。第2には、台風による被害を受けた際には組合が主導権をもって農地の再分配を行いながら対処したこと、つまり農地の組織的運用を実現し得たこと。第3には、加工工場を共同所有するとはいえ、その利用を含め生産から販売まで個人の経営責任において茶作を行ったこと。第4には、組合費の差と運営権の違いに見られるように、いわゆる参加の理念とは異なる管理・運営方式を組合に導入したことである。これら4つの局面に共通する点は、個としての組合員と全体としての組合の間が対立的なものとして現れていないことである。

　農家は茶作以外の作目も含む複合的な経営体であり、経営活動の個別性は大きいものである。しかも、経営体としての固定資本の比率が低い段階であれば短期的な収益追求が合理的な経営目標となるのが自然である。それ故、農家の持つ目標の短期性と茶部門で生じる目標の長期性との間で対立が生じることになる。個別農家の経営目標が、特定の長期目標を持った茶業組合に一元化されることはないのである。

　このような齟齬或いは対立を回避させた条件は、1つには茶の植物的特性、つまり一度植え付けると短期の作付変更はできないという要因が経営上の固定性を

もたらしたことである。2つには、同じく個別農家経営の側面から見て加工施設設置のための出資金が長期間組合に固定されたことである。個々の農家の茶作規模が小さく加工施設を個別に所有するのが困難であったために、短期的には利用の競合などの不利益があったとしても施設の共同利用を継続することが必要だったのである。このような経営上の固定性は、茶作部門とそれ以外の作目部門とは異なる目標により管理されなければならないという意識や認識を生むのは事実である。しかしより重要なことは、そのような個人の意識が如何に集団行動に結びつけられ得るかである。

　宮迫の場合、生産者組織が成立している他の集落と同様に、集落における組織の存在が多元的である。既に紹介したように、総戸数100戸の集落にそれぞれに目的の違う10以上の組織がある。これらの組織が多元的であるということの意味は、或る組織の役員が他の組織の役員を兼ねることは慣習的に許されないことである。その結果、集落では名誉や権力の均衡が働くことである。また複数の組織が必要とされるのは、社会生活の多様性に応じた組織が作られているということである。それは、単に農家間の協力のための組織ばかりではなく、そこに生じる不公平感やその他の問題解決を担う組織が備わっているということである。問題解決機能とは、1つの組織の機能を指すのではなく、多元的であるが故に、或る目的のための組織にその組織目的以外の思惑が入り込むのを防いでいることを意味する。

　茶業組合はこのような多元的組織の1つにすぎず、各農家にとっては複合的な経営目的の1つを担う組織として位置付けることが可能となる。また、一部の農家が役員として組織の運営に関わることも、それは複合的経営に何らの権力的影響を及ぼすものではない。茶業組合の一般組合員も自らの価値観が優先する組織の方で役員としてその役割を果たすことによって、満足のレベルが均質化され、組合員の間に不公平観は生じないのである。別の視点から見れば、役員にとっては参加組織であり、一般組合員にとっては利用組織なのである。意欲或いは能力ある者の発言権を大きくすることは、資源の有効利用と競争力からも必要なことである。

　宮迫では、集落管理組織に限らず、神社と寺院の管理組織も、年間の計画を立て、予算を組み、各戸から費用の徴集と労働力の動員を行い、計画を実行するという

機能が組みこまれている。そしてそれぞれについて各組から 2 年の任期で運営委員を選ぶことになっている。これは、集落構成員が組織運営に関わる人的資源として養成されていたことを意味する。それは世代交代を繰り返す中で常に再生産されてきたのである。そしてこれらの集落組織に共通することは、その目的が利益追求のためではなく、余剰が生じたとしても決して分配されることなく、次年度のため或いは不時の出費に向けて内部留保されることである。このような組織原理が暗黙に了解されたものであり、茶業組合もその範疇から逸脱するものではなかった。

　以上の組織の多元性と組織経験の蓄積には、集落内の意思疎通と合意形成の仕組みが備わっていなければならない。宮迫では全戸が同一宗派に属し組毎の会合が頻繁に行われてきた。そこでは地域の問題に関する意見交換も行われ、問題の所在とその解決方法についての共通認識が形成される場となっていたのは既に紹介した通りである。このような合意形成が最も必要性とされるのは、茶業組合のような一部目的の組織形成や運営に関して以上に、集落全戸の農地の交換分合が必要となる耕地整理事業に際してである。その結果行い得た茶園の団地化でもある。

2-3　宮田村の事例 [48]

（1）村（地区）の概要

　宮田村は長野県上伊那郡に属する行政村である。天竜川に沿って開析された伊那谷の中央に位置し、その村域は南北 4 km、東西 11 km にわたり、面積は 52 km^2 に及ぶ。しかしそのほとんどを山岳地帯が占め、耕地率はわずか 12% である。集落の構成は、行政村としての中心集落が 1 つ、伝統的な農業集落が 6 つ、1965 年と 1975 年にできた非農業集落が 2 つである。1980 年におけるこれら集落の農家戸数と非農家戸数は表 2-3 のようであり、行政村ではあるが、図 2-1 に示した近代の村或いは現代では地区に相応する規模と構成である。

　集落構造は、先の宮迫集落に似たものである。各集落は、共有林、灌漑のため

表 2-3　宮田村の集落別戸数

集落名	総戸数	農家戸数	非農家戸数
町	936	205	731
北割	121	101	20
南割	198	106	92
新田	110	85	25
大田切	128	75	49
大久保	89	65	24
中越	78	65	13
つつじヶ丘	113	0	113
大原	145	0	145
合計	1,918	706	1,212

の水利権、農道や水路、公民館、等々の共有資産を持っており、自主的な管理を行っている。どの集落も自身の神社と寺院を持っており、その維持に必要な組織化と管理を行っている。これらの組織は集落での選挙で選ばれた代表によって管理される。代表者は、必要に応じて関係者を招集したり、会議を開催する権利を与えられている。神社管理は2年、寺院管理は2乃至4年、集落管理は1年の任期である。審議事項は、その詳細を代表者が詰めた後、総会によって承認されねばならない。その内容が重要なものであるほど、代表者は集落内の長老や影響力を持つ者の了解を得てから総会にかけることが多い。もし了解が得られない場合には、その事項が総会にかけられることは少ない。このように、いくつかの事項については、実質的には、これら長老やその分野の指導的立場にある者との協議によって決められる。

　このような集落の運営費用は、共有資産からの収入と各戸から一律に徴収される収入によって賄われる。例外的或いは予想外の経費が必要とされる際には、その内容に適した負担の方法と額が模索される。一般的には、年初に予算計画が公表され、それに基づいて負担総額が計算される。戸別の負担割合は、集落毎の慣習に従って行われる。全く均等に割り付ける集落もあれば、政府に払う税額の割合に応じる集落もあるし、その両者を兼ね合わせる集落もある。

　集落の全構成員は慣行として村役（労働提供）を義務づけられている。その内容は、共有林の維持管理、水路や道路の維持管理であり、これらはその集落に居住する者の義務と考えられている。労働提供をできない場合には、それに代わる

金銭的負担をしなければならない。これらの義務を果たさない場合には、集落の共有資産から得られる利益を受けることができなくなる。

集落は班によって構成され、班はさらに組に分かれている。班長や組長は輪番でその任に当たる。班は、図 2-3 にあるように、農作業、衛生、スポーツ、共済等の日常生活に関する相互扶助機能を担う自治組織である。成人式、結婚式、葬式、先祖供養などの家庭行事や日常の助け合いは、組単位で行われる。集落の自治制は、このような組レベルの社会関係を基にしたものである。

ただし、宮迫集落との違いは、行政村或いは地区としての集落間の結合のありようである。同じく図 2-3 に見られるように、年齢・性別によるその他の組織活動は全村を単位として行われ、各集落を相互に結びつける役割とそこでの多様な人的形成がある。このような組織は、少年、青年、壮年、婦人等の各階層毎につくられたものである。これらの諸組織の内、特に村の農業発展に関わってきた青年組織と壮年組織は以下のような歴史的背景と活動内容を持ったものである。

青年組織としては、戦前期に政府が農村復興を目的にその設立を奨励し、当村

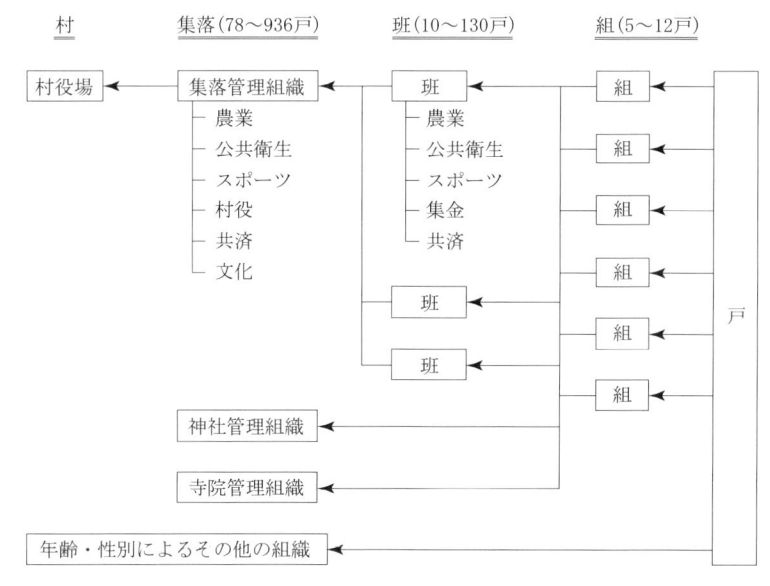

図 2-3 宮田村の組織構成
(作図：佐々木隆)

でも15〜25歳までのほぼ全員を会員として1913年につくられた青年会が最も大きなものである。当初は補助金を運営資金とした官制的な性格が強かったが、次第に、地方思想家、政治家、学校教師などの指導により、会費を運営資金とした独自の方針を持つものへと発展していった。戦後には、(1) 生産増強、(2) 研修・文化、(3) 生活改善が組織活動の中心となった。

第1の活動分野では、生産技術の講習会、全耕地の土壌調査、農業経営の実態調査などが行われた。第2の活動分野では、講師を招いての講習会と会員相互の討論会が行われた。後者は後に弁論大会へと変わった。テーマは村レベルから国レベルに至る政治問題と経済問題が中心であった。その他、1948年から1952年にかけては会員相互の学習組織がつくられ、週に2〜3回、仕事が終わった後の夜間に、数学、政治、経済、生活問題等の多様な科目について学校教師を中心に学習を繰り返した。毎回20名位の青年が集まり、会の運営は参加者の会費で賄われた。第3の活動分野では、迷信の打破、時間の励行、家庭で可能な生活改善などが中心であった。ここで提起された問題は、それが実践されるように村全体の運動に盛り上げていく必要があった。そのため、共通の問題意識を持たせるための議論の仕方、話題の設定の仕方、司会の技術などの講習会が開かれた。このような活動は、1940年代後半から1950年代前半にかけて精力的に行われ、当時の活動経験者が後の村農業のリーダーとなっている。

この他、各集落を結びつける役割を持った組織として1948年に発足した宮田村壮年連盟がある。これは、上記の青年会を終了した26歳以上の農家の壮年層を対象とした任意加盟の団体である。加盟者は当初80人、最高時250人、その後は100人前後で推移している。組織化のきっかけは、前年に発足した宮田村農業協同組合の幹部が村内の有力者層によって占められたことにある。

伝統的組織は班や組を基礎に村全体をカバーするとはいえ、その役割は相互扶助と情報伝達を中心とした社会組織である。農業協同組合のみが経済組織として全集落を横断的にカバーする機能組織である。そこでは20歳台までの若年層を青年部として組織していたが、農家の経営を担う壮年者を対象とした組織はなかった。その農業協同組合が富裕層によって代表されたことへの危機感が、小規模農家層の意思を反映させる母体として壮年連盟を発足させることとなった。

壮年連盟の活動は対農業協同組合以外の分野にも及び、一方では、野菜の即売、

米の集荷協力、要求米価実現運動への参加、全農家の経営実態調査、各種選挙での支持活動などを行い、他方では、組織リーダーの養成に意を注いだ。各集落から選抜された代表者を様々な議論の場へ出席させてリーダーに必要な技能を習得させるようにした。とりわけ、村や集落の問題を見い出し、その解決策を考えるという集団学習の習得に意が注がれた。伝統的組織と異なるこのような壮年連盟の活動とそこで育てられた人的資源は、村や集落の意思決定に大きな影響力を持つようになり、次第にリーダーシップを発揮するようになった。特に1954年の他町村との合併、さらにそこからの離脱という動きのなかで、その集団的対応力が強められていった。

　宮田村は1954年1月町制へ移行し宮田町となった。同年、町村合併促進法が施行され、合併を意図する町村が4月1日までに決議すれば人口3万人以上で市制を布くことができるようになった。その結果、宮田町を含む隣接4町村との間で急ぎ合併の協議が持たれることとなった。宮田町は同年2月の町議会で合併を決議、直ちに4町村での合併調印式が行われた。ところが住民の間で合併反対の動きが高まり、町議会はやむなく合併決議の取り消しを決議し、町長と町議員は辞職した。しかし合併の取り消しには関係全町村の了解が必要である一方、宮田町が参加しない限り人口3万人の条件を満たすことはできなかった。5月に入り、打開策として、市制移行の時限である7月1日に宮田町を含めて合併し、合併後、宮田町長より分市の提案があった場合はこれを認めるという案が出され、4町村で誓約書をつくった。そして同年7月ようやく合併が成立し市制への移行が実現した。しかし、その半月後の新議会において宮田の分市案は否決されてしまった。宮田ではその対抗措置として独自の役場をおき、町長も選出し、法的には認められない形のまま総理大臣の勧告も押し切って事実上の分市を断行した。住民は分市実行委員会を結成して運動を続けた。その後2年間、事態は進展しないままに経過したが、1956年6月に県当局から調停案が出され、同年9月に町制移行以前の村制に戻るということで宮田の分市が正式に承認されたのである。

　この分市運動において、村の諸組織、特に壮年連盟が大きな役割を果たした。同時に、この運動を通じて全村の結びつきも強められ、多くのリーダーが生まれた。その後、村の農業発展に貢献していく農民、農業協同組合の職員、役場の職員の多くは、この分市活動を経験した世代である。

（2）企業の進出による農家の兼業化

　宮田村は稲作と養蚕を中心とした伝統的な農村であったが、1940年代後半から養蚕の景気は徐々に後退し、稲作も1953年に冷害と稲熱病の大被害を受けた。他方、農業生産の後退とは逆に、製造業を中心とする企業の進出、それによる農家の兼業化が進み始めた。1940年以前、宮田村には小数の製糸工場があったにすぎないが、第2次大戦中に2つの金属製品製造企業が疎開してきた。その後、この2企業の下請け工場や、光学機械工業、精密機械工業の下請け企業などが立地し、他の農村に較べ1950年代という早い時期から農業労働力を吸収しはじめた。1961年には工場を含む事業所数は33、そこでの従業員数は1,483人となった。同じ年の調査では、宮田村の男女合計総労働力数は3,362人で、工場が需要する労働力はその40％になっていた。

　このような状況の下で、宮田村は農業生産を維持発展させるための様々な対応策をとった。まず1950年には、農家、役場、農業協同組合からなる農政懇談会がつくられた。1950年代の前半には「1-3-6運動」といわれる農家経済の計画化運動が開始された。この運動は、農産物販売代金の内、60％を生活費に、30％を農業への再投資に、10％を貯蓄に当てようとするものであった。そしてこの運動は農業振興計画の策定へと続いていくこととなった。

　第1次農業振興計画では、1964年から3ヶ年にわたって、従来の養蚕に代わる酪農、養鶏、養豚、果樹、野菜等の導入が行われた。その後1967年には、農家、役場、農業協同組合の代表者からなる農業近代化協議会が条例により村長の諮問機関として設置され、この協議会で第2次農業振興計画がつくられた。そしてこれ以降、国や県の政策を取り入れることによって宮田村の農業構造を積極的に変えていこうとする路線が敷かれることになった。

　一方、個別農家の対応には2つの方向があった。1つには養蚕を止め、稲の単作と工場勤務により所得を確保すること、他の1つは、養蚕に代わる作物や家畜を導入し、それに従来からの稲作を組み合わせた複合経営へ転換することであった。この2つの対応は急速に進み、1950年の専業農家と兼業農家はそれぞれ442戸と364戸であったが、1960年には203戸と591戸に、さらに1965年には67戸と722戸となった。桑園は、1955年までは全作付け面積の44％を占めていたが、

1960年には5.3%に激減した。そして酪農と養鶏が導入され、1950年から1960年の10年間に、乳牛は23頭から237頭へ、鶏は1,770羽から7,261羽へと増加した。専業農家は1950年から15年間で大幅に減少したが、彼らは畜産を主体に稲作を加えた経営形態に変換することによって経営を維持していったのである。それに応え、宮田村では、1967年に第1次農業構造改善事業を導入し、養豚センターの建設を行った。

　この時期、これらの対応は各農家が個別的に行ったものであった。工場への就業も個別農家での対応であったし、養蚕から畜産への転換も、農業協同組合や役場の組織的援助はあったが農家単位で行われたものである。畜産は、その市場条件や生産条件からいって、協業や機械・施設の共同利用の利益が限られ、個別農家で導入する方が有利であると考えられたのである。勿論、畜産農家による協同組合組織が設立されたが、それはあくまで個別生産を前提に材料や製品の購買を目的とした一部協同組織であった。

　一方、多くの農民が工場の労働者へ変わったとはいえ、彼等は農業生産を止めたわけではなかった。この時期、工場労働力の需要が増大したとはいえ、農家の婦人や中・高年層にまで及ぶものではなかった。従って、彼等を中心に稲作経営は継続し得たのである。しかし、農家のこのような個別対応にも限度が生じてきた。第1には、工場の増加とそこからの労働需要がさらに増え、婦人や中・高年層さえも工場へ就業するようになり、稲作と工場勤務の両立が困難になったことである。1970年代の前半には工場を含む事業所数は80を越え、従業員数も1,700人以上になったのである。第2には、養蚕に代えて畜産や花卉園芸などを導入した専業農家も、それらの生産が拡大するにつれて稲作への投下労働力の節減が必要になったのである。そして農家の中から、当時普及しつつあった農業機械（耕耘機、田植機、刈取機、乾燥機等）を個別で購入し、それにより稲作を維持しようとする動きが出てきた。しかし、機械を個別に購入したのでは稲作の収益が低下することは明らかであった。また、第1章で説明した割地慣行により各農家の圃場は分散し、個別に機械を購入しても非効率な利用にならざるを得なかった。稲作生産を継続するために、水田の耕地整理を伴う機械導入が農家間の共通課題となり始めたのである。

（3）稲作機械共同利用組織の形成

組織化の過程

　宮田村は、1971年から78年にかけて県の耕地整理事業と国の第2次農業構造改善事業の導入を計画した。前者によって宮田村の全耕地を0.3 haの区画に整理し、後者により大型機械と施設を導入するためである。同時に、花卉や肉牛生産のための施設導入も計画された。

　農家への提案は、機械の共同所有と共同利用による稲作の集団的耕作であった。他地域でも同様の組織形成が始まっていたことと、共同利用の場合、機械購入費の50％に国や県からの補助金が交付されることがこの提案の根拠であった。その実施に向けては、役場、農業協同組合、農家の間での責任分担が提起された。水田の耕地整理は役場の責任、耕地整理後の新作物の導入とその技術指導、集落の範囲を越えて利用される大型施設の設置とその管理は農業協同組合の責任、そして稲作機械の導入とその管理は農家が集落単位で集団耕作組合をつくりそれが責任を持つという内容である。

　しかしそれを実現するためには全農家の参加が必要条件とされ、補助金交付があるとはいえ農家の負担も大きいものであった。また、農業機械の共同利用の場合、他の農家と作業時間を調整しなければならず、自分の都合で利用できないという問題がある。さらには、組織運営のための会合や会計処理など、個別利用にはない繁雑な仕事が生じるという問題もあった。従って、当初は組織化に対する提案にはむしろ消極的な農家の方が多く、それが集落間の意識の違いとなって表れていた。そこで全村一斉に実施するのではなく、合意が成立した集落から実施することになった。

　最初に合意形成が為されたのは大久保集落であった。しかしその合意も容易に得られたものではなかった。前述のように、農家所得の中に占める稲作所得の比重が低下している状況下では稲作をさらに縮小して兼業機会を増やす対応も可能であったからである。従って、稲作機械の共同利用をめぐって農家は推進派と消極派に分かれて対立することとなった。推進派は、このままでは耕作放棄や収量の低下が生じ農業は衰退し地域社会が解体してしまう危険性を他地域での事例を通じて説明し、所得の増大と生活の安定の両方を実現させるためには集落にお

ける稲作の最低限の維持が必要であると強調した。両者の討議は、1970年から1971年にかけて毎日のようにあらゆる会合を利用して行われた。夕方から夜明けまで意見が交わされることもあった。このような過程を経て消極派も賛成にまわり、1971年4月の集落総会において耕地整理の実施が決定され、その年から工事が開始されることとなった。

　このような大久保での合意形成方式は他集落のモデルとなった。しかし他集落でも反対派や消極派の説得は容易ではなく、全村の耕地整理が完成するには1978年までの10年間を要した。なお、集落間で工事実施年が異なれば費用も相違し、それにより集落間で個人負担額も異なってきた。個人負担額が高くなった集落からは集落単位での精算方式についての批判が出てきた。結局、耕地整理は村全体で行うものという原則に基づいて全戸の個人負担額を均一にすることとなった。工事費は全村一括して計上し、その費用を農家の所有面積に応じて負担することになったのである。

　耕地整理の終了後、次に出てきた問題は農業機械・施設の導入とその利用組織の形成であった。各集落では、共同利用組織の設立については耕地整理と重ね合わせて議論してきたので既に合意が成立しており、育苗センター、トラクター、田植機、コンバイン、ライスセンターなどが導入された。導入に当たっては、50%の補助と20年償還の制度資金を利用した。しかし、このような共同利用組織が実際に機能し始めるには解決しなければならないいくつかの問題があった。組織形成に一応の賛成は得られていても、具体的な運営になるとそこでまた賛成派と反対乃至消極派に分裂した。そして、そこでも1つ1つ意見の一致点を見出していかなければならなかった。とくに問題となったのは機械・施設の管理形態と運営費の負担であった。当初は、(1) 全戸が参加する、(2) 機械・施設の購入費は経営面積に応じて負担する、(3) 運営費は面積と戸数により1戸当たりの負担額を決めるという原則を村全体で出していた。しかし、その具体的な内容は、機械及び施設毎に、そして集落毎に検討されねばならなかった。

組織の構造

　既に述べたように、農業機械と施設の規模に応じてその所有と管理主体を農業協同組合と集団耕作組合に分けることになっていた。その結果、育苗センター、

ライスセンター、カントリーエレベーターは稼働能力が集落の規模を超えるので農業協同組合が所有・管理することとなった。そこでの作業は、利用する農家がそれぞれ利用量に応じて1～4日の労働を提供することにより行われる。収入は利用料金であり、そこから労働提供農家への報酬や燃料費・修理費などの諸経費を賄うこととした。

自脱型コンバインは農業協同組合が所有するが、管理は各集団耕作組合が行うこととなった。各組織に4～5台のコンバインが割り当てられ、操作は組織内でオペレーターを10～15人選抜し、彼等が交代で行う。その補助作業は利用農家が交代で担当する。ここでの利用料金の徴収とオペレーターや補助作業員への労働報酬の支払いは農業協同組合の責任で行うこととした。

トラクターと田植機は、購入費は農業協同組合が一時立替えて負担し、利用と管理は集団耕作組合に委ねることとなった。5年間の償還が終了した後に、所有権が農業協同組合から集団耕作組合へ移るのである。トラクターではオペレーターを10～15人決めて利用農家の耕耘作業を行う。会計は組織の責任で為される。必要経費である労働報酬や燃料費、農協への支払い、減価償却費などの合計を利用農家が事後的に分担して負担する方式がとられることとなった。これは組織には欠損も利益も残さないためである。田植機では集団耕作組合内に10人前後の利用班をいくつかつくり、それが1台の機械を交代で利用する方式がとられた。会計は組織全体で行われ、その方式はトラクターの場合と同様である

具体的な費用負担の内容を中越集団耕作組合を例に見ると以下のようである。この集団耕作組合は72馬力トラクター2台と4条植田植機7台を利用している。費用の負担は次の3つの方式をとってる。

① 組織の運営費は参加した全農家が負担する。1年間に発生した必要経費を年末に清算するが、その70％は各農家が平等に負担し、30％は経営面積に応じて負担する。

② トラクターと田植機の償還（5年間農業協同組合に支払われる）は利用農家が負担する。その70％は利用を申し込んだ時の面積に応じて、30％は実際に利用した面積に応じて負担する。利用申し込み面積と実際に利用する面積とに差が生じないように分けて徴収するのである。なお、この費用の負担金は会計上は組織への出資金として扱われている。

③機械の維持・管理費、労働報酬費、減価償却費は1年間の総経費を実際に機械を利用した面積に応じて負担する。

　以上のような費用負担の割合や費用を3区分して、それぞれで負担方法を決めるという方式は1つの目安であり、細部は各集団耕作組合間で少しずつ異なっている。負担割合も固定的ではない。要するに、農家間の不満がもっとも少ないような負担方法がとられ、しかもそれはそのときどきで変えられている。変更をする場合や新たに決定を行う場合は、その当該問題の責任者と組織全体の責任者がまず案をつくる。次いで全構成員が参加する場で賛成を得て最終決定となる。

　これらの機械・施設の導入により各農家の作業形態は大きく変化した。従来は耕起から収穫・乾燥まで主に家族労働力で行い、しかも育苗から収穫・乾燥まではほとんど手作業で行ってきたが、それが育苗と乾燥は農業協同組合が提供し、耕起、田植、収穫作業は集団耕作組合が担当するという分業体制に変わったのである。しかも集団耕作組合での作業は、組合が養成したオペレーターが主な作業を行う体制になっている。オペレーター以外の農家は補助的作業を行うために交代で出役すれば済むようになったのである。その結果、一方では農業協同組合と集団耕作組合の間での分業体制が成立し、他方では農家間の分業が集団耕作組合の中で行われる二重の分業体制がつくられたのである。

組織利用の費用と利益

　集団耕作組合が7つの集落全てに形成されたのは1978年であったが、1970年代の前半に形成されたところでは、何回かの機械の更新も行われた。組織が存続する要因にはいくつかあるが、最も重要な1つは農家にとっての収益性の問題であり、集団耕作組合に参加して実際に機械を共同利用した場合と、参加しないで個人的に対応した場合の比較である。中越集落の場合、その集団耕作組合に参加した農家の経営規模別分布は、表2-4に示す通りであった。参加率は1.5 ha未満で高く、それ以上では低くなっている。

　集団耕作組合の作業内容は、耕起・代掻・田植・収穫であるが、参加農家は農業協同組合の育苗センター・ライスセンター・カントリーエレベーターも利用するので、これを全利用と位置付けることができる。参加しなかった農家は、まったくその逆であり、非利用と位置付けることができる。その他は、一部作業の受委託

表 2-4　中越集落の規模別参加農家数

利用区分	経営規模（ヘクタール）						合計
	〜0.3	0.3〜0.5	0.5〜1.0	1.0〜1.5	1.5〜2.0	2.0〜	
全利用	4	5	13	10	1	0	33
非利用	1	3	9	8	3	1	25
その他	3	2	1	1	0	0	7
合計	8	10	23	19	4	1	65

　を対面的な関係で行っている農家である。この全利用農家と非利用農家の1981年における0.1 ha 当たりの稲作生産費と稲作所得を比較したのが図2-4である。

　左図に見られるように、稲作生産費は全利用農家の方が大幅に低く、その規模格差も小さい。一方、稲作所得は、右図に見られるように、1.0 ha 以下の経営規模層では全利用の方が非利用の場合よりも所得が上回っているが、それ以上の経営規模層では下回っている。この結果は、表2-4に示した経営規模別農家の参加率の違いを、少なくとも1.0 ha 以下層については説明している。1.0〜1.5 ha 層の農家が、稲作所得上不利にもかかわらず参加率が高いのは、主にこの層の農家がトラクターやコンバインのオペレーターとして出役していることから説明できる。オペレーターとしての出役は、年間1人当たり8〜10日となり、年間で8万円から13万円の所得になる。これを稲作所得に加えるとほぼ非利用の場合の

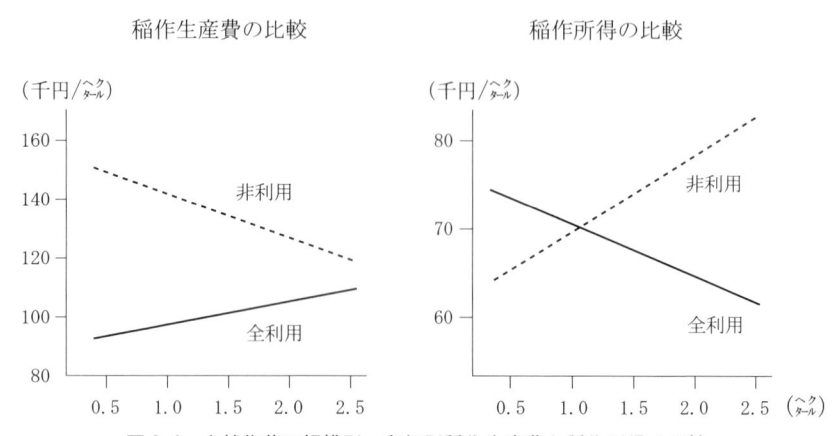

図 2-4　中越集落の規模別・参加別稲作生産費と稲作所得の比較
（出典：長野県統計事務所『長野県農畜産物生産費』）

所得水準になる。

組織の持続性

　以上のような全利用の方が非利用の場合の所得を上回るという関係が、組織設立の当初から成立していたわけではない。1974年以降の全利用農家と非利用農家の稲作所得の変化を追跡すると、全利用の場合の所得が非利用のそれを上回るようになったのは1976年以降であり、しかも0.3 ha以下の経営規模層で成立したのみであった。しかしこの関係は徐々に拡大し、1978年には0.5 ha以下の経営規模層で、そして1980年になってようやく1.0 ha以下の経営規模層においても全利用農家の稲作所得が非利用農家のそれを上回るようになったのである。

　組織への参加が長期的には有利になったとしても、農家の意志決定は常に短期的な収益性に左右されるのものである。従って、1973年の設立時から1980年頃に参加の優位性が明らかになる6〜7年間は、長期的な組織目標と個別農家の短期的な経営目標は対立していたことになる。このことは、稲作部門に限らず、協業組織が持続するためには、このような対立が解消し得る或いは回避し得た理由が求められねばならない。

　1つには、集団耕作組合が複数のトラクターと田植機を所有・管理し、先にも述べたように、参加農家は一定額の資金を生産組織に拠出していたことである。出資金が特定の機械にのみ投資された場合には、償却が済めば再び資金として回収されるものであり、その時には農家は出資者として再び組織に資金を拠出するかどうかの意思決定を行うことができる。しかし、複数の機械に投資されていた場合は、それぞれの償却年数が異なるため、全額資金として回収されることはなく常に一定額が組織に機械の形で固定されていることになる。このように資金が組織に固定し、他の用途へ移動することが制限されるようになると、短期的な収益目標も変更せざるを得ない。

　個々の農家はそれまでは手作業が中心であったし、資本も流動資本としての投下が大きな割合を占めていた。従って、資本の短期的移動は可能であり、目標とする収益も短期的或いは当座的であり得た。しかし、資本の移動が恒常的に制限される状態になると、もはや短期的収益追求のみを目標とすることは合理性を失う。そこでは一定の資本が常に組織に固定されていることを前提とした収益目標

の確立が必要とされるのであり、その際、合理性を持つのは短期的な収益を犠牲にしても長期的・持続的な収益を最大にすることである。これを逆に言えば、投資の分担負担が少ない参加組織は、収益性が保証されない限り直ちに解散に結びつく可能性を持っているということでもある。

　一方、所得には、稲作所得、農業所得、農家所得の3つが含まれる。稲作費用はあくまでも所得を得るための手段である以上、農機具費の増大は、この3つの所得のどれかの制約下におかれなければならない。その第1は、機械化による稲作費の増大が、稲作所得の増大に直接的に結びつく場合である。第2は、稲作所得の増大にはならないが農業所得全体の増大になる場合である。そして第3は、稲作所得と農業所得の増大は無くとも兼業所得を含めた農家所得全体の増大をもたらす場合である。図2-5は、これら3つの所得と農機具費・労働時間の関係を、1975年を基準にした経年変化率で示すものである。

　農機具費は一貫して増大している一方、労働時間は常に減少している。稲作所得はプラスからマイナスの伸び率に転じている。このことは、農機具費の増加が稲作所得の増加につながるものではなかったことを意味している。同じく農業所得の伸び率も1977年頃を境に急速に減少している。これに対し、農家所得は伸び率の大きさが小さくなりつつはあるが常にプラスの値を示している。

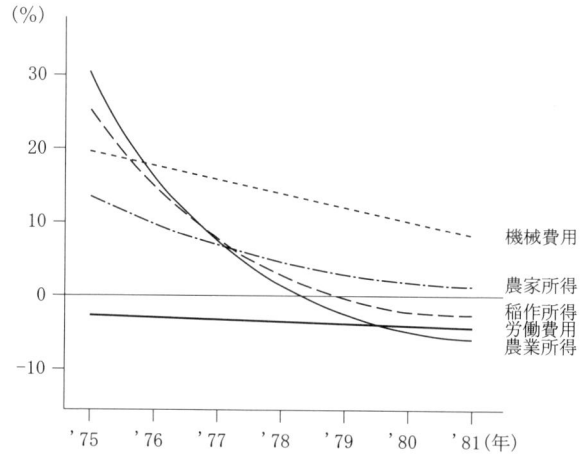

図2-5　稲作労働時間・機械費・所得と農業・農家所得の経年変化率
（出典：長野県統計事務所『長野県農畜産物生産費』）

以上のことから、1975年から1976年頃までは、農機具費の増加は稲作所得或いは農業所得の増加と結びついて生じていたことがわかる。そして1977年以降のそれは農家所得の増加と結びついていたと言える。稲作労働時間の減少分も、当初は農業部門へ向けられていたが、1977年以降は農業以外の部門へ向けられ、そこで所得形成が図られたことを示している。

これは、宮田村の農家は、この時期に農家所得を増大させるためには稲作所得の増加を断念するということを行動に表した結果である。稲作においては単に生産を維持し所得の低下を防ぐということが部門目標として設定されたのである。そして、それは短期的な収益追求を断念することを意味していたのである。宮田村における稲作部門の収益目標の長期化と組織への持続的参加の要因は、このような農家経済全体に占める稲作部門の位置付けの変化との関連で捉えられるものでもある。

（4）農地利用の組織化

第1節で述べたように、日本農業は、1960年代後半に食糧問題から農業問題に大きく転換し、1970年には稲の作付け制限政策が始まり、1978年には水田利用再編政策へと進展した。宮田村では、前項で紹介した耕地整理の際に、水田を畑地に切り替え、稲の作付け制限の割り当て面積の多くを消化してきた。しかし、水田利用再編政策に入ると、農家間の栽培受委託を奨励して積極的に転作面積を増やさなければならなくなった。

受委託による転作とは、転作をする能力や条件を持たない農家が、栽培技術や機械を持つ農家に農地を提供し、稲以外の生産を委託する方式である。これにより、集落単位や村単位で割り当て面積を達成しようとするものである。しかし政府の高価格維持の下にある稲に較べ、転作作物には高収益を期待できず、個別対応に委ねるのみでは割り当て面積の達成が危ぶまれた。従って、宮田村ではこの受委託を促進するための共助制度を設けると共に水田利用再編対策協議会を設立した。

共助制度とは、村内の全農家から稲作面積に応じて拠出される金額と転作に当たって国から農家に交付される補助金を村段階でプールし、それを基金にして

転作の受委託が成立した際にそこから両方の農家へ一定額ずつ配分するものである。金額は作物にかかわりなく 0.1 ha 当たり一律 11 万円（0.1 ha 当たりの稲作所得に相当する額）とし、それを受託農家へ 3 万円、委託農家へ 8 万円配分するものである。受託農家は 3 万円の他に転作作物の販売収入があり、これで双方の収入がほぼ釣り合うと考えたのである。この共助制度は 1978 年から 1980 年迄の 3 年間実施された。

また、水田利用再編対策協議会を設立し、村に割り当てられた転作面積と実際に転作する面積を一致させる（転作率を 100%にする）調整作業を以下の仕組みで行うこととした。

①各集落で自家転作と委託転作の希望調査を行う。自家転作を希望する農家は、転作する水田の地番・面積・転作作物等を明記した書類を提出する。
②委託転作を希望する農家は、委託する水田の地番・面積を申告すると共に、転作作物については水田利用再編対策協議会に白紙委任状を提出する。
③これらの情報を基に、水田利用再編対策協議会は、自家転作面積と委託転作面積の合計と、割り当てられた転作面積を一致させる作業を行う。
④前者が割り当て面積より不足した場合は、当該集落に不足分を達成するために農家間で協議するよう要請する。
⑤前者が割り当て面積を上回つた際の超過分は稲作用地として扱われ、水田利用再編対策協議会から稲作の生産を希望する農家に委託される。
⑥同じように、転作農地に関しても水田利用再編対策協議会が転作作物の生産を希望する農家に委託する。

しかし、このような調整作業も 1981 年以降は非常に難しくなってきた。転作割り当て面積の増加、そして国からの転作補助金の減少により、共助制度を維持するための農家の拠出金額を上げていかなければならなかったのである。0.1 ha 当たり 1978 年には 5,503 円、1979 年には 6,828 円、そして 1980 年には 8,896 円となった。このような拠出金額の増額に対して徐々に農家の中から不満が生じ、共助制度の見直しが為されることとなった。

新たな取り組みとして、1980 年、地代管理制度と農地利用委員会を発足させることとなった。この新制度の特徴は、農家の拠出金額の増大を押さえるために地代関係を導入することであった。ただし、地代額を農家間の契約にのみ任せた

のでは従来から生産されてきた飼料作物のような低地代への委託は減少する。それを防ぐため、受託農家が支払う地代は作物の収益に応じて6つのランクに分け、他方、委託農家が受け取る地代は一律にし、低収益作物の生産も拡大できる仕組みにしたのである。

　農地利用委員会は、以上の地代管理制度を推進する機関として設置され、農家、役場、農業協同組合の代表者によって構成された。地代管理制度と農地利用委員会の関係は図2-6に示す通りである。共助金の拠出は継続され、1981年には0.1 ha当たり6,000円に引き下げ、国からの補助金は引き続き村でプールし、受託農家の支払い地代への補助分と委託農家の受取り地代への上乗せ分として使われることとなった。

　自家転作と委託転作の比率は、1980年までは前者が多かったが、1981年以降になると逆転し、1983年は43％と57％になった。これは農地利用委員会へ委託された農地とそれを利用する耕作者のいずれもが増加したことの結果である。水田は全村で450 haあるが、その内、今後の転作割り当て面積が変わってもその範囲内で対処し得るであろうと予想される120 haを稲作以外の高収益作物に転換し、残りの330 haは集団耕作組合を核に集団的稲作を継続することが農地利用委員会の目標となっている。それは、地代管理制度に基づく長期展望を媒介に、集落の枠を超えた機能集団を新たな集落間結合としての村組織に再編していく過

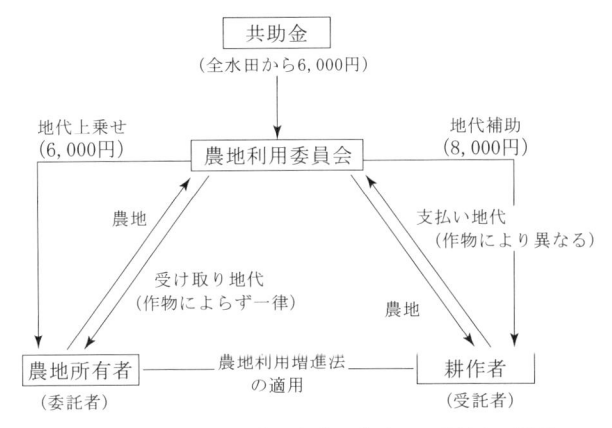

図2-6　宮田村の地代管理制度と農地利用委員会の関係
（作図：佐々木隆）

程でもある。

2-4 飯島町の事例 [49]

(1) 飯島町の概要

飯島町は長野県南部に位置する。先の事例でも述べたように、長野県南部には第2次大戦中に精密機械工業が疎開し、その後も電子部品工業や下請関連企業が多く立地してきた。現在の町域は1956年に4つの行政村が合併してできたものである。従って4つの地区（旧村）によって構成され、合計で36の集落を含む。総面積92.5 km^{2}の内、山岳地及び森林が65％、農地は16.5％である。農地に占める水田の割合は76％である。しかし、農地の標高は500 mから850 mにわたり、水田も棚田状になっているところが多く、農業の機械化が難しい状況であった。合併以前の営農形態は、米を中心に養蚕（桑）と果樹（梨）を加えた伝統的なものであった。

事例の対象となる1985年の人口は10,705人、世帯数は2,652戸である。農家数は1,398戸で総世帯数の54％を占め、農家を中心とした地域ではある。しかし、専業農家率は7.9％、第1種兼業農家は18.5％、第2種兼業農家が73.6％で、兼業を主とする農家が大分部を占めるに至っている。合併時に近い1960年には農家の半数近い42％が専業農家であったが、1965年には20％、1975年には9％と急速に減少した。このように兼業化が進んだ背景としては、1950年代以降には養蚕経営が難しくなったことに加え、上記の工業立地による労働市場の拡大と農業の機械化が困難な状況をあげることができる。

また、飯島町では1戸当たりの平均農地面積は0.96 haにすぎず、従って全ての兼業農家は投下労働力が少なくてすむ稲作経営を続けながら地域の企業に通勤することとなった。他の地域と同様、ここでも稲作の小型機械を共同利用する組織（集落営農組合）が36の集落毎に設立され、稲作の生産性を維持しつつ非農業部門への就業を可能にしていったのである。一方、専業農家は、その数は限られたものであるが、農地の流動が起きなかったために耕地規模を拡大できず、菌

茸や花卉栽培などの集約的な施設農業に特化していくこととなった。

　このような稲作の機械化をより効率化するために県の耕地整理事業を導入し、1973年から1986年にかけて水田の97%を0.2或いは0.3 haの区画に整備した。また、従来の果樹栽培を続ける農家のために19.6 haの果樹団地を造成し、畜産農家のための飼料畑7.6 haの造成も行われた。

　しかしながら飯島町の基本的な問題は、上記の兼業化の過程で、集落内の農家が稲の単作に特化する小規模兼業農家と稲以外の集約農業に特化する専業農家に

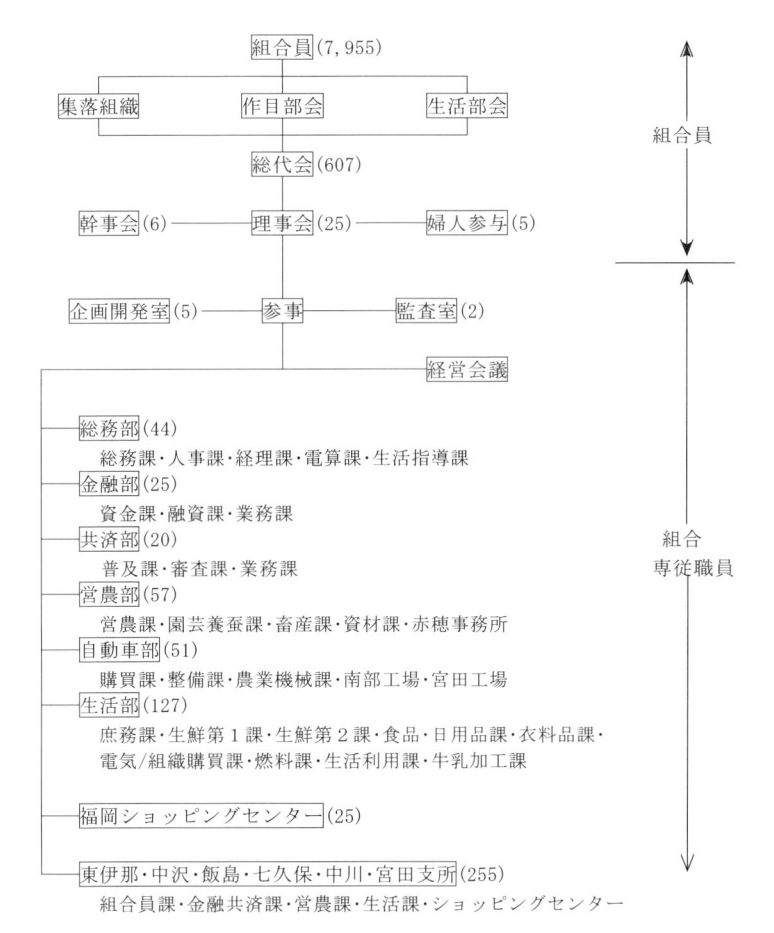

```
                    組合員(7,955)
        ┌──────────────┼──────────────┐
    集落組織         作目部会         生活部会
                         │
                    総代会(607)
                         │
    ┌────────────────────┼────────────────────┐
  幹事会(6)          理事会(25)            婦人参与(5)
                         │
    ┌────────────────────┼────────────────────┐
 企画開発室(5)          参事              監査室(2)
                         │
                    経営会議
    ┌────────────────────┘
    │
    ├─総務部(44)
    │    総務課・人事課・経理課・電算課・生活指導課
    ├─金融部(25)
    │    資金課・融資課・業務課
    ├─共済部(20)
    │    普及課・審査課・業務課
    ├─営農部(57)
    │    営農課・園芸養蚕課・畜産課・資材課・赤穂事務所
    ├─自動車部(51)
    │    購買課・整備課・農業機械課・南部工場・宮田工場
    ├─生活部(127)
    │    庶務課・生鮮第1課・生鮮第2課・食品・日用品課・衣料品課・
    │    電気/組織購買課・燃料課・生活利用課・牛乳加工課
    ├─福岡ショッピングセンター(25)
    └─東伊那・中沢・飯島・七久保・中川・宮田支所(255)
         組合員課・金融共済課・営農課・生活課・ショッピングセンター
```

　　　　　　　　　　　　（右側矢印：上部「組合員」、下部「組合専従職員」）

図2-7　伊南農業協同組合の組織構成
（括弧内の数字は1991年時の組合員数と専従職員数を示す）

分化したことである。その結果、小規模兼業農家と専業農家のそれぞれに異質な問題が表面化することとなった。小規模兼業農家は農業集落に住まいながらも給与所得者であり、企業での勤務が稲作協業を難しくしたばかりでなく、その消費生活においても都市的な個人サービスを必要としてきた。一方、専業農家は、1つの企業として成立できる規模ではないし、集落の中では孤立した存在となっていたために産地形成に必要な組織化もできないという状態であった。

このような状況は、飯島町に限らず地域全体に見られる問題であった。兼業農家の消費生活に見合うスーパーマーケットのチェーン店を展開し、さらには、果樹、畜産、菌茸、花卉などを業種毎に編成して産地を形成するには多大な経済規模と資金力が必要であった。それは、飯島町の町域では不十分であったし町行政の範疇を超えるものでもあった。その結果、各市町村、具体的には、隣接する駒ヶ根市、飯島町、宮田村、中川村の1市1町2村の農業協同組合が合併し、伊南農協という広域農業協同組合を成立させることとなった。組合員の総数は発足時で6千人、含まれる農事組合法人は7、ショッピングセンターは6ヶ所、その他の団体は6に及び、その機構は図2-7に見られるような組織となった。

（2）農業組織の再編

農家の兼業化に加え、飯島町においても農業者の高齢化が進んだ。その結果、1980年代後半には不耕作農地が増加する一方、単なる後継者問題ではなく、協業の核（担い手）となる農家或いは農業者がいなくなることも問題となってきた。今までの農家まかせ或いは世襲的な担い手づくりでは不十分であり、行政や地域社会がその育成に取り組むことが必要であった。

集落内の農家が稲単作兼業農家と非稲作専業農家に分化してしまった状況を踏まえ、飯島町は、地域農業の将来方向を地域連携農業という言葉で表わし、町域全体での両者の連携の実現に向けて農家の考え方を変えていくことから始めることとした。そのためには、地域が目指している政策について農家の人達に実感を持ってもらう必要があると考え、実際に新しい経営体ができる或いは新たな施設や機械が導入されるなどの目に見える具体的な形を通して働きかけるという方針をたてた。そして、そのような目に見える変化をもたらすものとして次の3つの

事業を進めることとした。
　①地域農業連携の推進機構としての営農センターの設置。
　②連携の枠を広げるために集落営農組合を地区営農組合に再編。
　③地域連携農業を担う農事組合法人の設立

営農センターの設置

　この営農センターは、飯島町の農業関係者全てが集まり、地域連携農業の構想を練り、それを実施案に移し、実施結果を評価することを目的として1986年9月に設立された。センターには、町議会、農業委員会、地区営農組合、集落営農組合、農業者組織、農業改良普及所、農業協同組合、県農業開発公社、農業共催組合の諸代表、さらには消費者や異業種の代表、そして知識経験者が参加することとなった。組織構成は以下の4つに分けられる。
　①全体委員会：全委員で構成し、基本構想や方針についての立案を審議する。
　②役員会：地区営農組合の理事・組合長・部長で構成し、全体委員会の運営を担当する。
　③専門部会：全体委員会の方針に基づき、営農計画と農地利用、作物振興と担い手育成、施設と機械の利用、地域生活等に関する専門事項の検討を行う。
　④幹事会：実施計画の素案策定及びそのための調査・研究を担当する。
　幹事会は、農業協同組合の職員、町役場の農政担当職員、農業改良普及所の職員により構成されている。月1回の全幹事が出席する定例会議の他に、臨時に3〜4回の会議が開かれている。幹事会の主な任務は次の2つである。1つは、営農センターがとるべき方針の原案を作成することである。ここで作成された方針案は、営農センターの役員会での承認を得て全体委員会にかけられ、その後、営農センターの案として農家に示される。他の1つは、営農センターの方針を具体化するための地区毎の計画づくりである。各地区にはそれぞれ複数の幹事が配置されているが、各地区の計画案はこれら担当幹事により作成された後、幹事会の討議にかけられる。そこで認められると、地区営農組合での承認を経て正式な地区の計画となる。各地区の計画進捗状況は、随時、幹事会に報告される。このため、幹事の間で互いに競争し合うという効果が生まれることとなる。

集落営農組合から地区営農組合への再編

　飯島町には36の農業集落があり、集落毎に営農組合（集落営農組合）があった。この組合は、農業機械の集落での共同利用を主な目的とする組織である。しかし36の営農組合では、農協職員による指導が十分には行き届かず集落まかせになっていた。その結果、兼業化の度合いや担い手の存否等、個々の集落の事情により協業面における集落間の差が大きくなつていた。そのため、農家間の協業に代わって各農家の農作業を受託する組織として地区水稲協業組合が設立された。しかし、地区単位でも農作業の受託者を継続的に確保することは容易ではなくなってきた。

　そこで1988年に組織の再編が検討されることとなった。再編に当たっては以下の諸点が配慮された。第1には、職員がきめ細かく入れる程度に組織の数を減らすこと。第2は、管理運営の指導を担当する農協職員と役場職員を組合組織毎に配置すること。第3は、組織設立の基盤を地区（旧村）に置くこと。そして第4には、新たな組織をそれまでの農業機械の共同利用のみでなく、地域の農業ビジョンを実践する組織にすること。

　上記の営農センターが企画・立案を担当するのに対し、地区営農組合はそれを実践していく組織として位置づけられ、1989年、飯島、田切、本郷、七久保の各地区に設立された。それは、地区農業者の自主的な参加に対し、農業協同組合、町役場、農業改良普及所等の関係諸機関・団体が支援する総合的な地域農業の運営主体としての役割が期待されるものであった。その組織構成と機能は図2-8に示される通りである。

　地区営農組合では、その機能を果たすために、従来の集落営農組合でとられた役員制ではなく、組織の運営管理に責任を持つ理事、監事及び幹事を置くこととした。理事は各推薦母体から推薦された人と地区の農業委員全員及び地区の農業協同組合理事全員とした。推薦母体としては、各集落、地区水稲協業組合、農業生産組織、地区の婦人会とした。推薦母体を設定しそこからの推薦により理事を選ぶという方式は、理事自身の自覚を高めることに加え、理事と推薦母体の構成員との意思疎通をよくすることが意図されたためである。また、各集落代表の内の1人は、その集落内部の農地利用調整を担当することとした。なお、推薦制理事に加えて地区の農業委員全員が理事を兼ねているのは、この人達に地区の農地

2-4 飯島町の事例　87

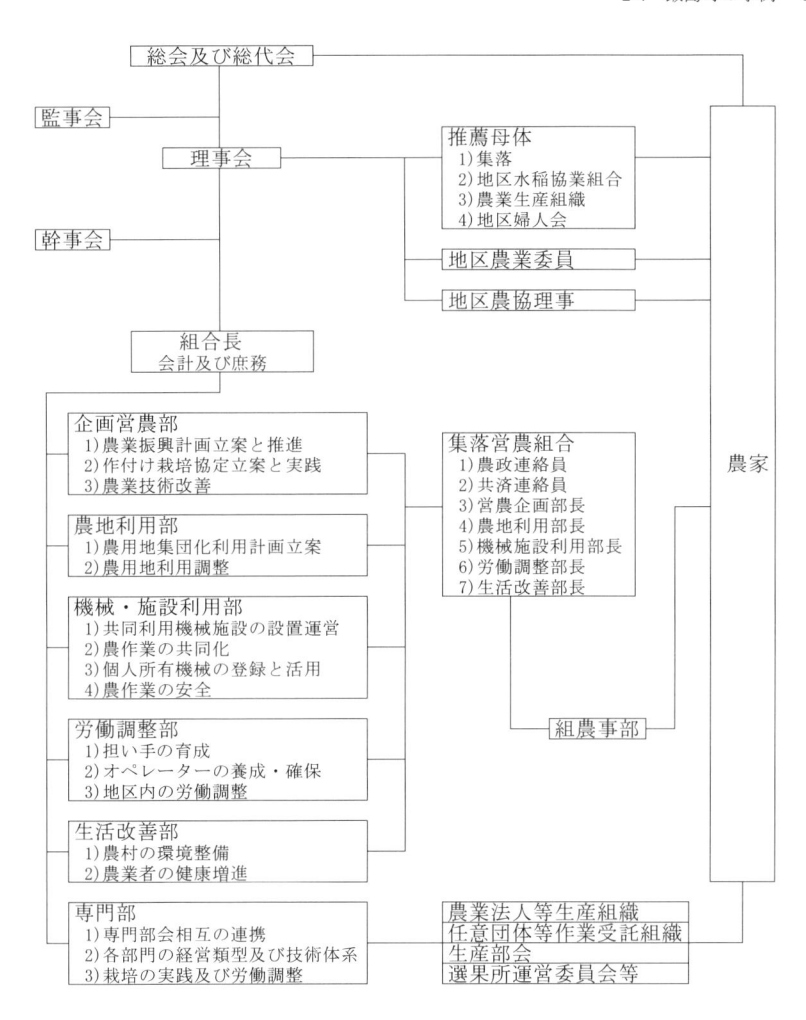

図 2-8　飯島町の地区営農組合の組織構成
(作図：佐々木隆)

利用を法的な側面からも調整してもらうためである。農地利用については、集落毎の慣習的な土地運用と形式的な法制度との調整が難しく、その問題を解決するには集落代表と農業委員が共同で作業する必要があると考えられたのである。

農事組合法人の設立

飯島町では、1989〜1993年にかけて総額25億円に上る第3次農業構造改善事業を導入した。当町の農業構造改善事業に関しての基本的考え方は、既に述べたように農家の連携による地域農業の実現であり、そのための第3の事業として大規模な農業経営体（農事組合法人）を設立し、それを中心に町の農業生産が担われる体制をつくることである。

既に述べた後継者不足による農家間の協業体制や受託体制の維持の難しさに対し、飯島町は、収益性の高い菌茸生産を主部門とした大規模農業経営を育成し、それを稲作作業を担当する核にすれば、将来にわたり地域の稲作生産の担い手は確保されると考えた。具体的には町内の4つの地区に1つずつ大規模な菌茸を中心とした農業経営体が設立された。

農事組合法人には、菌茸や花卉の栽培経験のある専業農家よりも、農業以外の仕事をしてきた兼業農家や非農家の参加が多い。その背景には、1つには、法人づくりが決められて以降、細かな情報が、地区営農組合から集落の農政組合、さらには組の農事部を通じて全農家に流され続けたことが上げられる。他の1つは、大規模菌茸栽培と法人経営に対する展望が持てたことである。具体的には、(1)できれば農業をやりたいが1人では不安であった、(2) 法人型の農業経営ならそれまでの職場と同様な会社型組織をとるので違和感なく参加できる、(3) 経営の見通しもあり収入も増えそうだ、(4) 厚生年金や労働保険も整備されている、(5) 従来のしがらみに束縛されず個人の判断で動きうる余地が大きい、等々が参加の理由として上げられている。

しかし、必要とされる資金の調達方法、各々の負担額などが具体化してくると、

表2-5　飯島町4地区の農事組合法人

	飯島地区	本郷地区	七久保地区	田切地区
名称	こすも	いつわ	ななくぼ	あすなろ
設立時期	1988年1月	1988年9月	1991年4月	1992年2月
生産項目	菌茸	菌茸	花卉	菌茸
参加者	5人	5人	3人	5人
（経験者）	(2人)	(1人)	(1人)	
（未経験者）	(3人)	(4人)	(2人)	(5人)
連携の内容	受託作業 農地借入	受託作業 農地借入	受託作業 水稲育苗	営農組合のオペレーター

(注) 未経験者には非農家も含む。

その条件をクリアーできる人とそうでない人に分かれ、全ての希望者が参加できたわけではない。また、専業農家の人達はそれぞれ独自の経営方針を持っており、それを変えることは容易でなかったと思われる。本郷地区の「いつわ」の場合、菌茸施設の導入に2億6千5百万円が投資されたが、このうち1億1千9百万円は構造改善事業による補助金で賄われ、残りの1億4千6百万円は参加者の借り入れで賄わねばならなかった。担保物件には組合員が所有する土地が使われ、組合長と副組合長は全所有農地を提供し、残りは他の組合員がそれぞれ提供できる範囲で負担した。

　七久保地区の農事組合法人も当初は菌茸栽培が予定された。しかし、この地区には以前から花卉栽培が行われており、参加者の要望に沿って菌茸から花卉栽培に変更された。ここでは花卉のハウスを利用して稲の育苗の受託生産も行っている。田切地区の法人の構成員は全て菌茸栽培の未経験者であった。しかし、飯島地区と本郷地区に既に設立されていた施設で研修を受けることができた。構成員は菌茸に限らず農作業にも未経験であるため、稲作の作業受託や農地借入はやっていない。その代わり、組合長が稲作協業の担い手となっている地区営農組合の機械利用部長を兼ね、オペレーターとして地区の稲作作業に従事している。

（3）資源動員を支える地域制度

　以上のように、地域農業の推進を図る営農センター、その実施を担う地区営農組合、地域農業を担う農事組合法人の設立を受け、飯島町は、土地の流動化と利用を進めるための町独自の諸制度を整備することとなった。その主なものは以下の4つである。
　①転作水田農業確立のための共済制度
　②米の販売共済制度
　③転作水田ブロックのローテーションに関わる共助制度
　④農地利用調整のための共益制度

転作水田農業確立のための共済制度
　これは、稲作農業から脱皮し集約的作物の定着を図るための資金形成を目的に

つくられたものである。転作助成補助金は政府により転作農家に配分されるものであるが、1戸当たりの金額では個別に農業経営を改善する資金としては不十分すぎる。そこで転作助成補助金を農家に配分せず町として一括受領することとした。さらに農家からの拠出金も求め、地域連携農業を推進するための基金とした。

従って、この制度は原資形成（収入部分）と配分（支出部分）から成る。その具体的数字を1992年の例で見ると以下のようである。

収入部分：9,480.5万円
①転作助成補助金の一括受領：6,318万円
②水田を借り入れそれに稲以外の作物を生産する農家から水田所有農家に支払われる地代部分：420万円
③農家拠出分（1戸当たり2,500円）：2,342.5万円
④町からの補助金（以前は町から個々の農家へ渡されていたがこれも基金に加えられた）：400万円

支出部分：9,480.5万円
①転作水田の貸し手に支払われる地代部分：420万円
②団地転作に供された農地及び交換耕作に供した農地の所有者に支払われる団地転作委託奨励金：225万円
③団地転作をした受託者に支払われる団地転作受託奨励金：225万円
④転作をした個々の農家に支払われる部分：2,753万円
⑤国からは助成されない或いは助成が少ない作目について町で独自に設定した奨励金：2,087万円
⑥ブロックローテーション、果樹団地、施設団地など組織的な対応がなされたところに支払われる組織転作助成金：1,975万円
⑦地域農業に関わる様々な事務的経費や施設・機械の購入費などに当てられ、地域農業の振興を図る上での戦略的経費として位置付けられる地域営農助成金：1,795.5万円

米の販売共助制度

飯島町の水田には標高差があり、コシヒカリやモチヒカリ等の高級飯米、酒米、種子米、多用途利用米を標高に応じて集団的に作付けられる体制がつくられてい

る。米の共助制度は、1つには、多用途利用米を生産する農家に高級飯米生産並の所得を保障するためである。また、政府の買入限度数量を超過した部分が出て、それが自主流通米より低い価格になった場合、その所得保障を行うことも目的としている。全ての農家は、米の出荷時に1俵（60 kg）当たり600円ずつを拠出してその原資とするが、これは単年度会計方式になっており、剰余が出た時は各農家へ返還されることとなっている。1992年度では1俵当たり240円が返還された。

転作水田ブロックのローテーションに関わる共助制度

この制度は水田0.1 ha当たり28,000円を拠出することにより共助基金をつくり、それにより転作の過不足を調整し超過達成の農家の所得を補償しようというものである。つまり、転作の達成が不足した人は0.1 ha当たり28,000円を拠出し、超過達成の人は28,000円を受け取るのである。このような方式は多くの地域で実施されているが、飯島町では固定転作配慮方式と名づけられた独自の方式を組み込んでいる。

ここで固定転作と名づけられているのは永年性作物、農業用施設用地、販売用花卉、スイカ、キュウリ、家庭菜園などに5年以上転作する水田のことである。この固定転作地をどの場所に選ぶかは農家の意向による。また、固定転作には既にこれらの作物に転作している水田も含める。そして、固定転作をしている農家或いはこれから希望する農家には、固定転作面積の2.5倍の水田面積は水田転作ブロックのローテーションの対象から除外する。つまり、その面積分は継続的に稲の作付けを認めることにするのである。これは固定転作を行う場合への配慮である。また、湿田や辺地など転作条件が著しく劣る農地では継続的な稲作の作付けが認められるよう配慮される。このような配慮の対象になる水田は配慮分水田と名付けられている。そして固定転作の対象とするのは0.1 ha以上とし、それ以下の面積の場合は互助制度により金銭で清算することにしている。以上の固定転作分と配慮分水田を除いた水田がローテーションの対象水田になる。

ローテーションは、3 haの団地要件を満たす水田を1つの単位（ブロック）として輪番で転作することであり、転作作物の作業単位の拡大が可能になるなどの優れた点も少なくない。しかし同時に農家間の利害関係がからんでくるため調整

に手間どることも少なくない。そこで農家間の調整を容易にするため、ブロックの設定に当つては個別農家の事情を配慮せず全水田を機械的に区割りする、ということになりやすかつた。それが最も公平であるようにも見えるために農家の不満を抑えやすかつたからである。

　しかし公平のみが前面に出ると、個々の農家の意欲を削ぐという問題点を伴う。特に転作作物の中から地域の特産物を育成していこうとする場合、様々な試みが地域で為される中から試行錯誤的に育成されていくプロセスが必要となる。公平のための機械的なやり方では意欲を引き出す多様な試みを押さえがちにならざるを得ない。飯島町の場合は、転作のローテーションに固定転作という方式を組み合わせ、さらにそれに配慮分水田を認めることにより農家の自発性を引き出そうとしたものである。

農地利用調整のための共益制度

　農地の流動化には農地面積の増加という量的な面とそれをどう利用するかという質的な面とがある。しかし、これまでは相対での貸借を仲介するのみで地域としてどう利用していくのかという質的な視点が不十分であつた。質的な面を考慮していくためには個別相対方式の貸借から地域的利用調整主体を間に挟んだ形の貸借へ転換しなければならない。つまり、貸付農家は直接借り手農家へ貸し付けるのではなく、まずは地域的利用調整主体へ貸付け、利用方法あるいは貸付の相手方については調整主体に一任する、そして調整主体は農地利用計画に基づいて貸付ける相手を決める、という方法が必要となる。この地域的利用調整主体としては互いに面識がある範囲がよい。しかしどのような形であつても農地流動化が進めばそれで良しとするわけにはいかない。農村社会の発展と農家の維持も同時に図っていかなければならない。つまり、賃貸が進み地代を受け取るだけの農家ばかりになったら、農村の社会関係ばかりでなく農家の家族関係もバラバラになる恐れがある。そこで、農地所有者である農家が何らかのかたちで農業生産に関わり続ける仕組み、或いは家族が農業の場で一緒に汗を流せることができる仕組みも同時に追求しなければならない。

　このような視点に基づき、飯島町では、農地保有合理化法人として認定され農地保有合理化事業を開始している農業協同組合の制度を利用して農地流動を進め

ることとした。具体的には、(1) 地区営農組合を地域的利用調整主体とする、(2) 貸し手農家は地区営農組合へ貸付の相手を一任する形で貸し出す、(3) 地区営農組合では農地利用計画を立て担い手組織或いは担い手農家を設定し、そこへ農地を貸し付ける、(4) 将来とも農村に住む人々が分担しながら農業生産が行われるための仕組みとして共益制度を設定する、という方法である。

　この共益制度は、稲作作業の一部を貸し付け農家が分担するというものである。つまり、水管理や畦畔の草刈りを貸し手農家が担当し、その作業分は貸し手農家の報酬とする制度である。従って、貸し手農家の取り分は地代と作業報酬になる。飯島町では、傾斜地にある水田が多いため畦畔率が高く草刈作業に多くの労力が費やされる。そのため、農地を貸したいという農家が少なくないが、借り手が草刈りをやるのであれば借りたくないという意向がある。このように、放置しておくと不耕作地が増えかねない状況に対処するためにつくられた共益制度でもある。

　この仕組みを広めていくに際しては、草刈作業への報酬の提示と共に、貸し出し希望農家との話し込みも必要とされた。農地を貸し出したい農家に対しては、休日のうち1日か2日は草刈りに使ってもらえないかという話し込みである。農家が何らかのかたちで農業生産に関わり続ける仕組みをつくるためには農家の意識改革も同時にすすめなければならなかったのである。

(4) 制度の適用：本郷地区の場合

　本郷地区は6つの集落より成っている。集落単位の水稲協業組織は1980年頃に地区水稲協業組合に再編された。この協業組合は、加入率で地区内農家の60〜70％、利用率は30〜35％位であつた。1991年に地区営農組合の機械・施設利用部へ編成変えされたが、この移行により機械の共同利用組織は営農組合の全組合員が関わるものとなつた。

　旧協業組合が所有していた機械は、トラクター3台、コンバインは4条型2台と普通型1台、田植機は乗用型2台と農家への貸し出し用の歩行型が4台、スレッシャー1台、選粒機1台であつた。またこの他に積立金と借入金があつた。地区営農組合への移行に際しては、積立金は旧協業組合で処分し地区営農組合へは引

き継がないが、機械と借入金残高は地区営農組合がそのまま引き継ぐこととなった。このようにして地区営農組合の機械・施設利用部は、地区内の稲作と転作（大豆）の栽培を専任オペレーターが受託する組織として発足した。

　機械・施設利用部は13名で構成されている。これは2つのグループに分けられる。1つは集落の代表各1名からなる6名のグループであり、各集落との連絡を行う。もう1つのグループは7名からなるオペレーターのグループである。オペレーターは、農業専従者3名（菌茸栽培を主とする農事組合法人から2名、花卉栽培を主する農家から1名）、兼業農家の代表4名である。

　この中で中心になっているのは、農事組合法人に属する2名である。この人達は春と秋の作業期間中は毎日機械の運転に従事している。この法人は5名の構成員から成るが、設立に当たっては主営業部門である菌茸生産の他、地域の土地利用型農業の担い手も兼ねるという位置づけで発足したという経緯をもっている。つまり法人の構成員は営農組合のオペレーターとしても従事するという仕組みになっている。法人はオペレーターを出すことをある意味では義務づけられていることになる。

　本郷地区でこれまで転作ブロックのローテーション方式をとってきたのは一部の集落のみであった。これを地区全体に広げようということになり、営農組合の理事会及び1990年度の総代会でその方針が確認された。そこで営農組合は1990年を話し込みの期間とし、1991年より実施できる体制づくりを目指した。実施に向けてとった手順は次のようであった。

　第1段階として組合員の意向調査を行った。その内容は、転作ブロックのローテーションについての意向と、それを実施した場合どのような形で参加するかを問うものであつた。実施については90％近い人の賛成を得られたので営農組合は実施計画の作成に入った。第2段階は、営農組合ではローテーションは固定転作配慮方式で行うこととしていたので、各組合員より向こう5年間の転作計画を提出してもらった。この中で固定転作の計画がどの圃場でどれくらいの面積あるのか、また継続水稲の面積はどこにどれくらいにあるのかを明記してもらったのである。第3段階として、これに基づき地区をブロック分けする作業にかかり結局35に分ける案ができ上がった。第4段階は、この案を基に地区営農組合理事会と各集落の懇談会での話し込みを行いそれぞれの承認を得た。ただし、この段

階ではローテーションの実施方針が既に各農家に浸透しており、実施方法は理事会に任せるという集落がほとんどであった。そして第5段階では、ブロック別に代表者会議を行い、ブロックの正副班長を選出してもらった。そして、その正副班長を中心に、ブロックの中で転作作物が3作目以内にまとまるように調整してもらった。このような経過を経て実施計画がつくられるに至った。最終的には地区全体で以下のような結果になった。

　①個人の継続転作面積：17.3 ha
　②果樹や施設型の作物が既に定着している面積：12 ha
　③継続水稲面積：37 ha
　④ブロックローテーションの対象：72 ha

以上の内、①と②の合計が固定転作に該当し、制度上はその2.5倍の面積が配慮分水田として継続的な稲栽培が認められるものである。また、ローテーションは当初は4年で一巡するという計画であったが、固定転作面積が多くなったため最終的には5年のローテーションということになった。また、継続水稲として認められた水田でも、それが転作に回されないと団地要件が満たされない場合も出てきた。そこで協力水田という制度を作り、そのブロックが転作実施年になった年は転作を実施してもらう、つまりその年は別の場所で稲作をやってもらうこととした。それを確実にするために、営農組合は各組合員より3回にわたって確認の印をもらうという慎重さを持って進めてきた。さらには、図面上で農地の賃借関係や地代の管理をするマップ管理システムを導入し、地図上にローテーションの動きを落して組合員への資料とするなど説明を分かりやすくするための工夫をしてきた。しかし、転作の順番が回ってきた時に、そのブロック内で転作を実施できない農家も出てくる。その場合は、その農地を農地保有合理化事業による貸付農地とし、農事組合法人がその農地を借り受けることにした。

2-5　日本の経験から得られる知見

　以上に紹介した日本農村の集団的対応に関して2つの対立する意見がある。1つは、近世の農村社会と現在の農村社会の間には伝統的管理の継承があり、事例

に見られるような集団的対応は、近世の村請制の下で培われた自治的管理能力を反映しているとする考え方である。他の1つは、両者の間には70年にわたる近代があり、地主制農業による断絶こそあれ継承はないとする見解である。

確かに、西欧化を進めた近代には、武家行政から官僚行政への転換、地券の発行による農地の商品化、村請制の廃止、それに伴う末端行政権限の市町村への移行等々、近世の統治体制と地域社会を支えてきた諸制度の全てが覆ったのである。また、地主の発生により小作となった農家の経済状態が、近世の農家のそれよりも更に劣悪なものとなったことも事実である。

しかしながら、これらの事実をもって近世と現在の間に断絶があるとする政治学や行政分野の意見には、例えば国家の統治体制や法制上の行政村の変化をとらえた形式上の議論が多い。社会学においても、この形式上の地域社会である市町村を単位に、そこでの社会関係を直接的に個人や戸に還元することによって近世と現代の断絶を主張している場合が多い。また近代の地主制農業は、産業資本の形成過程における経済学的現象として捉えられるか、或いは地主と小作の階級闘争として議論され、小作とはいえ、独立した経営主体として農村の資源管理や相互扶助に果たしてきた役割が語られることは少ない。

一方、福祉や社会史の一部では、近世を封建的抑圧の時代という先入観でもって解釈するのではなく、農村の相互福祉と大名行政の社会福祉、例えば義倉やお救い小屋、そこでは窮民に衣食住を与え、職業訓練を施し、その就業には最低賃金制度を設けていたなどの公的福祉制度が存在した事実に関心が払われている[50]。しかし、このような公的福祉は、近代の中央集権的統治と産業資本形成過程においてむしろ後退したのである。従って、現代の地域福祉問題は、第2次大戦後に成立した公的な福祉制度との関連で議論され、近世の伝統的福祉と現代の地域社会の関係に注意が向けられることはない。

日本の伝統的な福祉概念は戸の生計を成り立たせることにある。農村社会における資源の運用権はそのための基本的な機能である。言い換えるならば、障害者や老人などの個を対象とする公的福祉は副次的なものとして位置付けられ、或る場合には、戸としての構成や生計が成り立たなくなった家族にとって福祉は屈辱的なものとしてとらえられてきたのである。確かに、基底社会を持たない都市社会が大半を占めるようになった今、或いは基底社会が崩壊した農村では、個人を

対象とする公的福祉がより重要な意味を持ち、また必要とされているのは事実である。しかし伝統的な農村社会では、集落や村組の仲介がない限り、そのような公的福祉の介入に対して福祉の対象となる当人或いは家族が躊躇或いは戸惑いを見せる場合も多いのである。

　所持によって確立された戸、進退をもって戸を維持しようとする村請制村落社会、これらの視点をもって現代の集落構造と機能に焦点を当てたとき、近世と現代は明らかに継続性を持つものである。或いは、継続性を保ち得た集落が、現在の集団的対応を可能にしていると言うべきかもしれない。

（１）集落の構造と機能

　農民の協業による市場対応の場は、宮迫は集落、宮田は行政村（規模は地区に相応)、飯島は４つの地区から成る町域で、それぞれに異なるものである。しかし、協業に向けての資源動員や組織化に向けた協議の場はいずれも集落であった。そして集落の構造は、飯島においては詳述を省いてはいるが、３つの事例いずれも非常に類似したものである。

　集落の規模はおよそ100戸で、全ての農家はその下部組織である組に所属する。組は10戸前後を単位に編成される。宮田の中心集落のように数百戸の規模になると、集落と組の間に班がおかれ、組の規模が10戸前後に保たれるよう配慮される。組は、第１章で説明した近世の村組と同じく、戸の間の対面的な横の関係に基づく一律平等的な結合である。従って、１つの戸から複数の代表者が選ばれたり或いは誰も選ばれないということはない。そして、班長や組長は輪番でその任に当たることとなる。班や組は、図2-3にあるように、農作業、衛生、余暇・団欒、共済等の日常生活に関する相互扶助機能を担う基本的な単位である。成人式、結婚式、葬式、先祖供養などの家庭行事における助け合いもこの組単位で行われる。

　集落は、このような組レベルの社会関係を基礎に、集落内の全戸が参加する組織によって運営されることとなる。集落組織としては、事例にも見られるように、集落全体の管理に関わる組織、神社の管理に関わる組織、寺院の管理に関わる３つの組織があるのが一般的である。これらの組織にはいずれも法的根拠はなく、従って何らの強制力を持つものではない。しかし、それぞれに年間計画を立て、

予算を組み、各戸から経費を徴収し、その執行を担当する。

　集落管理組織は、道路や水路の補修、公民館の維持等、集落における公共事業を担当する一方、行政や農業協同組合からの情報を組を通じて各戸に伝える役割を果たす。これら日常的且つ慣習的な業務に加え、行政や農業協同組合から提示される新たな政策への取り組みを検討したり、或いは集落の総意を代表して行政や農業協同組合に働きかけるなど、非日常的な業務も多い。神社や寺院の組織は、その付随する山林や施設の維持管理と祭事の主催が主な業務である。しかし、施設の改築や移転の必要が生じたときには集落の総意を図り、計画を立て、資金と労働力を動員し、それを執行しなければならない。

　これらのことは、いくつかの事業過程が集落内に組み込まれていることを意味する。その仕組みは、主には、集落における縦の社会関係と、組における横の社会関係の相互作用によるものである。集落における社会関係は、共有資産の運用、慣習的労働動員、経費の徴収等、暗黙の合意による支配を特徴とする。一方、組における社会関係は、平等を原則とする日常的な相互扶助、情報交換、組織の単一性によって性格づけられる。そこでは必要に応じて地域の諸問題についての議論が行われ、問題の所在とその解決方法についての共通認識が形成されることとなる。このことは、組の内部及び集落全体にわたる意思疎通と伝達の仕組みが備わっていることを意味する。

　しかしながら、そのような仕組みが常に三者（集落、組、戸）の協調関係をもたらすものではない。事例の集団的対応過程を見る限り、むしろ緊張関係の方が大きいのである。この緊張関係は決して解決されるものではないと思われるが、それが克服される要件として、生産手段或いは生活要素の固定性を前提とした集落の空間的枠組みと組織の多元性が注目される。

　日本の集落の多くは、近世の村切りや村請制の故かどうかは別として、農家の基本的な生活・生産手段をその領域に内包した小国家的な存在である。このことは、単に共有資源や行政力を持った自治的な社会が形成されているということに止まらず、以下で議論するように、資源の動員と組織化に必要な社会関係が空間的に統合されていることを意味する。また、集落が組を単位とした一元的な組織によって構成されているとはいえ、集落管理に関わる政治組織と社寺の管理を担う社会組織が並立している。また、個人をその構成員とする年齢や性別による組

織が多元的に存在する。その結果、1つの組織で解決できない問題、特に生産共同から派生する利害の問題が、別の組織での利害関係によって緩和されていることが多いのである。それは単に個人の不満のはけ口として機能するだけでなく、目的に応じた多様な組織経験が蓄積され、それに関わる人材養成の機会を与えるものでもある。宮迫と宮田の事例に見る集落は、このような組織経験の蓄積装置として機能し、そこで再生産された人材が集団的対応を担ってきたと言えるものである。

　飯島町は4つの行政村が合併し36集落を含むものである。この様な広域において一律の行政を展開するためには、伝達機能を担う集落とその存続は不可欠である。事実、十分な伝達機能が故に、農事組合法人の設立には非農家の参加すら見られるのである。とは言え、広域であるが故に、農家の意思は集落代表や地区代表によって代理され、行政との意思疎通は形式的なものとならざるを得ない。また、ほとんど全ての農家が兼業化するにつれ、組を基礎とした集落の社会関係も形式的なものとなり、集団的対応を担う人材もいなくなったのである。その集落構造は宮迫や宮田のそれに類似するとは言え、資源の動員と組織化における機能は大きく異なるものである。従って、集落の協議メカニズムは生かしながらも、協業の拠点は地区（旧村）レベルに設定し、新たな社会関係とその空間的枠組みの形成を図ったのである。

（2）資源の動員と組織化過程

　生産共同における組織化は、費用の分担と利益の分配をめぐって最も緊張関係が生じやすいものである。地域社会のレベルでは、参加できる農家とできない農家の対立関係として現れる。参加できる農家の間でも、組織に固定される資源や負担すべき費用の重みは各農家の経営事情によって異なるわけで、従って、そこに期待される利益とその分配に関して完全な意見の一致があるわけではない。生産共同におけるこのような問題を前提に、具体的な組織化をそれぞれの形で表しているのが、宮迫の茶業組合、宮田の集団耕作組合、そして飯島町の地区組織である。

　組織化に至る過程には、(1) 経営環境の変化に対する集団的な取り組みとそれ

に伴う資源の動員、(2) 動員された資源の運用に適した組織の形成、(3) 組織運営に関わる利益分配などの規範の追求の3つの行動或いは思考段階があったと言える。

　組織化の第1段階として、土地や農業機械、栽培技術、加工施設等々の諸資源を共同所有或いは共同利用という形で動員し、地域社会内外の環境変化に集団的に対応しようとする行動が見られる。そこには2つの選択がある。
　①農家の経営資源及びそれらの固定性が、集団的対応に必要な資源の動員に適さず、当初から逃避や諦めといった行動表現をとる場合。
　②経営資源の再配分を行い、集団的対応に必要な資源運用行動を採択していく場合。

　後者において2つの状況が想定される。1つは、資源運用に関する新しい行動様式が既存の集落組織によって受け入れられ、従って、従来の農家関係に何ら変更をきたさない場合である。この場合、農民は新たな組織の形成を必要とせず、集団的対応は上記の第1段階で終了する。他の1つは、新しい資源運用行動に対し、集落に蓄積された従来の組織経験では対応しきれない場合である。その場合、新しい組織づくりへの動機づけが生じ、集団的対応の第2段階に至ることとなる。そこでは、新しい資源運用に適合するような組織の形態と方法が模索される。結果的には2つの方向が見られる。
　①新しい組織化行動が農家の社会関係に適合せず、逃避或いは農家間の対立に至る場合。この場合、第1段階で試みられた資源運用を維持することは難しくなる。
　②集落内で資源の再配分を再度行い、組織の形態と方法についても再度模索する場合。

　後者の場合、再び2つの状況が想定される。1つは、組織化の利益やその分配が集落の社会規範や慣習に適合する場合である。この場合、新しい組織は集落組織の1つとして集落に内部化され、集団的対応は第2段階で完了することとなる。他の1つは、組織化の利益やその分配が従来の社会規範や慣習に適合せず、新たな規範を追求する第3段階の集団的対応に発展する場合である。この場合も、結果的に2つの対応が想定される。
　①集落の社会規範や慣習が新しい組織形成への信念や運営方法を取り込めず、

一方では組織からの逃避、他方では緊張関係を生じる場合。この場合、第2段階で形成された組織を維持することは難しくなる。
②資源の再配分と組織化を再々度やり直し、それと共に、新しい社会規範の創出に向けた運動を展開し、全体の均衡が実現するまで3つの段階を繰り返す場合。

この様に、集団的対応のための組織化には、常に利害の対立による緊張関係と、その結果としてのいわゆる逸脱行動が見られるのである。参加とか合意とは、このような逸脱による緊張を緩和するために、3段階のサイクルを何度でも自成的に繰り返す社会的能力に関わるものである。

宮迫の茶業組合は、上記の第2段階で集団的対応が終了したものである。そして、集団化を通じて産地としての地位が確立するにつれ個別農家の経営能力が成長し、組織化の必要性はむしろ減少していくのである。しかし、価格の変動や自然災害がある限り静態的な均衡は有り得ない。台風被害のように個別の経営活動で対処しきれない状況下では、集団的な対応と組織の主導性が再び求められることとなる。とは言え、ここでは組合組織が集落組織の1つとして位置付けられているために、土地の再配分、苗木の配布と共同作業、耕地整理の導入など、資源動員を中心とした第1段階の行動を繰り返すのみで集団的対応が成立してきた例である。

宮田村は、兼業機会の増大により早い時期から農家の階層分化が進んだ地域である。しかし、既に述べたように集落毎の一体感は強いものであり、その上に、青年組織や壮年組織の分市活動によって集落間の連合体的絆も強められていたものである。さらには、農業振興計画を独自に策定することによって、稲作を維持した農村づくりの必要性が長期的展望を伴った共通認識として醸成されてきたことが特徴である。従って、事例の集団耕作組合を見る限り、耕地整理という資源の運用に伴って如何なる組織を作るかということが共通課題として受け入れられ、最も納得できる方法での組織化が集落レベルで議論し尽くされたのである。その結果は、集落毎に異なる組織費用の分担方法であり、組織には利益が出ないように配慮された利用料の設定である。ここでの集団的対応も、従って第2段階の組織化で終了したものと言える。しかし、上記の宮迫とは違って、経営資源の組織への固定が大きいために、環境変化に応じた組織自体の再編は難しい。その

結果、地代の原理を導入した第3段階の集団的対応が模索されているのである。

　飯島の問題は、多くの集落が従来の営農組合を維持することができず、行政の一律支配では36集落の組織力を個別に再生することは不可能なことである。その結果、集落に残された協議メカニズムを利用して農地利用の再編に関わる合意形成を図る一方、地区（合併前の旧村）毎に、営農センター、地区営農組合、農事組合法人の3つの組織を設立し、計画に基づく新たな規範形成、農地利用再編の集落間調整、そして協業組織に代わる受託作業をそれぞれに担当することにしたのである。これは、宮迫や宮田の集落機能に代わり、行政の主導によって上記3段階の均衡を図ろうとしたものである。ただし、農家の合意による土地資源の動員には、集落レベルの社会規範や慣習など暗黙的な了解事項をいくつかの公的制度に取り込むことが必要になったと言える。資源の動員や組織化は宮田と同じ耕地整理と受委託関係だが、その集団的対応では、初期の段階から制度づくりという第3段階の規範追求に重点が置かれた例である。その具体的な現れが話し込みによる意識改革である。

（3）配慮の制度化

　事例が示すように、以上の3段階のサイクルを繰り返す社会的能力は、集落の自己組織力或いは行政の統治力という形で発現されるが、それを可能にしているのは各段階の選択的行為に関わる諸制度の存在である。それは、社会の規範や暗黙の了解事項が具体的な約束事を伴った行為として表されるものである。事例では、以下のような行為が、慣習化或いは形式化されたものとして見い出される。

　①割地或いはならし的な土地の再配分、労働動員、稲作に対する課徴金、基金の形成など、資源の動員に関わるもの。
　②組織に固定される費用の分担、利用項目の細分化と受益量に応じた利用料の設定、関係者の役割と責任の分担など、組織化に関わるもの。
　③関係する全農家の不満や緊張関係が最小になるように配慮した価格の設定や割増し金など、社会関係と規範の維持に関わるもの。

　如何なる組織化も、それが生産目的であれば、その利益と分配に関わる問題が生起する。しかし、資源の動員が集落内における非市場的な内部取引の結果であ

る以上、組織化が生む利益には市場価値とは違った集落の社会関係に基づく固有な価値が付与されることになる。組織の成果は、そのような固有な価値基準によって評価され、その利益から何が再生産されるべきかが決ってくる。

　3つの事例に共通して見られる固有な価値基準は、関係する全ての農家の生計を成り立たせることであり、制度はそのための配慮が基となっている。近世の村請制村落では、農家の生計が集落内の農業に依存していたのであるから、このような配慮の制度は農地の再配分に関わる割地やならし、質受け慣行、或いは共有地の運用で十分であった。しかし、兼業による農家の多様化と協業組織への一部参加が一般的になった現代では、組織化とその利益配分の段階における配慮の制度を新たに作り出すことが必要になってくるのである。

　このような配慮の制度を、既存の内部慣行で代替し得たか、或いは関係者の共通意識に基づいて内生し得たか、さらには公的なものとして形式化せざるを得なかったかは、3つの事例で大きな違いがあった。宮迫では、1つの集落内で産地が成立する碾茶という特殊な産物に特化した結果、集落内の慣行的な資源動員で集団的対応が行われているのである。宮田村の場合は、一元支配による集団的な土地利用を目指した集落農業の形成である。ここでは集落レベルでの議論による合意を形成し、必要に応じて行政が形式化の手続きを取っている。このように、下からの意見を制度化するためには、表2-3に見られるような非農家と農家の分住、農業集落の構造的特徴、それに加え、地域農業に関する長期的展望が農家によって共有されていたことが重要な要素である。一方、飯島町の集落は、兼業により分化した農家の混住であり、行政の説得による合意形成が必要であった。

　飯島町の特徴は、この説得による合意形成のためにいくつかの手だてを用意していることである。その第1は、農家の考え方を変えるために、地域農業の将来方向を具体的な形で示す地区組織の設立から始めたこと。第2は、地区組織での議論を全て公開して行政と農家の意思疎通を図ると共に、地区と地区の間に競争意識が出るようにしたこと。第3は、個別農家に直接働きかける話し込みが行われたこと。共済、共助、共益と名付けられた諸制度の中には、地域農業の長期的展望に基づく農家の義務や責任に関わることもあり、個別農家の視点からは受け入れ難いものもあったのである。第4は、その際の説明資料を誰が見てもわかるように工夫したこと。第5は、専業農家と兼業農家の連携に加え、連携に参加で

きない兼業農家が個別に作った農産物も、産地直送品として生活協同組合を通じて販売できるよう配慮したこと。

以上を換言すれば、それは行政による農家の意識改革のための手だてである。しかしその意識改革は、行政の考えや政策を単に納得させるというものではない。特に重要なことは、従来の集落組織に行政の公的組織が協働する形にしていることである。その具体的な役割を担った地区組織が、集落レベルでの多様な協議結果１つ１つを公的な制度に置き換えていく機能を果たしているのである。ここでの公的な制度とは、従って、兼業により分化した農家全てへの配慮を、その多様な故に１つの約束事として慣行化し得ない集落に代わって、行政が公的な規則に形式化することである。

以上の３つの事例は、集団的対応における２つの制度体系の存在とその相互関係を示唆するものである。その１つは、慣行制度の体系で、(1) 暗黙に了解された社会規範や慣習と、(2) それに沿った形で資源を動員し組織化するための約束事である。他の１つは、行政の公的制度の体系で、(3) 長期的或いは全体的な展望に基づく価値意識の形成と、(4) 具体的な変化を来すために必要な資源動員と利用に関わる諸規則である。集団的対応における組織化、それが管理組織であれ参加組織であれ、その形成に関わる上記４者の関係は、韓国と中国の事例も踏まえ、第５章で引き続き議論されることである。

注

1) 本節は、余語トシヒロ「A Course of Events in the Development of Japanese Agriculture」、長峰晴夫編『Nation-Building and Regional Development』Maruzen Asia、1981 の一部を和訳・修正・加筆したものである。初出の内容は、柏祐賢「日本農業概論」養賢堂、1962、及び沢憲正「農業経済・農政の変遷と営農集団」朝日新聞農業賞事務局編『生産組織』農林統計協会、1974 に多くを負っている。以下の英文表記は初出での引用である。

2) Yuken Kashiwa, *Nihon Nogyo Gairon*（Japanese Agriculture）（Tokyo: Yoken Do, 1962）.

3) Kazushi Ohkawa et. al., Capital Stock,（Tokyo: Tokyo Keizai Shinpo Sha, 1966）（Estimate of Long-Term Economic Statistics of Japan Since 1868, Vol.3）.

4) Kashiwa, *Nihon Nogyo Gairon*.

5) Kashiwa, *Nihon Nogyo Gairon*.
6) Tamizo Kushida, Nogyo Mondai (Agricultural Problems) (Tokyo: Kaizo Sha, 1947).
7) Kashiwa, *Nihon Nogyo Gairon*.
8) Ministry of Agriculture and Forestry Secretariat, *Kochi Seiri Jigyo ni kansuru Keizai Chosa* (Economic Study on Land Consolidation Projects) (1931).
9) Yosaku Azuma, *Noson Sangyo Kiko Shi* (History of Rural Production Structure) (Tokyo : Sobun Kaku,1937).
10) Kiyoshi Ohshima, *Kome to Gyunyu no Keizai Gaku* (Economics of Rice and Milk) (Tokyo : Iwanami Shoten, 1970).
11) Kashiwa, *Nihon Nogyo Gairon*.
12) Kashiwa, *Nihon Nogyo Gairon*.
13) Taku Kawamura et. al., "*Nosanbutsu Shijo no Keisei*" (Formation and Development of Agricultural Market), Nosan Gyoson Bunka Kyokai, *Nosanbutsu Shijo Ron Taikei 1* (Theory on Agricultural Market Vol.1) (1977) .
14) Kashiwa, *Nihon Nogyo Gairon*.
15) Kashiwa, *Nihon Nogyo Gairon*, and Ohshima, *Kome to Gyunyu no Keizai Gaku*.
16) Kashiwa, *Nihon Nogyo Gairon*.
17) Ohshima, *Kome to Gyunyu no Keizai*.
18) Ohshima, *Kome to Gyunyu no Keizai*.
19) Toshihiro Takayama, "*Nogyo Hatten Katei ni okeru Nosan Keikaku to Buraku 1 to 2*" (Rural Planning in the Process of Agricultural Development, Nos. 1 and 2) , Kobe Daigaku, *Nogyo Keizai* (Agricultural Economics, Nos, 9 and 10, 1974).
20) Takayama, *Nogyo Hatten Katei ni okeru Nosan Keikaku to Buraku*, and Kashiwa, *Nihon Nogyo Gairon*.
21) Takayama, *Nogyo Hatten Katei ni okeru Nosan Keikaku to Buraku*, and Kashiwa, *Nihon Nogyo Gairon*.
22) Kashiwa, *Nihon Nogyo Gairon*.
23) Kashiwa, *Nihon Nogyo Gairon*.
24) Kashiwa, *Nihon Nogyo Gairon*.
25) Ichiro Kato et. al., *Nihon Nosei no Tenkai Katei* (Development Process of Japanes Agricultural Policy) (Tokyo: Tokyo Daigaku Shuppan Kai, 1971).
26) Kato, *Nihon Nosei no Tenkai Katei*.
27) Kato, *Nihon Nosei no Tenkai Katei*.

28) Kato, *Nihon Nosei no Tenkai Katei*.
29) Kashiwa, *Nihon Nogyo Gairon*.
30) Seiichi Tohata et. al., *Nogyo Seisan no Tenkai Kozo*（Change of Japanes Agriculture）（Tokyo: Iwanami Shoten, 1957）.
31) Norimasa Nagasawa, "*Nogyo Keizai, Nosei no Hensen to Eino Shudan*"（Farmer's Organizations under the Change of Agricultural Economics and Policies）in Asahi Shinbun Nogyo Sho Jimukyoku, ed., *Seisan Soshiki*（Production Organization）（Tokyo: Norin Tokei Kyokai, 1974）.
32) Takayama, *Nogyo Hatten Katei ni okeru Nosan Keikaku to Buraku*.
33) Takayama, *Nogyo Hatten Katei ni okeru Nosan Keikaku to Buraku*.
34) Nagasawa, *Nogyo Keizai, Nosei no Hensen to Eino Shudan*.
35) Nagasawa, *Nogyo Keizai, Nosei no Hensen to Eino Shudan*.
36) Kashiwa, *Nihon Nogyo Gairon*.
37) Yasuhiko Yuize, *Shokuryo no Keizai Bunseki*（Economic Analysisi of Food）（Tokyo: Dobun Shoin, 1871）.
38) Nagasawa, *Nogyo Keizai, Nosei no Hensen to Eino Shudan*.
39) Kashiwa, *Nihon Nogyo Gairon*.
40) Kashiwa, *Nihon Nogyo Gairon*.
41) Nagasawa, *Nogyo Keizai, Nosei no Hensen to Eino Shudan*.
42) Takayama, *Nogyo Hatten Katei ni okeru Nosan Keikaku to Buraku*.
43) Takayama, *Nogyo Hatten Katei ni okeru Nosan Keikaku to Buraku*.
44) Nagasawa, *Nogyo Keizai, Nosei no Hensen to Eino Shudan*.
45) Nagasawa, *Nogyo Keizai, Nosei no Hensen to Eino Shudan*.
46) Nagasawa, *Nogyo Keizai, Nosei no Hensen to Eino Shudan*, and Kato, *Nihon Nosei no Tenkai Katei*.
47) 佐々木隆「The Role of Village Collective Management Traditions in the Formation of Group Farming」、大内穂・Norman Uphoff 編『Regional Development Dialogue Vol.6 No.1』UNCRD、1985 を和訳・修正・加筆。
　　参考文献：堀越久甫「集落ぐるみの高級茶産地－愛知県宮迫茶業組合」、朝日新聞社編『新しい農村 '72』1972 年
48) 佐々木隆、同上。
　　参考文献：①盛田清秀「農地システムの構造と展開」養賢堂、1999。
　　　　　　　②佐々木隆「地域農業組織化の展開過程－長野県上伊那郡宮田村の事

例」、『農：No.127』農政調査委員会、1983。
49) 佐々木隆「農地・機械・資金を地区単位に統合し営農集団の展開を図る－長野県・伊南農協・飯島地区」、『地域営農集団の育成と農用地利用調整（Ⅱ）－地域農業確立に向けての農協の取り組み』全国農業協同組合中央会、1992 を修正・加筆。
参考文献：①松木洋一「伊南農協の地域振興体制」、御園喜博編『地域農業の総合的再編』農林統計協会、1989。
②佐々木隆「生産組織展開の論理と戦略的課題－経営風土論的接近」、藤谷築次編『日本農業の現代的課題』家の光協会、1998。
50) 小椋喜一郎「江戸時代の公的救済制度」、人間会議編集部『人間会議：夏号』2006。

第3章　韓国の経験

　韓国の農村社会が、発展に向けて自らの動機で動きだしたのは1960年代に入ってからのことである。それも、市場立地に恵まれたごく一部の地域に限られ、現在みられるような全国的な活性化はセマウル（Saemaeul）運動を契機とする1970年以降のことである。従って、本書が意図する"local initiatives in development"という意味での地域社会の発展は、セマウル運動の展開過程の中で説明し得るものであるが、一方、強力な運動論を契機としてしか発展し得なかった受動的で沈滞したそれまでの農村社会を理解しなければ、韓国における地域社会開発の真の意味を見失うことになる。

　そのため、まず500年にわたった李（Yi）朝の統治体制の下で、その身分制度、貢納制度、地方行政制度等との関係で深く構造化された地域社会の特性を、次いで日本の植民地行政の下で行われた農地収奪による農村疲弊、そして独立後の農地改革にも関わらず、朝鮮戦争、急激な工業化等の犠牲となってさらに疲弊していった過程を整理する[1]。そして最後に、セマウル運動の展開と、それが農村地域社会の自立的発展に果たした役割についてその意味付けを行う。

3-1　韓国農村社会の形成とセマウル運動

（1）李朝統治下の農村地域社会[2]

　14世紀末に始まる李朝は、1412年に全国を8道（do）に分け、その長として観察使（gwanchalsa）を任命、派遣した。そして道の下に334の行政区域を設け、同じくその長として守令（chonryeong）を任命、派遣した。これらの区域は、府

（bu）、大都護府（daedohobu）、牧（mok）、都護府（dohobu）、郡（gun）、縣（hyeon）と名付けられたが、それらは全てが道の管轄下にある並列的な行政単位であり、その間に垂直的な関係があるものではなかった。ただ品位の差があって、同じ守令でも、それぞれ、府尹、大都護府使、牧使、都護府使、郡守、縣監という官階の差が設けられた。いずれにしろ、これら守令は一般国民を直接統治するいわゆる牧民官で、その主な任務は、中央のための貢税をすすめ賦役を調達することであった。

　これら地方官は、行政をはじめ司法など広範な権限を委任されていたが、任期は観察使が360日、守令が1,800日に制限され、出身地に任命されることはなかった。それは、これら地方官の下に設けられた行政庁が、在地の支配階級によって組織され相当な勢力を持っていたため、その支配勢力との結託や一族との癒着が起きることを防ぐためであった。例えば、主に農村地方を意味する郡や縣には、その行政機関として郷庁（hyangcheong）が設けられ、座首（jwasu）と別監（byeolgam）という役職者の下に、中央の六曹を倣った六房という部局が設けられていた。そして、座首や別監をはじめ六房の事務を担当したのは地方土着の郷吏（hyangri）である。郷吏は中央の地方官と同じ両班（yangban）という支配階級の出身であり、郷役（hyangyeok）といってその役職を世襲した。彼らは土着勢力でありながら官府の行政実務者であったため、王権代行者である守令と地方両班勢力を代表する郷庁との間で、その橋わたし的な役割を果たしていた。

両班身分と土地制度

　李朝の封建体制を支えたのは、この両班をはじめとする身分制度であった。両班とは、文班（munban）と武班（muban）の総称であり、中央の官吏に任用される資格を持った家柄を示す封建身分である。すなわち、教育を受け科挙を受験する機会を与えられることによって官職を独占した官僚階級であり、且つ土地と富を独占した有産階級として諸特権を享受し、非生産的な生活を営んだ士大夫階層の総称である。しかし、本人の能力によっては官吏になることができず、平民と同様に軍役に編入される場合もあった。また、地方に永住することで政治権力から疎外され、社会的地位を維持することができず、士大夫から脱落する場合もあった。1690年の大丘（Daegu）府の戸籍によれば、3千余戸の内、両班階級に属す

る戸数は9.2%であった。

　その他、両班と平民の間に特殊な技術職や事務職に従事する中人（jungin）という閉鎖的な世襲身分があった。中人と両班の庶子を総称して中庶（jungseo）と言い、両班以外に官吏になり得る階級であるが、ただ限品叙用という法規に基づいて微官末職の任用に制限された。

　現職の官吏を含むこれら両班階級の経済基盤は土地制度にあった。李朝の土地制度は王土思想に基づき、全ての土地は国家に属し、個人の私有は認められないものであった。しかし実際には、国家が直接収租する公田（gongjeon）と籍田（jeokjeon）以外に、収租権を個人に委任する科田（gwajeon）、功臣田（gongsinjeon）、軍田（gunjeon）等があり、その適用拡大を通じて私有地に近いものが多くなっていった。例えば、科田法においては、官吏を18級に区分しそれ相応の科田を供与した。科田は首都に近い京畿地方に限られ、官吏すなわち両班階級が地方で勢力を拡大するのを防ぐことを意図した。また、科田は一代に限るのが原則であった。しかし、本人が死亡した後も、妻が守節したり子が幼弱者である場合には継続して供与された結果、実質的には世襲する傾向が強くなった。こうした傾向に加え、功臣田は元々世襲が認められたものであり、地方の有力者に支給された軍田も科田と同じ理由で世襲されていった。

　一方、公田として設定された土地においても、李朝以前からの田主の土地所有関係が存続していた。これら田主や軍田を与えられた地方の有力者の殆どが両班階級に属したのであってみれば、両班階級のみが国家と耕作者の間の中間主として存在し得たことになる。科田としての土地は次第に不足し、1466年には科田法そのものが廃止され、現任官吏にだけ土地を与える職田（jikjeon）法に変わった。それも1556年には廃止されて棒禄の支給のみになった。かように両班による土地の占有が広くゆきわたり、後には農荘（nongjang）と呼ばれるものに発展していったのである。

　支配階級の両班に対し、非支配階級として良人と賎人という区分が設けられた。良人すなわち平民は、農業、商業、工業、漁業等に従事する生産階級で、百姓或は常民とも呼ばれた。教育を受け科挙を受験する機会はいっさい与えられず、従って、いわゆる立身出世できる機会は全くなかった。彼らは、貢納、賦役、軍役等の全てを担当した。特に、軍役の主体は常民であった。上述した戸籍によれば、

良人の占めた割合は戸数でおよそ54％であった。賤人は賤役に従事する最下級の階層で、奴隷をはじめ、農奴、巫子、芸人、娼妓、僧侶等がこの階級に属した。奴隷は、土地や金銭並びに穀物のように重要な財産の一部であり、相続、売買、寄贈、供出等の対象にもなった。

　常民の多くは両班の占有地を耕作する農民でもあった。また、奴隷の多くも両班の下で耕作に従事したが、社会的には独立した世帯を構成し独立した家計を維持していた。しかし、これら農民が農地から離脱するのを防ぐために号牌（hopae）法が施行され、移動の自由は与えられなかった。号牌は、姓名、出生、居住地等を記録した一種の身分証明書で、農民は常にこれを持つことを義務付けられた。さらに、5戸を1統（tong）とし、統には統主を任命してお互いに離脱を監視する五家統（ogaton）の制が実施された。

　農民は土地を耕作することに対する代価として田租を払った。李朝初期の科田法における田租は、収穫量の10％と、田分六等と言われる土地の肥沃度に基づく加算分があった。1444年にはこれが5％に引き下げられたのに対し、年分九等と言われるその年の豊凶に基づく加算分が加えられた。しかし、農民が土地の中間主である両班に払った実際の年貢は、李朝全体を通じてその収穫量の50％を下がることはなかった。

　農民のその他の負担として貢納があった。貢納は各地の産物を納めることで、これは官府のいろいろな用途に充当するためのものであった。貢物としては、各種の器物、織物、紙類、ござ等の手工芸品や、鉱物、水産物、毛皮、果実、木材等があげられる。また、本来は地方長官の負担であった進上も、結局は農民の負担のもとで行われた。壮丁にはさらに役（yeok）の義務があった。役には交代番上する軍役と、1年に一定期間労働する徭役に区分された。徭役には、籍田の耕作に加え、宮殿、陵、城郭等の土木工事、そして採鉱労働等があった。これら徭役には、農民が小作する土地8結（gyeol）毎に1人を選び出し、1年間の動員日数は6日以内と規定されていた。以上のように、土地の耕作のみならず、役の徴発のためにも号牌法により壮丁を一定の地域に定着させる必要があったことは言うまでもない。

李朝における農村地域社会

しかしながら、以上の地方行政制度や身分制度、それを支える土地制度のみによって 500 年にわたる李朝の統治が成立したわけではない。それを支える基底としての地域社会システムが如何なるものであったかがより大きな関心となる。

　地方行政の末端区域としての郡や縣と、個々の農民管理の手段或は単位となった号牌や五家統の間に、官命伝達的或は半自治的性格を持った面（myeon）と、さらにその下に洞（dong）或は里（ri）という単位の存在が古い記録にみられる。面には、社（sa）、坊（bang）、部（bu）、曲（gok）などの地方名称があり、観農官（gwannong-kwan）という郷吏が任命される他は、中央から官吏が派遣されることのない一種の慣習上の行政単位であった。大体 1 つの郡或は縣には 20 乃至 30 の面があり、その規模は地域によって差が大きく、大きい場合は 2,000 戸、小さい場合は 50 〜 60 戸の規模であった。面長（myeonjang）は、面任（myeonnim）、坊道（bangdo）など多くの名称で呼ばれた。面長は様々な方法ではあったが面民の公選によって選ばれ、その結果、多くの場合は良人の階級から選出された。従って、地方両班の権勢に押されて面の統制が難しかったと言われる。もちろん両班が大勢居住する面においては、両班階級から面長が選任されることが多かった。面長は名誉職であると認識され、その報酬は小さい面の場合で年 5 〜 6 石、大きい面の場合で 15 〜 16 石程度で、面民の協議によって決められ、各世帯がそれを負担した。任期は一般的には 1 年で再選も可能であった。

　面長の任務は、官の監督下で租税及び進上物の徴収督促を行い、法令、訓諭の伝達等を行う他に、面内の自治行政を独立して遂行した。特に面民の死亡及び出生に伴う戸籍整理が重要な日常業務であり、また面内の小さい紛争事件に対する裁判と、場合によっては笞刑を行う権限も与えられた。こうした面長の職務を補佐する役職として風憲（pungheon）と約正（yakjeong）があり、さらにその下には、戸籍、田結、官命伝達等の実務を行う別有司（byeolyusa）と面主人（myeonjuin）があった。特に面主人は、官命伝達人として郡庁に駐在して面への公文書伝達を担当した。これら面行政の経費は全て面民が負担し、その大部分は面役人の報酬及び出張費として使われた。

　一方、洞或は里は、農民間の隣保団体から出発し、次第に共同の財産を所有し管理する慣習上の社会単位として発展してきたものである。1 つの面を大体 5 〜 10 の洞或は里で構成していたが、慣習上の単位であったためその名称も地方に

よって多様であり、その区域や境界も一般的に不明瞭であった。共有財産の対象は、耕地、山野、堤、堰等が主なものであった。共有耕地は、洞或は里民が共同で開拓したもの、後嗣のない家或は離脱者の遺産などであった。山野からは、洞或は里の住民が、草木、枯枝、落葉等を採集できる入会権（iphoe-kwon）をもっていた。すなわち、洞或は里の居住者は、当然に、これらの財産からの利益を享受する権利を持っていた。しかし、一旦洞や里を離れた人はこうした権利を失う。この共有財産の管理は洞長或は里長が行い、それを処分する時には居住者全員或は村の長老達との協議を経なければならなかった。財産の所有形態は、直接洞や里が所有する場合と、居住民の契（gye）の形式による場合の2つであった。前者の場合が、正に洞或は里が慣習法の上において権利義務の主体である法人として認められていたことを意味する非常に重要な点である。

このような自然発生的な地域社会単位を、文炳集（Mun Byeongjip）は、同族部落、近隣部落、そして特殊部落の3つに区分した。そして同族部落こそが、歴史的にも韓国の村落を代表する典型的なものでり、現在の農村地域社会の出発はその大部分が同族部落を基盤としていると主張している[3]。

同族部落とは、単一の同姓家族のみの集団部落、或は1つの同姓家族が支配的な位置を占める部落である。同族部落成立の沿革をみると、李朝以前をその起源とするものもあるが、大部分は李朝時代に成立または再編されたものである。すなわち、両班を中心とする権門勢家と地方豪族が土地を私占し、一般庶民を農奴化し、多数の奴婢の使役によって農耕と家事を営み、さらに事実上の地方行政と自治権を掌握して勢力を拡大するための仕掛として形成されてきたものである。その根底にあったのは、同族の始祖に対する特殊な身分的系譜の観念と、封鎖的且つ封建的な土地経済であった。そして、同族の対内的には自衛のための組織を形成し、対外的には班常のような身分観念によって対立する村落システムを形成した。それは、歴史的な伝統である氏族社会の遺制と交合された封建制の産物であったと言える。

しかし現在では、同族部落の構成は必ずしも一様ではない。多数の同族と少数の多族の混成、或は同族がむしろ少数の場合もある。そして、同族集団の性格についても必ずしも両班階級に属したものに限らず、常民の同族集団の場合も相当に存在する。また、地主としての両班と小作としての常民の組合せばかりでなく、

地主及び自作農を中心とする部落が、小作農を中心とする衛星的な部落を持つ場合も多い。

このような農村地域社会における住民の関係を特徴付けるのは、日常の生産活動と生活における様々な組織活動、すなわち社会組織である。その主なものとして、契（gye）、トゥレ（dure）、プマシ（pumatshi）、郷約（hyangyak）があげられる。

契とは、一般生活の利益を図るために構成される相互扶助組織である。文献上の最初の契は新羅（Silla）初期に遡る。しかし、当時の契は庶民社会の単純な社会組織に過ぎなかったが次第にその目的と性格は変わってきた。特に李朝中葉になって、政治の腐敗と国家財政の破綻、生産力の停滞、庶民の生活苦等の社会的な諸条件が、契を相互扶助組織として発展させたと言われる。そして、社会の発展と共にその機能と規模が多様化してきたのである。李朝以後の調査ではあるが、1938年には480種の契があった。本来の相互扶助に関するものが168種、公共事業に関するものが74種、産業振興に関するものが79種、金融を目的とするものが78種、娯楽を目的とするものが52種、その他が31種である。本来の契は、村落内に限られた自然発生的な任意の組織であったが、現在では、山林組合連合会の指導下で組織された山林契や、生活改善契、開墾契、農地改良契、副業契、郷軍契等、政府をはじめとする外部の意志で形成され運営されているものもある[4)][5)]。

農村地域における最も重要な生産活動である農耕において、最も普遍的にみられ且つ重要な役割を果たしてきたのがトゥレとプマシと呼ばれる共同労働組織であった。これらは単なる原始的村落共同体の遺制としてではなく、農業生産諸条件の変化の中で必然的に成立し存続してきた労働形態であったと言われる。トゥレは、部落内の農家1戸当たりから1人ずつを出役させ、田植、灌漑、除草、収穫などを共同で一斉に行うことであり、1つの部落が総動員される洞トゥレと、個別農家自らの必要性により一部の農家が共同する一般のトゥレとの2つに分類される。

洞トゥレは、全体的な強制力が強いことが特徴である。原則として、部落内の全農家に成人1人ずつを出役させることを義務付けていた。成人男子がいない場合や、事故、病気等で出役できない場合には、予め洞トゥレの組織である農社（nongsa）に申告し、査定を受けた後に見返りの代金を納付しなければならなかっ

た。また、寡婦の農家は免除され、16～17歳未満の未成年者のみの農家では、それら若年者の参加が認められた。作業の種類は、田植、灌漑、除草、収穫等の農耕作業の全てを含むもの、田植と除草、或は除草だけの3種類に区分された。また各農家は、その耕作面積に応じて一定の金額が課せられ、そこから出役日数に応じた賃金が支払われると共に、一部は部落の共同財産と共同費用にされた。すなわち、これら洞トゥレには、単に農繁期の作業の共同処理という目的だけでなく、部落の共同財産と共同費用の捻出という目的もあったのである[6]。

しかしながら洞トゥレは、村落共同体的紐帯をその成立要件としていたため、後述するように、土地調査事業をきっかけとする植民地化と、それに伴う農村社会の変化によってその存立基盤が崩れ、1920年代に至ってほぼ消滅したか或は除草だけの共同作業になったと言われる。

一方、トゥレは、純粋に農作業の共同処理に限り、一部の農家で組織する部分的且つ任意的なものである。従って、共同作業の必要性がない農家は参加しなくてもよい反面、参加する農家では何人が出役してもよい。労働の貸借は原則的に交換労働で清算するが、貧農が労賃所得を目的で参加する場合には金銭または穀物で精算されることもあった。作業方式としては、急を要する農家から順次に1日ずつ回り、一巡することで終わる[7]。

プマシは、部落内の農家間で必要に応じて相互に労働の手間替えをすることである。任意的性格という点ではトゥレと類似するが、トゥレが或る一定の期間と成員に関して固定的で組織的性格が強いのに対して、プマシは期間も成員も一定しない組織性の薄いものである。さらに作業の種類にも制約がなく、必要な時に当事者の契約で成立する。労働力の交換条件もトゥレとくらべて融通性が大きく、例えば、同作業の労働を返す代わりに牛刀や金銭で返すこともできる。労働交換の計算単位は1日だが、半日位の差は問わない。こうした融通性は、部落内における相互信頼と扶助の慣習に基づくものであり、トゥレに較べてプマシが長く存続した要因にもなっていると考えられる。

現在、田植のような作業をプマシという呼称の下で行う場合、実際にはトゥレに似た様相を帯びている。つまり、どの農家も一斉に人手が必要な田植期に共同労働作業を行うとすれば、やはり組織的な調整が必要であり、結局数戸で1つのグループをつくり、各戸を順巡りに共同作業をするという形式にならざるを得な

いのである。

　郷約とは、部落社会の発展と地域住民の醇化、徳化、教化等を目的とする知識人の間の自治組織である。郷約は中国で発達し、朱子学の伝来と共に韓国に紹介され、1500 年代から韓国固有の風俗と民情に合うように整理され広く施行されるようになった。郷約の内容は、道徳的機能と経済的機能に区分できる。道徳的機能としては、徳業相勧（deokeop-sangkwon）、過失相規（gwasil-sanggyu）、禮俗相交（yesok-sanggyu）、患難相恤（hwannan-sanghyul）等があり、勧善懲悪と相互扶助の生活を励行することが目的である[8]。経済的機能としては、社倉（sachang）と郷約契があげられる。社倉は部落単位の備蓄施設で、余剰穀物を備蓄し、凶年或は戦時のような災難に備える制度である。郷約契は、部落の士林を祭祀する費用、或は郷校の維持管理の費用を共同負担するための組織である。このような郷約の経済的機能は、農村地域社会の全体的な共同組織というよりは、血縁集団すなわち同族を中心とする傾向が強い。しかし、郷約が儒教的道徳を宣揚し地方自治の精神を鼓吹した点と、郷約契と社倉を通じて果たした経済的機能には無視できないものがあったと考えられる。

（2）植民地からの独立と近代化への道

　李朝の農村社会は、血縁集団を基に形成された自然発生的な地域共同体である。そして血縁集団の分化によって、両班による支配と常民による被支配を軸とする共同体内或いは共同体間の社会的分業が発展してきたものである。特に 16 世紀末の 7 年にわたる日本の侵略（壬辰倭乱）以後、中央政府の弱体化に乗じて両班階級は私有地を拡大していった。その結果、従来の中央集権的土地支配関係は次第に虚構化し、両班階級は封建地主としての支配力を強めると共に、一般農民はその小作人として位置付けられていくこととなった。また 17 世紀中葉以後、都市の発達による全国的な貨幣経済が起こり、農村社会の身分的動揺、農民層の分化を伴う都市と農村の間の流通経済の形成があった。

　しかしながら、李朝時代の農村地域社会が、官僚或は地方豪族としての両班階級によって支配されていたとはいえ、面長や里長が住民の公選により常民から選ばれていたように、農村社会自体は耕作権を保証された農民で構成されていた。

その結果、内部的な階級分化はほとんど進まなかったと言える。農民の大部分は両班支配の下で過酷な収奪に喘いでいたにしても、その相互間にはより基本的な社会関係が多分に保存されてきた。農村地域社会は、農業を中心とする生産共同体であると共に、祭祀共同体、防禦共同体であり、さらに集団的貢納体制の担当者として末端行政機能も持っていた。即ち、長い歴史の中で韓国社会の基盤となってきたこの村落共同体は、専制と政治の腐敗にも拘わらず、社会の基本的単位としての自治的共同体制を保存してきたのである。

植民地行政による土地収奪と農村地域社会の変容

貨幣経済の発達による農民層の分化や、支配層の消費経済の拡大による小作料の増大、それに耐えられない農民の兆散など、農村地域社会の変容が具体的に起きてくるのは李朝の末期であるが、それを決定的にしたのは、1905年の乙巳（Eulsa）保護条約による日本の植民地化が本格化してからである。日本政府の植民行政の意図は、日本国内の工業化を進めるために韓国を安価な食料を提供する基地とすることであり、そのように韓国の農村地域社会を変容させるためには、地方行政制度と土地所有制度の改革が重要な意味を持った。

1909年、地方区域と名称の変更に関する件が公布され、植民地になった1910年には地方官制と面に関する規定によってそれまで多様であった面、社、坊、部、曲などの名称が面に統一されると共に、その法定行政区としての地位が確実になった。そして1913年には面経費負担方法が公布され、面の行政事務に必要な経費支弁のための面賦課金の課徴が可能となり、地方自治団体としての役割を果たし始めると共にその区域も大幅に改編された。1917年には面制が公布され、総督が指定する面においては事業能力が認定され、地方公共業務の幅が広くなり、戸別割課金、地税割課金、特別賦課金、使用料、手数料等の自治体財源調達能力が強化された。その後、1931年の邑面（eupmyeon）制によって、上記の指定面は邑となり、現在みられる邑と面がはじめて区分されるようになった。この時、邑と面は共に法人格を持つ自治団体になったが、邑には議決機関である邑議会が設置された一方、面には諮問機関である面協議会しか設置されなかったことが大きな違いとして取りあげられる。

他方、洞或は里の改正に関しては、地方区域と名称の変更に関する件が公布さ

れた翌年の 1910 年、各道の道令として面内の洞或は里の廃置分合とその名称及び境界の変更に関する件が公布された。さらに、1914 年の府、郡、面区域の大幅な改編と共に、洞或は里の区域も大幅に整備され、全国 28,181 の洞と里の名称並びにその管轄区域が確定された。それは、おおよそ現在の洞と里の名称及びその規模と一致している。さらに 1917 年、面制の実施と以下に述べる「土地調査事業」でその区域と法的根拠がより明確になった。しかし、1931 年の邑面制の実施によって、邑と面が法人格をもつことになったと同時に、洞と里は法人格を失い、邑と面の単なる下部行政区域になったばかりでなく、それらが所有してきた共有財産も邑と面に吸収された[9]。

　一方、植民地行政は、洞トゥレという労働動員慣行をマウル（maeul）賦役という名で継承させた。マウル賦役では、洞或は里の自主的な目的の他に、行政から指示された主に農村の物的基盤の維持管理のために利用された。いずれにしろ、これらの時期に、農村地域社会としての洞或は里の自治基盤が制度的に失われたわけであるが、それをさらに農民の社会関係の側面から内部的に崩していったのが、土地調査事業を始めとする土地所有制度の改変であった[10]。

　植民地行政は、土地に対する明確な個人所有権の確立、自由な売買、譲渡、抵当権などの制度化、正確な境界の確定、登記制度の確立等を目的に、土地調査事業を 1912 年から 1918 年にかけて行った。この事業は、土地所有権調査、土地価格調査、地形及び地貌調査の 3 つに分けて行われた。土地所有権調査は、土地の所在地、地番、地積および所有権者を調査し、地籍図によって各筆の位置、形状、境界を標画することで土地登記制度の創設を期した。土地価格調査は、全国の地価を調査して地税の賦課標準を決定、地税制度を確立して財政の基盤を樹立することを目的としたものである。

　この土地調査事業を契機にして、近代的土地私有制が確立されたのは事実である。しかしその結果、調査時点における収租権者が土地所有権者となり、大多数の農民は耕作権を失い土地から離脱しなければならなかった。同じ事が、当時まだ残っていた公田についても言え、伝統的な土地所有や利用関係を無視した強引な国有地化が行われ、その面積は 331,748 ha にのぼった。これらの国有地の多くは、日本人農民或は日本の農業会社に払い下げられたのである。

　土地調査事業が完了した 1919 年、全農家の内、土地所有から完全に排除され

た小作農が37.6%、自作兼小作農が39.3%を占め、零細農が全体の76.9%に至った。そして、両班階級の地主的土地所有が法的根拠を持つにいたると共に、日本人社会による大規模土地所有が成立することとなった[11]。

写真3-1 日本の農業会社の稲作プランテーション
1920年代に設立された日本の農業会社の稲作プランテーション。背後には巨大なポンプ場があり近代的な灌排施設が整っている。大型農業機械導入のため従来の集落は一掃された。
(撮影:余語トシヒロ)

表3-1 農民の階層変化　(単位:千戸、括弧内は%)

年次	自作農	自小作農	小作農
1913-17	555 (21.8)	991 (38.8)	1,008 (39.4)
1918-22	529 (20.4)	1,015 (39.0)	1,098 (40.6)
1923-27	529 (20.2)	920 (35.1)	1,172 (44.7)
1928-32	497 (18.4)	853 (31.4)	1,360 (50.2)
1933-37	547 (19.2)	732 (25.6)	1,577 (55.2)
1938-	539 (19.0)	719 (25.3)	1,583 (55.7)

(資料:朝鮮総督府編『朝鮮の農業』)

　このように、近代的土地所有制度によって発生した膨大な土地無し農民を、都市労働力として吸収できる程には都市経済が発達していない当時においては、ほとんどの農民は李朝時代からそのまま移行してきた零細農的生産様式下の純然たる小作農として再編成され、封建時代に持っていた耕作権すら喪失した隷属的な小作関係が形成されるようになった。土地調査事業による土地所有制度の近代化

は、農業生産の資本家的発達をもたらしたということではなく、植民地化を制度的に進める方策でしかなかったのである。

その結果、洞或は里を基礎単位とする韓国の農村地域社会は、制度的にも実質的にもその自治基盤を喪失し、既に述べたトゥレなどの慣行に見られる生産共同体としての機能も 1930 年代には消失し、その後は契を中心とするわずかに生活共同の側面が見いだされるに過ぎなくなった[12]。

農地改革と近代化への道

　第 2 次大戦が終了して日本の植民地支配が終った 1945 年末、農家の 84％が小作或は自小作であった。これらの農家は、収穫物の 50 〜 70％を小作料として地主に納めねばならず、極端な生活苦に喘いでいた。このような小農小作経営形成の土台となった土地所有制度の改革は、独立後の韓国における最大の課題であった。米軍政府は、占領政策の一環として従来の小作料を 3 分の 1 にすると共に、日本人所有地の開放と再分配を実施した。しかし、この小作料の軽減策は、基本的には植民地時代からの地主小作関係を前提にした消極的なものであり、農地改革の実施は、1948 年に樹立した韓国政府の政治的課題として繰り越されることになった。

　具体的な改革の方法と内容に関しては、土地問題をめぐる政治的葛藤を反映して異論が続出し、幾多の紆余曲折を経て 1950 年 3 月にようやく立法措置が完了した。その内容は、私有財産制度の原則に立脚した有償没収と有償分配の方式により、政府が買収する農地は非耕作者の全農地と自耕作者の 3 ha を超える農地とした。分配農地の地価償還は 5 年間均等払いとし、政府が指定する現物或は現金を毎年納付するようにした。また、償還が完了するまでは分配された農地の売買、抵当、小作、賃貸借を制限した。しかし立法直後、3 年間にわたる朝鮮戦争が勃発し、農地改革の実施が一応の完了を遂げたのは 1957 年末のことであった。

　農地改革の結果、日本人所有地に加え、両班階級を中心とする韓国人地主が所有していた 124 万 ha の 21.6％が再分配され、総耕地の 63.4％を占めていた広範な地主小作関係は基本的には消滅した。その結果、農民的土地所有を基礎とした自営農中心の生産体制の形成が可能となり、小作争議の払拭を含む社会的安定と、民主化による農村近代化の基礎になったことに画期的な意義があった。しかしな

がら、農地改革によって創出された自作農的土地所有は、一方では農地の細分化と分散化による経営規模の零細性をもたらし、農業を取り巻く状況如何によっては、改革以前のような寄生地主制への逆戻りの可能性を内包した不安定な存在であった[13)][14)][15)]。

地方行政制度の改革と農業普及制度の確立

このような小農経営を安定化するには、農民の組織化と農業技術の近代化が必須要件であり、そのための条件整備として、上記の農地改革に加え、政府の施策を農民に浸透させるための地方行政体制の改革と農業技術普及制度の確立が必要であった。

独立後の1949年に施行された地方自治法では、従来の洞里制を基本的に継承すると共に、隣接する洞或は里との境界を明かにし、集落を中心に生産地をはじめ後背地をも含む領域を法定洞里（dongri）として地方自治団体に関する条例でとり決めるようにした。しかしながら、こうした区域設定を確立するには、出入り作の調整を含む多くの公簿の整理など複雑な作業が必要であり、農村開発に関わる施策のみならず、租税その他の施策の執行時期に合わせて法定洞里を制度化するには無理があった。そこで、より実態に即し行政上便宜の良い区域設定、すなわち農民の居住区である集落のみをいくつかまとめた行政洞里制を重ねて導入した。従って、従来の伝統的な自然洞里には洞長或は里長がおり、行政洞里にはそこに含まれる自然洞里の数に応じて複数の洞長或は里長がいるが、法定洞里にはそれを代表する長がいないという結果になった。こうして、韓国における集落或は村という概念が錯綜し理解し難いものとなった。

一般的な慣用においても、里は里長のいる自然里とそのいくつかを含む行政里を意味する両方に使われる。集落は村人が居住する空間を示す意味合が強く、自然里に近い内容を持って使われる場合が多い。ところで、部落という言葉は空間的には集落に近い内容を意味する言葉であるが、そこには村人の社会関係を意識して使われることが多い。そして、マウルはそのような人と人との関係以上に、生産・生活を通じて村人と土地が一体化した領域空間を意味する度合が強い言葉である。一般的には、伝統的自然里或いは集落として認識されるものをマウルとして差し支えない。従って以降では、行政洞里を「里」とし、自然洞里を「マウ

ル」と称することとする。また、韓国語のセは新を意味し、後述のセマウル運動は新マウル運動或いは新村運動と解釈することができる。

　一方、邑及び面もこの地方自治法の下で制度化され、市と共に従来どおりの基礎的地方自治体として機能することが期待されてきた。しかし1961年、地方自治に関する臨時措置法が施行され、邑及び面は自治団体としての法人格を失い、新しく基礎的自治団体になった郡の単純な下部行政区域となった。ここで注目すべき点は、1931年の邑面制の実施の結果、従来、洞或は里が所有した財産が、邑或は面の財産になったが、この臨時措置法の実施と共に、邑及び面が自治団体としての法人格を失った結果、それらが所有してきた財産も郡の所有になった。繰り返して言えば、従来、農民が直接管理運営していた洞及び里の共有財産は、最終的には中央から直接任命された郡守及びその行政の管理するものとなったのである[16]。

　農業技術普及制度は、1947年の「農村技術教育令」による中央の国立農事改良院、各道の農事試験場と地方教導局、そして各市及び郡の農事教導所の設立に始まる。また、1952年の農業指導要員制度に基づいて、農林部長官に直属する農事普及会と、その邑及び面支部が組織され、洞及び里ごとに2人の農民が農事指導要員として選抜された。そして、彼らの訓練のために中央と各道に農事指導要員養成所が設置された。

　しかし、これらの普及事業は、独立後の社会的混乱と朝鮮戦争などで一貫性をもって実行することができず、1957年、新たに「農事教導法」が制定された。本法によって、中央では農業技術院とその他の各種試験研究機関、及び農林部の農業指導課が農事院に統合され、各道には道農事院、そして市及び郡には農事教導所が設置された。これで普及組織は一般行政機構から分離され、中央から末端地域単位までの単一体系となる一方、試験研究の機能も包含するようになった。さらに、朴政権による1961年の大幅な行政改革の時期、農事教導法は「農事教育研究法」に改正され、道農事院が道知事に所属する外庁となった。それと共に、事業内容を研究試験事業と農事教導事業に区分して、農家副業と手工業に関する知識や技術の普及、自然資源の保存と利用に関する農民教育を普及事業の新しい分野として追加することとなった。

農村開発事業の展開

　以上にみるように、個々の農業生産者の近代化要件としての農地改革、政策を実施する側の近代化要件としての地方行政制度と普及制度の改革がなされたわけであるが、それらの要件の上に実施された農民の組織化のための事業として地域社会開発事業とそれが拡大発展した農村建設事業を取りあげることができる。

　地域社会開発事業は、1958年、地域社会開発中央委員会の設置と共に始まった。1957年、韓米合同経済委員会が地域社会開発事業の実施可能性を検討した結果、地域社会開発分科委員会が設置され事業の実施計画をたてることになった。1958年、大統領令でもって地域社会開発委員会規定を公布、中央では復興部に地域社会開発中央会、各道には道委員会を設立し、事業を試験的に実施するモデル部落には部落開発契を、モデル部落が所在する郡には郡委員会をそれぞれ組織した。ここにおける部落とは、事業実施単位として制度化された名称で、主に自然里（マウル）に対応するものであった。

　事業の開始年度である1958年には、京畿（Gyeonggi）道を始めとする12ヶ所のモデル部落に対して、22名の指導要員を配置することで始まった。その後1961年には、指導要員が389人に増員されモデル部落も818ヶ所に拡大された。モデル部落の選定基準は、交通が便利で、部落住民が単一の同姓家族で構成され、且つその大部分が農業に従事していることであった。さらに、部落の経済的、社会的、文化的水準が高く、自然資源が豊富な部落であることなど、その選択は意図的であった。事業内容は、外部からの支援なしで地域内の資源と努力によって行う自助事業と、外部からの若干の技術や資材の供与で推進された補助事業に区分された。自助事業は、産業、社会教育、組織指導、婦女子指導、生活環境改善等の諸分野にわたり、部落民全体の会合を通じてたてた計画を自力で実施するように指導された。

　補助事業は、部落民が計画した開発事業の内、自力解決できない事業に対して政府その他の公共機関から最小限の財政的、技術的支援を供与するものである。補助事業は、特に部落住民の共通のニーズ、緊急性、生産性を基準として選定され、その結果、住民が自助事業をより積極的に展開する条件が整備されるようになり事業全体を成功に導くこととなった。このことが、1961年の行政改革に際して如何にこの事業を強化すると共に、行政的に制度化して全国に普遍的に展開

表 3-2　地域社会開発事業の内容

分野	内容
農業	堆肥増産、秋耕、展示圃、共同栽培、農産物貯蔵、土地改良、水利施設、共同農機具
畜産	家畜疾病予防、畜舎改良、養蜂、養蚕、養兎、飼料
林業	砂防、造林、林野開墾、種子採取、植樹
水産	水産物生産、養魚、養殖
社会教育	成人教育、農事教導、啓蒙集会、文化館補修、教育講座、文盲退治
学習組織	読書クラブ、婦女会、4-Hクラブ、青年会、購買組合
婦女指導	編物、衣改良、手芸、家計簿、料理、育児法
生活改善	賭博禁止、迷信打破、節酒運動、虚礼廃止
保健衛生	井戸改良、便所改良、伝染病予防、下水道、駆鼠、環境浄化
土木建設	農道補修拡張、橋梁補修、堤防、遊休地開墾、共同施設、住宅改良

するかが重要な課題となった。

　地域社会開発委員会は、1961年5月、まず建設部の地域社会局に編入され、同年7月には農林部の地域社会局へ移管された。また、各道、各郡には地域社会課並びに係が設置され、政府の公式組織として編入された。そして1962年には、先述した農事教導事業が統合されることとなった。一般行政である農林部の地域社会局と、一般行政から分離して農事教導事業を実施している農事院を統合するため、同年「農村振興法」を公布し、両者によって構成される農村振興庁を新設した。そして、各道では、道農事院と各種農林試験場、道地域社会課等を統合して道農事振興院を設置、そして市及び郡では、農事および生活改善指導員と地域社会開発要員、蚕業指導員、農協系統の畜産指導員等を統合して市或は郡農村指導所を設置する一方、これら地方指導機関を地方行政組織に所属させ、農村地域開発のための一元的行政体制を確立した。さらに、その後の1963年にはそれまで内務部で実施してきた標準洞里育成事業も農村振興庁に移管され、総合的な農村開発事業として展開されることとなった。

　しかしながら、行政的に整備されたことが、いわゆる行政効率を上げることにより多くの関心が払われる結果となった。すなわち、従来の自然里（マウル）単位の開発方式を止め、地域社会開発事業当時のモデル部落を中心に6～10の自然里を1つの農村振興モデル地域にまとめ、集中的に指導する方式を採択し

た。このような農村振興モデル地域は、1963年の郡単位733地域から1964年には市域を含んで再調整された730地域にわたった。1966年から1968年までの間に722ヶ所の農村振興自助地域として再調整された後、農村指導士が地域を分担して巡回指導の方法で開発計画を推進した。また、直接的な開発事業以外に、協同精神の助長と自助事業のモデル事例を提示して地域社会開発運動と農業近代化を推進することを目的として、農村振興モデル地域発展競進会（1964～65年）、地域社会開発事業現況と問題点に関する特別研鑽会（1965～67年）の開催、さらには、地域社会開発分野の専門指導士に対する実習訓練も行われた。

しかしながら、事業の対象が自然里を離れて郡という地域にしたことが行政的には便利であっても、以前の地域社会開発事業にみられたような農民の自助性を生むことはなかった。従って、農村振興庁は、1969年、新たに駐在地域開発指導事業を導入し、従前の地域分担巡回指導方式と共に、2～3の洞或は里を1つの単位として専門指導士を派遣指導する駐在指導方式を再び併行実施した。すなわち、中央で7週間の専門技術教育を受けた駐在指導士を317地域に1人ずつ配置して、営農技術の革新、農業構造と生活環境改善、そして地域住民自らが地域社会開発の計画を策定し、その実施を図るための組織の育成に関して指導させることにした。しかし、以前の地域社会開発事業が、その自助事業と補助事業を自然里に密着させたような効果はみられず、主に官製の事業を行政が中心になって実施する機構且つ制度になってしまった。

協同組合の設立

独立以降のもう1つの農民組織化は、主に協同組合運動を中心に展開された。植民地時代に抑圧され、沈滞した農村経済の中から抜け出せないままでいる零細農民を協同組合に組織し、それを基盤に農村経済を復興させ、農民の社会的地位向上を図ることが、当時の農村開発に関する共通の見解であった。協同組合運動は、自然発生的な運動と協同組合法案の成立を進める2つの運動に分かれて展開した。

協同組合組織運動は、1946年、金融組合を協同組合に改編するために、金融組合連合が全国の金融組合を中心に協同組合推進委員会を構成して全国大会を開催するなど多方面で改編運動を展開したが、当時の与件の未熟で成功しなかった。

また1951年には、社会団体である大韓（Daehan）農民総連盟が中心となって農業協同組合組織推進委員会を結成、邑面単位で農業協同組合を結成するための発起人大会を開催した。同時に、ソウル特別市と各道連合会及び農業協同組合中央連合会をも結成した。しかしその後、農村実行協同組合の推進を図る農林部によって阻止された。農村実行協同組合は、1952年、当時の農林部長官が社団法人として組織したもので、洞里単位組合が13,628、市郡組合が146に至り、当時では最大規模であった。しかし、法的根拠がなかったために農林部長官の更迭とともに弱体化した。その後も民間指導者による協同組合運動が展開されたがさほど成果を収めることはなかった。

　一方、協同組合法に関しては、1948年、韓国政府の樹立と共にその成立を進める政治活動が展開されてきた。しかしながら、国務会議での意見の一致ができず、その成立が遅れる中で、農民への営農資金の供給のために、1956年、政府は暫定的な処置として株式会社農業銀行を一般銀行法によって発足させた。その後1957年に、農業協同組合法と韓国農業銀行法が同時に立法化されたが、農協での信用業務は禁止されると共に、その他組合も農民への農業資金を融資する与信業務だけに限定された。

　これによって、10余年にわたって関係当局間の意見対立で解決できなかった農業協同組合問題は一段落し、信用業務を専門に担当する特殊銀行としての農業銀行が1958年4月に発足し、その他の事業を担当する農業協同組合が同年10月に業務を開始し、本来の組合機能が二元的体系によって運営されることになった。その後、農業協同組合は急速に組織され、その数がおよそ2万に至ったが、信用業務を欠如した関係で資金の調達ができず、その機能を充分に果たすには至らなかった。また、信用業務を担当した農業銀行は、農業協同組合との対立意識を強く示し、農協の機能を補完することなくむしろ阻害していったと言われる。

　その後1961年の行政改革において、沈滞した農村経済を再建するためにはなによりも農業協同組合の機能の強化が急務であるとして「新農業協同組合法」を公布、農業銀行と農業協同組合を統合した。このようにして、信用業務と指導業務を兼備した実質的な農業協同組合に改編され、農産物の貯蔵、処理、販売、肥料や農業機械等の農業用品の共同購入等に加え、農村信用業務をも含む総合的機能を備えた組合が成立した。しかしながら、農業銀行との統合に際し、農業協同

組合はそれまでの里乃至面のレベルから市或は郡のレベルに移行し、前述の農村建設事業と同じく、行政的には対応しやすくなったが農民組織の意味合いを全く失うことになってしまった。

　このように、農民の組織化に関わる諸制度が、植民地の下で崩壊した後もわずかに生活共同の形を維持してきた自然里を離れ、行政の都合から市或は郡を対象として制度化されてきたわけである。韓国の伝統的な社会システムから言って、郡は公的な単位であり、共的な単位は自然里であった。そういった意味で、郡を単位として設立された農業協同組合は農民の組織ではあり得ず、事実その管理は行政によって直接なされた。地域社会開発事業が唯一自然里を対象とする事業であったが、それも農村建設事業として行政ベースに乗るよう制度化し普遍化を図る過程で農民の自己組織力を利用するという前提を見失ってしまったと言える[17]。

（3）韓国経済の発展とセマウル運動 [18)][19)]

　1960年代以前の韓国経済は典型的な後進農業国で、慢性的な貧困と停滞から抜け出すことができない状態であった。特に、朝鮮戦争の被害からの復旧時期に当たる1950年代後半の韓国経済の特徴として、低所得－低貯蓄－低成長－低所得といういわば貧困の悪循環、慢性的なインフレーション、急激な人口増加、高い失業率、そして外国援助への依存等があげられる。米国の余剰農産物の大量導入による農産物価格の抑制や臨時土地収得税の実施などによる収奪的な農業政策、さらには金融制度の未整備等の要因で農家経済は次第に萎縮していった。都市における資本蓄積や労働市場の形成も極めて低い水準にあった。従って、農地を失った農民も、小作農や農業労働者として農村に滞留せざるを得なかった一方、ある程度資本を蓄積した者にとっても、農地以外の適当な投資機会はなかった。実際のところ、農地改革法による制約にも拘わらず、分配農地が公然と売買される事態となった。

5カ年計画の進展と限界

　韓国経済を辛うじて支えてきた米国の援助は1957年を最後に急速に削減されると共に、それまでの無償援助から有償援助に切り替えられさらに経済的危機が

強くなった。その対策として、米国に対する極度な従属的経済構造を是正し、自立的な経済構造を構築するための経済優先政策を中心とする5カ年計画が実施されることになった。

　経済開発を推進するに当たって考慮すべき基本的な条件は、韓国経済を規定する乏しい自然資源、狭小な国内市場、資本不足、低い技術水準、過剰人口など非常に不利なことばかりであった。これらの与件下で選択された開発戦略は、輸出指向工業化、政府主導、不均衡成長であった。輸出指向は、当時、工業化に必要な資本と原材料の大部分を輸入に依存せざるを得なかった韓国経済が、限られた国内市場という条件下で不可避的に選択せざる得ない戦略の1つであった。そのための内資動員と外資調達、公共事業と基幹産業の建設、そして資源分配に至るまで政府が直接に関与することとなった。このように、政府が経済再組織過程を主導せざるを得なかった理由として、工業化に必要な資源の効率的動員と分配を未だ充分に発達していない市場に依存できなかったことがあげられる。

　1962年に始まった第1次5カ年計画では、社会経済的悪循環の是正と自立経済達成のための基盤構築を基本目標としたが、その具体的内容は非現実的であるとして数次にわたる手直しが行われた。しかし、いずれにしろ計画期間中の鉱工業成長率が年平均14.3％に達し、経済成長の駆動力となった結果、国民総生産の成長率は年平均7.9％と計画値を上回り、1人当たり総生産も125ドルになった。鉱工業の成長は、主に製油、肥料、セメント、化学繊維等の集中的な育成の結果によるものであった。一方、年平均投資率は16.9％で目標値の22.6％よりもかなり低いものであった。このような低い投資率で目標以上の経済成長が達成できた要因としては、遊休施設や過剰労働力を背景にした労働集約的或いは資本係数が低い産業の成長があげられる。資本調達は、総投資率16.9％の内、6.7％を国内貯蓄で充当し、残り10.2％を海外に依存したことで、外資依存的成長構造が端的に表れた。

　農林水産業の場合、1962年と1965年にマイナス成長になったにもかかわらず、年平均5.9％で成長したのは、肥料、農薬の円滑な供給と農産物価格の上昇などで農民の増産意欲が高くなった結果であると考えられる。しかしながら、食糧の自給率の達成は目標値を大きく下回り、毎年50～60万トンの輸入が必要であった。また旱魃にみまわれた1963年には130万トンと大きく跳ね上がった。

1967年に始まった第2次5カ年計画では、その基本目標を産業構造の近代化による自立経済の確立に置き、食糧自給の促進、工業生産の倍増、輸出の増進と輸入代替の促進による国際収支の改善、雇用の増加、人口増加の抑制、農業所得の向上を中心とする国民所得の増大、科学技術の振興を通じて生産性を高めること等を重点課題とした。また、計画期間中には食糧需要が年々増加する傾向にあることを指摘し、基本目標の第1に食糧の自給を掲げ、計画の最終年に当たる1971年までには44％の増加率で905万トンの食糧生産を目標とした。この目標の達成のために、農漁民所得増大特別事業、恒久的旱害対策を目標とする農業用水開発事業、畜産振興、高米価政策等の諸施策がたてられた。

　この計画期間中には、世界経済全体の好況の影響もあって輸出が大きく伸び、経済成長率は年平均9.7％であった。特に、合成繊維、石油化学、電気機器等の輸出産業が成長を主導した。そして、社会間接資本及びその他サービス部門においても、工業生産の急速な増加に伴って年平均12.5％で増加した。総投資率は年平均27.5％で、国内貯蓄率は15.6％に達し、計画水準を大きく上回った。

　しかしながら、これらのマクロ指標にみる成果とは裏腹に、政府が主導する急速な工業化による韓国経済の脆弱性が一方では露出しつつあった。第1には、商社機能の不備と低品質による国際競争力の弱さを補って輸出を推進するためには、都市における食糧価格を低く抑え、企業の賃金負担を軽くし、ひいては製品価格を低くする以外に方法はなかった。そのため、食糧、特に主食となる米の生産者価格は極端に低く制限されることとなり、農民の生産意欲が失われ米生産の停滞が続いた。第2は、都市における絶対的人口増加と所得の増加による食糧需要が急速に拡大していたことである。低い所得水準から出発した当時においては、消費の志向がより多くの米を食べることに向けられた。一般的に、1人当たり国民所得が500ドル位までは、所得増が主食の消費増に向けられ、その後、主食消費が減少しつつ肉や野菜の副食消費が増加するという食糧問題と農業問題の分岐点が見い出されるが、当時の韓国はこの食糧問題の真っただ中にあったと言える。都市における食糧需要の増大、農村における食糧生産の停滞、これらが年々食量輸入の増加をもたらし、一方では工業製品の輸出停滞とあいまって、極端な外貨不足、そこからくる工業化のための中間材輸入の困難をもたらし、ひいては工業化の進展そのものが危ぶまれることとなった。

実際のところ、この外貨不足を補うために、国内の食糧不足にも拘らず農産品を輸出するいわゆる飢餓輸出さえ試みられた。また食糧増産のために、警察官を動員してまで高収性新品種の作付けを強制したものの、生産費が収入を上回る状態では何等効を奏することはなかった。

以上の状況の中で、1960年代末の韓国経済は、農村経済の復興なくしては工業化を進めることができない状況にあったと言える。具体的には、2つの課題が急務であった。1つは、当然ながら食糧生産の増大である。2つは、農村経済の活性化により工業製品に対する農村市場、すなわち国内市場を拡大することであった。しかしながら、筆者が韓国の4大河川の1つである錦江（Geumgang）流域を隈なく視察した当時の印象では、中心都市である太田（Daejeon）市周辺の一部に小規模なビニールハウスによる野菜栽培と乳牛の飼育が商業目的の営農として見られただけで、一般的農村では、雨期ともなるとぬかるみに埋まるような状況の中で、農民は昼から酒を飲み博打に憂さを晴らすような状態で、彼らには都市へ出る機会も商業的経営を行う余裕もなかった。そして、構造化された停滞経済から抜け出すすべさえないようにみえた。実際のところ、第1次産業の平均成長率は、第1次計画期間中には5.6％を記録した一方、第2次計画期間中には1.5％の成長率をみせたにすぎない。

セマウル運動の発端

このような泥沼的状況から抜け出すきっかけとなったのがセマウル運動であった。1970年4月、朴大統領は、地方長官会議で農村生活の改善のための国家的な運動、すなわちセマウル（新農村）運動を提案した。それに従って、実験期ともいえる1970年10月から翌年6月の間に、内務省から農村生活環境改善事業の指示と共に全国33,267ヶ村に335袋ずつのセメントを配布した。

しかしながら、当時、セマウル運動なるものが具体的なイメージで描かれていたわけではないし、セメントの配布が計画的に行われたわけでもない。セメントが配られた理由にしても、国策により無理な増産を続け、その結果、滞貨に悩んでいたセメント産業の救済が主目的であった。また、セメントの利用に関する指示も、面レベルにおける里長会議において口頭で行われたに過ぎず、或る地域では村の美化に、また或る地域では農業用水路をはじめとする生産基盤の整備に使

うよう指示され、何等の統一性を持ったものではなかった。セメントの配布にしても、委託を受けた運送業者のトラックが突如村に現れその受け取りに関する手続きも行われなかったし、従って必ずしも正確な数のセメントが配られたわけでもなかった。

　そのような状態であったから、村におけるセメントの利用も全く勝手な状態であった。後の調査結果であるが、主な利用形態は以下の3つであった。第1は政府の指示に基づく生産目的の利用であり、第2は生活関連の小さな施設作りであり、第3は後難を恐れていっさい手を付けなかったり、或は都市の業者に売却して飲食費に使ってしまうというものであった。とはいえ、農閑期を過ぎた1971年6月以降、一部の農村よりさらにセメントと鉄筋の援助を望む声が面の里長会議を通じて、郡、道、国に伝わり、内務部はともかくもセメントを利用した村を急ぎ特定し、最終的には16,600ヶ村に500袋のセメントと1トンの鉄筋を無償配布した。

　ここで重要なことは、内務部のこのような即時的対応以上に、そのような追加支援を要求する村に関するモニタリングを実施したことである。その結果は、内務部の期待に反し、ほとんどの場合が、生活道路の改善、子供の遊び場、共同洗濯場、共同浴場、簡易水道の設置など、日常生活に関連した小規模施設の建設事業ばかりであった。これらの目的にセメントを使うことが、村の中に何等かの意識変革をきたしていることは事実であったが、その真の意味を把握するまで内務部の担当者の間で何度も検討が繰り返された。そこで明確な回答が出たわけではないが、後に概念化された諸点と合わせて以下のことが言えるものであった。

　まずセメントが生活目的に使われた意味合いを、農業用水路や農道の改善等の生産目的に使われた場合と対比してみると次の諸点が整理できる。

①生産基盤の整備が例えば村役として村総員の参加を必要とするのに較べ、これら生活関連施設の整備は数人の有志でできる。

②生産基盤の整備が一般的に長期にわたるのに対し、上記の生活関連施設は農閑期を利用して短期に建設することができる。

③生産基盤の整備に較べ、上記の生活関連施設からは、その完成直後からその利用を通じて利益享受することができる。またその利益享受者は、一部特定の人に限定されることなく村人全員である。

④生産基盤の整備による直接の利益享受者は経済的或は社会的階層などの故に真の共同意識が生まれにくい男性であるのに対し、これら生活関連施設のそれは日常生活を中心により共同しやすい主婦が中心である。

これらの諸特性に見られる生活関連施設の改善は、さらに重要な意味合いをもたらすものであった。

①村人にとって開発事業への参加の利益がわかるものであったこと。その裏には、発展のために参加の意義を説くことは難しく、発展の結果としてその意義がわかるものであるという意味を含んでいる。
②開発に必要な達成志向のリーダーの確定ができたこと。この裏には、開発に必要なリーダーは、開発行為の前に特定できるものでなく、開発の結果としてしか特定できないものであるという意味を含んでいる。
③日常生活に関連した小規模施設の建設が、これらの条件を満たしていく1つの過程であること。
④そのような過程が生じる場は、農村地域社会の伝統的共同システムが崩壊した中でもわずかに生活共同が残っている自然里（マウル）であること。

以上のことを暗示的ながら理解した内務部は、直ちに3つの点を制度化することによってこれら一部の経験を全国的に普及する体制をとった。それらは、第1に全国のマウルを発展段階（具体的には生活共同に基づく組織化段階）に応じて分類し、その段階に応じて施策を替えたこと。第2にセマウル研修所を設立してその理念の普及を徹底したこと。第3にセマウル運動の普及が官僚主義によって形骸化しないよう、その実施機構を通常の行政システムから切り離したことである。

マウルの分類と運動の進展

発展段階に応じたマウルの分類が行われたのは1973年である。その後、分類方法には幾度かの変更が加えられたが、基本的には、基礎マウル、自助マウル、自立マウルの3分類である。基礎マウルとは、未だ組織的共同性がみられないマウルを意味し、従って、政府からの支援は内務部を通じての生活関連施設の改善に限定され、村人に共同意識、参加に対する自覚、達成志向リーダーの発生等がみられるまで、他の生産関連省庁が農業事業や農村工業事業をそのマウルに導入

することは禁じられた。これに対し自助マウルは、生活関連施設の改善を通じ以上の諸点は達成されたが、生産関連の事業を自力で実施するには技術力と資金力が不足するマウルであり、従って、生産関連省庁が中心になって支援することが求められた。その支援に際し、自助マウルは交通立地と自然条件からさらに幾つにも再分類され、それぞれに合った開発施策を関連省庁が提示し、その中から村民に選択させる方法を取った。これによって村人の自発性を損なうことなく国の政策を実現することを狙った。一方自立マウルは、既に組織的共同性と資金力を有するマウルであり、従って、行政の役割はマウルの要請に応じて技術的支援を行うに止められると共に、事業内容の選択は村民の意向に委せられた。

このように、マウルの分類基準は、生活関連施設の整備と共同基金に表される共同性が中心であり、その内容は、表3-3に示す通りである。

表3-3　マウルの分類基準

項目	基礎マウルから 自助マウルへの昇格	自助マウルから 自立マウルへの昇格
生活道路	表道路の改修完了	裏道路の改修完了
農用道路	村への取り付け道路改修	主な農用道路改修
橋の改修	長さ10m以上の橋の改修	長さ20m以上の橋の改修
河川改修	集落内小河川改修	集落外小河川改修
コミュニティ施設	1ヶ所以上	2ヶ所以上
屋根改修	50%以上の家	80%以上の家
セマウル基金	30万圓以上	50万圓以上
1戸当り基金	1万圓以上	2万圓以上
1戸当り所得	70万圓以上	90万圓以上

(資料：韓国内務部『韓国のセマウル運動』)

このような分類とそのための基準の設定は、セマウル運動という運動論を政府の行政的支援システムに載せるのに必要な制度化の一側面であったと共に、マウル間の競争意識を煽るためのものでもあった。政府は、あらゆるメディアを通じて各マウルの進捗と大統領自らによる報償を全国に知らせ、それも競争意識が生じる圏域の中から意図的に優秀マウルを選択するなどして全国的な運動、すなわち国民的エネルギーの結集にもっていったのである。

その結果、政治上の操作的な問題が残るにしても、農村発展の速度とそれに費やされた労働参加も含む村の費用負担は予想以上のものであり、それを数字的に示したのが以下の表である。

表 3-4　マウルの分類にみるセマウル運動の進捗　　　（％）

年次	マウルの総数	基礎マウル	自助マウル	自立マウル
1972	34,665（100）	18,415（53）	13,943（40）	2,307（7）
1973	34,665（100）	10,656（31）	19,763（57）	4,246（12）
1974	34,665（100）	6,165（18）	21,500（62）	7,000（20）
1975	35,031（100）	4,046（11）	20,396（60）	10,049（29）
1976	35,031（100）	302（1）	19,049（54）	15,680（45）

（資料：韓国内務部『韓国のセマウル運動』）

表 3-5　費用分担にみるセマウル運動の進捗　（単位：100万圓）

年次	総額	政府	マウル	その他
1971	12,200	4,100	8,100	-
1972	31,594	3,581	27,348	665
1973	96,111	17,133	76,850	2,218
1974	132,790	30,780	98,738	3,272
1975	295,895	124,499	169,554	1,842
1976	322,652	88,060	227,440	7,152

（資料：韓国内務部『韓国のセマウル運動』）

セマウルリーダーの養成

　このような運動を、正に運動としての精神的側面から補強していったのがセマウルリーダーの研修であった。1972年、水原（Suwon）に設立された中央研修所を中心に各地に設立された14の研修所において、自助、勤勉、共同の精神を発揚し、達成志向型のニューリーダー養成の研修が行われた。研修の対象は農民に止まらず、政治家、行政官、報道関係者、大学教授にも及ぶもので、この運動の広がりと国家的目的を示すものであった。実際の研修は1週間から3週間にわた

表 3-6　研修カリキュラムの概要　　（単位：時間）

カリキュラム	セマウルリーダー	その他社会人
セマウル精神の養成	20	15
国の安全保障と経済問題	27	6
セマウル事業の計画策定と実施	27	-
事例研究	14	12
事例視察その他	18	15
グループ討論	18	11

（資料：韓国内務部『韓国のセマウル運動』）

表 3-7　研修参加者の概要　　　　　　　　（単位：人）

年次	セマウルリーダー（男）	セマウルリーダー（女）	農協関係者	政府関係者	企業経営者	大学教授	その他
1972	1,490	－	－	－	－	－	－
1973	1,212	1,203	1,903	－	36	－	－
1974	1,881	1,000	1,538	1,302	380	－	32
1975	2,215	978	453	878	457	254	213
1976	2,497	1,078	201	1,257	73	－	－

（資料：ソウル大学セマウル運動研究所『セマウル運動と韓国の発展』1983年）

り、上記の人々が共同生活を送りながら相互の告白を通じて共通の認識に至る極めて洗脳的な側面を持ったものであった。

セマウル運動の実施機構

　一方、政府がセマウル運動を支援するために必要だったのは、その支援システムの行政からの分離であった。その目的は、既に述べたように、官僚主義によってこの運動の本質が形骸化されることを避けることであったが、それは既存の行政に当てはまるだけでなく、マウルの内部の問題にも言えることであった。本来、マウルの中にはその出身、教育、職歴などを配慮して選ばれた里長がリーダーとして存在した。また旧両班階級を中心とする長老グループが大きな発言権を持っていた。彼らはいわゆる伝統的リーダーとして機能し、新しいことに向かって危険を犯すよりは、現状に基づく秩序の維持にその関心があり、道知事、郡長、面長に連なる地方行政の一環を成していた。一方、セメントの利用を通じて発生してきたセマウルリーダーは、下士官、警官、教師などの職歴を持つ現場型の人間か或は若い達成志向型の人間が中心であった。彼らが、単なる奉仕者として協力している内はよいが、運動自体が制度化され、村民の動員に関わってくると、伝統的リーダーとの間に軋轢が生じてくるのは当然であった。

　このような点を配慮し、内務部は、セマウル推進委員会を中央、道、郡、面、マウルの各レベルに設置すると共に、副郡守の任命を行った。前者は通常の行政による支援システムで、各レベルの長を委員長として関係する全ての機関をメンバーに含む調整機構であった。特にマウルレベルでは、伝統的リーダーである里長を中心に長老を含むものであり、彼らがセマウルに対するアパシーや反発に至

るより、むしろ彼らの責任を明確にして運動への支援の枠組みの中に取り込もうとするものであった。それに対し、後者の副郡守は、名称は副郡守であっても郡守の行政指揮からはずれ、セマウルリーダーと内務部すなわち大統領とを直接つなぐ機能を持ち、セマウルリーダーが行政機構に組み込まれたりその運動精神が官僚主義によって阻害されるのを防ぐものであった。

セマウル運動の成果

　以上、国全体にわたり、上は大統領から下は個々の農民まで巻き込んだ壮大な社会実験をどう評価するかは大変難しいところである。セマウル運動そのものの進捗に関しては前出の表3-4と3-5が示す通りであるが、以下ではセマウル以前と以後の社会経済指標について若干触れることとする。

　第1次及び第2次5カ年計画期間である1962年から1971年までの第2次産業の年間成長率は単純平均で17.1%であったが、農業を中心とする第1次産業は3.8%にすぎず、農家所得は勤労者所得の71%から61%に下落していった。農業人口も70%から46%に急減し、職無き人口流動に伴う都市問題が極めて深刻になってきていた。一方、1974年にみる年間経済成長率は、それまでの最低に近い7.7%であったが、とはいえこの高い成長率を維持できたのは農業の成長率が7.4%と非常に高かったせいである。従って、国民総生産に占める割合も非常に高くなり18.6%に至った。農家所得は都市所得者の102%となり、今までの農村、すなわち貧困という概念を撃ち破った。そして、農業人口もその減少傾向が弱まり37%に止まった。

　このような諸指標にみる改善が、全てセマウル運動に帰するとは決して言えない。むしろ第1次・第2次5カ年計画期間中の工業化努力が、新興工業国への基礎を固めたことがより多くを説明するものであろう。しかしながら、その後の韓国経済の発展をみると、少なくとも次の諸点をセマウル運動の貢献としてあげることができる。第1には、韓国の農村地域社会が、血縁あるいは身分的絆によって構成されていたものが、セマウル運動を契機としてマウルという地縁単位に統合され、施策の受け皿として機能し始めたことである。このことによって、農業の近代化をはじめとする農村レベルでの施策の実施が可能になったというだけでなく、工業化初期にみられる足枷としての食糧問題と農業問題の解決が可能に

なったと言える。第2には、農村の発展と安定の実現が農村市場の急激な拡大を招き、輸出力の弱さが問題であった韓国の工業部門に生産拡大の契機を与えたことである。このようにして国内市場に基盤を持った韓国工業が、その後、国際市場にどう展開していったかは今更述べる必要もない事実である。

　セマウル運動が持った意味合いは、全てが肯定的な側面ばかりではない。農村地域社会の統合過程としてのセマウル運動は、やがては運動論的ダイナミズムを失っていくと共に、農村自身も安定し農民が必要とするリーダーが達成志向型から技術的な指導が充分に行えるテクノクラート型に変わっていった。そして、運動自身が政治的・軍事的目的に利用されていったこともよく知られるところである。

　セマウル運動を農村統合による国づくりの過渡期とみた場合、それは1970年から75年頃迄を意味するのであって、それ以降のセマウル運動を追求することはむしろ本書の課題を離れることとなる。以下の事例もそのことを物語っており、遅くとも1980年頃迄の運動展開過程を紹介すれば十分であると思われる。しかし最後の事例は、マウルの伝統的社会構造によって運動の展開が阻害され、にも拘わらず、1980年代後半にようやく自立的な発展に至った過程を示すものである。従ってその記述は1990年代にも入ることとなる。

3-2　斗山里大新マウルの事例

　斗山（Dusan）里は慶尚南（Gyeongsangnam）道、蔚山（Ulsan）郡の1行政里で、大新（Daesin）マウルと九竜（Guryong）マウルの2つの自然里からなる。これらのマウルは、太和（Taehwa）江上流の谷間に位置し海抜100 m以下の傾斜地を耕地として利用する純農村である。大新マウルは、九竜マウルより上流部に位置し、分水嶺を越えて慶尚北道に接す。耕地面積100 haの内、水田が71 haを占める。その他、屋敷地と林野がそれぞれ5.5 haと757 haである。主な産業は、稲作をはじめ、麦、大豆等の穀物生産であり、1970年頃に、商品作目、例えば養豚や肉牛の飼育、野菜の栽培等がわずかではあるが行われるようになった。

　本マウルは、1個の中心集落と5個の小集落より成る。中心集落は3つの班(ban)

に分けられ、その他の集落は各々1つの班を形成し、マウル全体では8つの班に区分される。当時の世帯数105戸、その内非農家7戸、人口351人、その内男性162人である。過去10年間に人口は160人程減少している。これは、若者を中心とする人口流出のせいで、マウル内の高齢化と労働力不足が生じている。機械利用が難しい傾斜地の農地は休耕されている場合が多い。最近になって道路が整備され、韓国最大の工業都市である蔚山（Ulsan）市並びに慶尚北（Gyeongsangbuk）道の慶州（Gyeongju）市にそれぞれバスで1時間で行けるようになり、通勤型の兼業農家が現れる一方、人口流出に歯止めがかかってきた。

マウル内の親族関係をみると、いくつかの同族集団に分かれた多姓マウルであることが分かる。しかし、特別の権力基盤やそれに基づく支配的地位を占めるような特定の同族集団は存在しない。

（1）伝統的組織活動

前述したように、当マウルは稲作を中心に、麦、大豆、薯、野菜等の畑作物を組み合わせた自給自足に近い農村であった。平地が少なく、水利施設は小規模な溜池や小河川の堰程度で、地形的な制約と貧弱な水利施設の故に水田と畑地の面積が五分五分であった。にも拘らず、畑作物は自家消費を賄う程度しか生産できず、主な収入源は限られた水田から取れる米だけであった。

マウルの生産活動において共同作業が最も広範に行われたのは、稲作におけるプマシであった。田植、除草、収穫等の際に、社会的経済的な地位とは関係なく、近隣や親戚の5〜15戸が1つのグループで共同作業を行った。これに参加するメンバー、その時期や期間等は固定されたものではなかった。実際のところ、各メンバーの経営面積が異なることで交換する労働日数に大きな差が生じた場合は、金銭或は他の仕事で別の時期に調整するなど比較的柔軟に行われていた。水利施設も、個々の施設に関わる農家グループがこのような柔軟な調整方法を通じて共同で維持管理してきた。

他方、マウルの生活面では幾つかの伝統組織が存在したし、現在も重要な役割を果たしている。その1つは、洞祭（dongchal：村祭り）に関わる組織である。洞祭は、韓国における民間信仰とも言えるもので、旧暦の1月15日にマウルの

安全と繁栄をマウルの神に祈る儀式である。これはマウル毎に行われ、その経費をマウルの全世帯が共同で負担するのが一般的である。当マウルでは、その経費捻出のため洞畑（dongdab）という 1 ha の共同水田を所有している。こうした意味で、洞祭は村人の共同体意識のシンボルとも言えるものである。次いで、洞会（donghoe：村総会）をあげることができる。これは村の自治のための基本的な組織で、少なくとも年 1 回開かれるが、それ以外にも必要性に応じて臨時に開かれる。洞会での議題は、里長の選挙を含むマウル管理全般に関わることである。その他、多様な相互扶助を目的とした自発的或は非公式の協同組織である契があげられる。また、結婚や葬式に必要な道具や什器がマウルの共有財産として備えられている。さらには、マウルの公的な施設、例えば道路・建物等を維持管理するためのマウル賦役（村役）も行われてきた。

　平野部のマウルが 1 つの大集落を形成する傾向が多いのに対し、本マウルは谷間に分散したいくつかの小集落によって形成され、最も離れた集落の間には 1 km もの距離がある。従って、上記の伝統的行事或は集団的対応の内、洞祭、洞会、マウル賦役、そして結婚或は葬式の場合の什器の利用等、儀礼的或は慣習的なこと以外にはマウル全体が 1 つの単位となって行われることはなかった。すなわち、日常の生産や生活により密着したところでの集団活動は、班という近隣集団の内部、或は班とかマウルといった領域とは関係のない血縁関係を中心とした幾つかのグループに分かれて行われてきた。このことは、セマウル運動初年度のセメントの利用方法にも現れてくる。

（2）セマウル運動の展開

　当マウルに対する最初のセメント配布は、当時の里長によると、1970 年末の面役場での定例里長会議で通知された。しかし、具体的な事業選択とそれを遂行するための手段に関する何らの指導も指示もなかった。その後、当マウルの中心集落の入口に約 300 袋のセメントが到着したが、その際、セメントの運搬者と里長との間には受け取りに関する確認もされなかった。その後、面役場での定例里長会議で一応の確認があったにすぎない。

　配布されたセメントについて、当マウルでは洞会を開きその利用について相

談した。その結果、マウル内の8つの班に世帯数を基準として配分しその利用は班別に決めることとなった。利用形態を見ると、班の単位で共同利用したところはなく、さらに各世帯に配分された。当時、当マウルは約100世帯で、1世帯当たり3袋のセメントを受けた。そして各戸とも、主に竈やチャンドク（jangdok：醤油や味噌などを貯蔵する瓶を置くたたき）の修理と補強、壁の鼠穴を塞ぐこと等に使われた。

　村民からの聞き取りによれば、セメントの共同利用ができなかった理由として、当時の村民のほとんどがセメントの有効性と使用方法を知らなかったことがあげられる。すなわち、セメントを何に使ったら良いかという知識も、セメントを扱う道具も技術もない処へ突如セメントのみが配布されたとしても、それがマウルの共同的な事業に結び付く筈はなかったということである。また、セメントの配布が長期間にわたって行われるかどうかもわからない当時、マウル共同の道具を購入したり、誰かに技術を習得させたり、或は何等かの事業を構想することはあり得なかったのである。

　とはいえ、当マウルでは配布されたセメントの放置や一部の村民による独占や転売もなく、一応有効に使われたということで、いわゆるよく利用したマウルに選ばれた。既に述べたように、よく利用したマウルには、次年度の1972年に500袋のセメントと1トンの鉄筋が配布された。さらに、この年には中央でセマウル運動中央協議会が結成されると共に、村レベルではよく利用したマウルを中心にセマウルリーダーを選出することが要求された。当マウルでは前里長が選ばれた。そして現職里長を含む有志を結成し、セマウル運動の趣旨を村民に知らせると共に政府から供与された物資を利用してマウルの共同事業を行うと継続的な支援が受けられるようになることを伝え、当マウルでもセマウル運動に取り組むことになった。

　1972年には、まず農閑期の労働力（1世帯当たり1人）を利用して支給された500袋のセメントと1トンの鉄筋で、マウル内の小河川に5ヶ所の橋を架設すると共に、その一環として、同じ小河川の法面2ヶ所100mの石張りも行った。それと同時に、せっかく共同作業を行うならということで2kmの集落内道路の拡張と整備を行った。

　大新マウルの事業誌によれば、以上の事業が最初のセマウル事業として記録さ

れている。韓国では、年間降水量の60〜70％が夏期に集中し、小河川の堰や堤の流失は頻繁に起こり、マウル賦役を通じてその整備を行うことは年中行事である。従って、村民の一部には上記の事業がセマウル運動による特別な事業であるとは言い難いという意見もある。しかし、特別大きな自然災害でもない時に参加延べ人員2,150人というマウル単位の共同事業は初めてのことであった。何故そのようなことが可能であったかという質問に対する村民の一致した意見は次のようなものであった。

①規模や目的に違いはあったが慣習的な組織経験で対応できる事業内容であった。
②事業の実施に当たって、個人に金銭的負担がかかるものではなかった。
③支給された諸資材をマウルの共同事業に利用した場合は、より多くの支援を継続的に受けられることがわかった。
④村民への呼び掛けと事業実施の指導グループが同じマウルの住民であった。

当マウルでも、1972年度の事業を実施する際に里長とセマウルリーダーが伝えた通り、1973年にも政府から350袋のセメントが支給された。従ってさらにセマウル事業を進めることに関して村民の間にたいした異論も反対もなかった。1972年度の事業の中で、マウル内の小河川に橋を架けることが最も村民の評価が高かったので、同じ事業を引続き実施した。また4ヶ所の共同井戸をセメントを使って改修すると共に、マウルの中で最も家屋が集中した中心集落に共同洗濯場を作った。さらにこの年には、個別の世帯に関わる事業もセマウル事業の一環として行われるようになった。それは、8棟の屋根の藁葺から瓦への葺替えと、村民共有の集落道路に接しているとはいえ、120mに達する個人の家の塀の改修が行われたことである。

当時の里長とセマウルリーダーの説明によると、この年から政府の奨励事業の1つとして屋根の改良事業が始まり、マウル当たり12万圓の融資が行われることになった。しかし、瓦屋根への葺替えは個人の経済的負担も大きくなるので自ら進んでやる人はいなかった。そこで、里長とセマウルリーダーが中心となって経済的に余裕のある家を訪問し、モデルケースとしてこの融資事業を受け入れるよう説得した。これらの事業もセマウル事業という名で、マウルの労働力の動員に助けられて行われた。勿論、屋根の葺替え等はマウル賦役の形で従来から行わ

れてきたことではある。

　以上に述べたように、当マウルでのセマウル運動の出発点も、マウル共同の生活環境の改善、特に子供（架橋を含む集落道路や登校用道路の整備）と家庭の主婦（生活用井戸や洗濯場の整備）の日常生活に関わる施設の改善、そして一部に集落の美化に関わることが中心であった。

　1973年に韓国の全マウルが3つに分類されたとき、当マウルは自助マウルに属した。すなわち、未だ充分には発展していないが、今後の発展に対する村民の意識と組織経験においては既に充分な素地があると判断され、生産関連事業の導入も可能なマウルと判断された。

（3）社会基盤及び生活関連施設の整備

　以上、大新マウルにおけるセマウル運動の展開は、農村生活環境改善を目的とした政府の支援に対してマウルを単位とした集団的対応の経験であった。すなわち、マウル賦役という従来からの地縁的集団対応の経験を生活改善のために再生産した過程であった。こうして生まれたセマウル事業の実績を先の事業誌にみると表 3-8 の通りである。

　これら諸事業の内、簡易水道は日常生活において最も重要な施設であるが、その継続的な維持管理のための組織が必要となる上に村民の自己負担も大きくなるものであった。また当マウルでは、地形と集落パターンの制約で1つの上水施設でマウルの全世帯をカバーすることはできなかった。そのため、事業の実施に際して、マウル内部での利害関係の調整が非常に難しかったものの1つである。

　1977年、セマウル運動優秀マウルに対する大統領特別下賜金100万圓（Won）が当マウルに与えられた。この下賜金の利用方法は原則的にはマウルの決定に任されていたが、生活環境改善事業の一環として簡易水道の設置に利用する場合には水道用のパイプと小麦粉の支給が上積みされることになっていた。当時、上水道に対する村民の認識は未だ低く、従ってマウルとしてどうしても実施したいものでもなかった。しかし行政からの勧めもあって、里長とセマウル指導者が中心となって村民との個別折衝を重ね、事業実施の可否と実施する場合の具体的な内容を洞会での討議にかけることとなった。実際のところ、総会に出席した村民の

表 3-8　大新マウルのセマウル事業

年度	事業名	事業内容	政府支援	村民負担
1972	橋の架設 河川整備 集落道路改修	5件 2件100m 2,000m	セメント500袋	労働1,500人日 労働650人日
1973	橋の架設 共同井戸改修 共同洗濯場改修 屋根葺替え 塀改修	4件 4件 1件 8棟 1,200m	セメント350袋 融資1万5千圓/棟	労働350人日 個人負担/手間替え 手間替え
1974	河川整備 屋根葺替え	2件300m 20棟	融資2万圓/棟	労働530人日 個人負担/手間替え
1975	セマウル会館建設	1棟	セメント550袋 鉄筋0.5トン	50万圓、労働921人日
1976	セマウル倉庫建設 農道橋の架設 集落道路拡張 河川整備 放送設備 屋根葺替え 塀改修 屋根塗装 家庭電化	1棟 12件 4件200m 2件340m 59棟 6件200m 11棟 98世帯	セメント658袋 セメント359袋 鉄筋0.5トン 150万圓 一部融資 ペンキ	30万圓、労働830人日 労働410人日 労働350人日 労働910人日 31万圓 個人負担/手間替え 労働350人日 手間替え 490万圓
1977	屋根葺替え 簡易水道 河川整備	8棟 150m	一部融資 100万圓	個人負担 労働986人日
1979	簡易水道		パイプ	労働153人日
1981	橋の架設	6件	180万圓	160万圓、労働215人日

（資料：大新マウル『セマウル事業誌』）

ほとんどは上水に関する必要性をさほど感じていなかったが、行政機関やマウル指導者の積極的な説得の結果、事業の推進を一応決定した上でその具体的な実施方法についてより多くの時間をかけて討議することとなった。多くの利害関係があり、3回にわたる会合を通じて以下の合意に至った。

① 地形的制約から、マウルの全世帯を対象とする簡易水道の設置は下賜金を含む行政側からの支援のみでは不足であり、村民の経済的負担が大きくなるので事業対象区域を小規模にすること。今回は井戸の事情が最も悪くまた人口が最も多い中心集落を対象区域とし、将来、他の集落にも順次拡大していく。

② 工事はマウル賦役として全マウルの労働力を動員して行うが、その維持管理に関わる費用と労働力は受益地区の村民の負担とする。

③中心集落の簡易水道事業実施と並行して、他の集落ではその区域の宿願事業である堤防の築造を優先的に行う。

　このような合意の下、第1次の簡易水道事業を支援物資の一部（下賜金80万圓とパイプ）と全マウルの労働力で実施した。そして、それ以外の支援（20万圓の下賜金と小麦粉）は他の集落における150mの堤防築造に使われた。1979年には、他の2集落を対象とした第2次簡易水道事業が行われた。この場合も、施設の工事に当たっては行政機関からの支援と全マウルの労働提供で行われ、維持管理を含むその他の費用は受益者の負担となった。また、簡易水道が設置されなかった地区に対しては、幹線道路からの進入道路のセメント舗装が行われた。

　第1次簡易水道施設が設置されてから10年後の1987年に、施設の移転を伴う拡張工事が行われた。その理由としては、当時の上水道設置に関する経済的・技術的な制約から水質や水量の検討が充分にされないまま建設されたことがあげられる。すなわち、簡易上水道の設置から或る時期までは従来からの井戸も平行して使われたが、次第に生活用水の上水道への依存度が高くなると共に既存の施設では対応できなくなった。さらに、生活用水に関する住民の認識も高くなって水質の問題点が指摘されるようになった。その結果、新しい水源の確保と拡張工事が行われた。この場合の費用負担と労働力の動員は受益世帯のみに限られた。

（4）生産関連事業と村組織の関係

　以上にみるように、当マウルでは、セマウル事業を生活関連の事業に限っている。その理由は、全村民参加のマウル賦役を通じて実施した生活関連事業をセマウル事業として位置付け、生産関連事業は受益者のみの負担で行われるべき性格のものであってマウル賦役の対象にすべきでないという配慮が働いていたためである。しかしながら、実際にはこの時期に当マウルの経済発展に関わる生産関連事業も行われていた。その1つは、農業用ダムの建設と水利施設の改善、それに伴って行われた畑地の水田への転換や土地改良事業である。

　既に述べたように、当マウルでは稲作が主な産業であるにも関わらず、従来の水利施設は小規模の溜池や小河川に設置された堰程度で大部分の水田は水利不安全田（天水田に補足的灌漑しかできないもの）であった。そして隣接する慶尚北

（Gyeongsangbuk）道の緑洞（Nokdong）マウルとの水紛争が相次ぎ、1970年には法廷にまで持ち込まれた経由がある。こうした問題点を解決するために、政府がセマウル運動の期間中に行った農村産業基盤整備事業の一環として、1976年から1978年にかけて農業用ダムの建設が行われた。農業用ダムの建設と水利施設の改善事業は、農地改良組合が政府の計画に基づいて国庫補助で実施することでありセマウル事業とは言い難い。また、それに伴って行われる畑地の水田への転換や土地改良事業は、その利益があくまでも個別世帯に属することである。しかしながら実際には、マウルの代表者がマウル単位で土木業者に請負わせ、工事時期もマウル単位の洞会を通じて決定された。

ダムの灌漑面積は102.7 haで、付帯施設として1本の幹線水路632 m、3本の支線水路5,306 m、そして4つの取水堰が設置された。もちろんこのダムは上記2つのマウルの灌漑用であって大新マウルのみを対象としたものではない。しかし、3本の支線水路の内2本が大新マウルの灌漑に利用されており、ダム建設による畑地から水田への転換（14.7 ha）も主に大新マウルで行われた。こうした畑地の水田への転換を契機に既存の水田に客土事業がなされた。これらの2つの事業の必要資金の30%は国の補助を受けており、残りの70%は個人負担である。但し、個人負担に対して農業協同組合からの融資があった。

灌漑区域内の水田所有者は農地改良組合の組合員となり、一般組合費と特別組合費を払わねばならない。一般組合費は灌漑された水に対する費用で、全国一律的に0.1 ha当たり米5 kgである（1987年までは10 kgであった）。特別組合費は、ダムとその付帯施設の建設費用の内、国が負担する70%を除いた30%の費用に対する融資を30年間分割返済するための費用である。しかし、この特別組合費は受益者の負担が大き過ぎるということで1987年から廃止された。

このダムと幹線水路の管理は原則的に農地改良組合が行うことになっている。しかし実際の管理は、組合員の中で彼らの推薦によって農地改良組合が任命したマウル単位の管理者を中心に組合員の協力で行われている。管理者は100 ha当たり1人が原則であり、このダムの灌漑面積からみると管理者1人で丁度よいことになるが、灌漑区域が2つのマウルに区分されていることで各々のマウルを担当する2人の管理者が任命された。管理者は管理区域の灌漑、洪水時のダム水位調節、幹線水路の掃除などの管理や補修の責任を負っている。特に、支線水路の

掃除や補修を行う場合、賃金は組合が払うものの、労働力の動員は管理者がマウル賦役の形態で受益者に呼びかけ、マウル別に行われる。さらに、幹線水路の掃除や補修はマウル賦役として全マウルの村民参加で行われる。従って、管理者はマウルにおける指導力が必要となり、本マウルでは前里長が勤めている。管理者の給料は年間180万圓が組合から支払われる。

　他の1つは農業機械化である。1980年代に入り、農業機械の普及のためにセマウル機械化営農団政策が実施されることになった。これは、マウル単位で営農団を結成し集団で機械を購入する際には必要資金の40％を国が補助するものである。勿論のこと、当マウルでも機械化導入の希望は強く営農団を結成しようとする動きがあった。しかしながら、実際の機械の操作や管理については誰がその責任を取るべきか村民の慣習的な組織経験では解決することができず、結局、管理能力や経済力のある個人がセマウル機械化営農団の名前で政府の補助金を利用して購入し、村民がそれを賃借の形で利用することとなった。しかし、機械の賃借料は機械の所有者が一方的に決めるのではなく、洞会を通じて決めることとなった。

　ここに見られることは、理念としては政府が勧めるような集団的対応が望まれたとしても、実際の運営の側面から組織化が難しいと判断されたときにはそれを個人の責任管理にしつつ、賃借料の統制を行うことで集団的対応の理念を実現しているということである。現在、田植機3台、バインダー1台、耕耘機37台が、以上の方法で運営されている。

3-3　倉所一里の事例

　倉所一里（Changso-ilri）は忠清南（Chungcheongnam）道の禮山（Yesan）郡に属す。禮山郡はソウルより南、釜山（Busan）へ延びる韓国の大動脈に隣接する。また、錦江デルタの上流部に位置し、水田と丘陵地から成る開けた農村地帯である。かように恵まれた交通立地と自然立地が、禮山郡全体を以前から商品作物への志向が強い集約的な農業地帯としている。植民地時代には禮山農学校も設立され、多くの農民が近代的農業教育を受け、技術の面でも先進的な地域の1つである。

倉所一里は1つの集落、言い換えれば1つのマウルより成る行政里で、5つの近隣班に分けられている。植民地化、農地改革、市場経済等、いずれの影響も強く受け、その結果、生産活動における旧両班階級の支配力がほとんど消失していた一方、共有財産の所有と管理を基盤とする自治的農村としてのまとまりも希薄になっていた。そのことが、農地の売買を伴う農家の流出入にも現れ、1970年代にも12戸の農家を含む15〜20戸の世帯増があり、1980年末には総世帯数は99戸、その内、農家は87戸となった。

　総耕地面積65 haの内、水田が66%を占める。1960年代前半までは稲作を中心に、タバコ、豆類、麦類、芋類の畑作物を組み合わせた農業が行われていた。しかしその後は、稲作は継続しているものの、畑作は施設園芸に変わり、一部畜産も行われるようになった。施設園芸は1975年以降さらに拡大を続け、現在では全耕地面積の27%を占めている。それに伴い農家の経営規模は0.5 ha以下の層と2.0 ha以上の層が減少し、中間層が増加してきている。しかし、施設面積の規模では1.0 ha以上への拡大傾向が強くみられ、それ以下の層が減少している。その結果、販売額第1位が施設園芸である農家は全農家数の61%に達するようになった。

（1） 伝統的組織活動

　村民による共同作業が最も広範に行われていたのは、他の事例と同じく稲作におけるプマシであった。後に説明するセマウル機械化営農団が設立される1980年までは主要な作業が全て村民の共同作業で行われていた。まず、育苗のために共同苗代が数ヶ所につくられ村民はいずれかに参加していたし、田植は10〜15戸が1つのグループをつくり共同で行っていた。また、除草・収穫もこのグループが単位となって共同で行っていた。このような共同作業の単位となっていた10〜15戸は近隣に居住する農民間の集団であった。プマシは基本的には金銭を介在させない労働交換のことである。しかし、共同作業に参加した農民は各々経営面積が異なっており交換する労働日数に差が生じることは避けられない。従って、各作業が終了した後に金銭で調整する仕組みをとっていた。

　その他マウル賦役として、マウル内の道路の補修や水路の溝さらい、邑や郡の

事務所から指定された国道の路肩の草取りが行われた。マウル内の道路と水路の補修は年2回、1回は秋に定期的に行い、他は必要に応じて随時に行われた。後者の国道の草刈は邑や郡の事務所から指定された日に行われる。これらの作業には1～2日かかるがいずれも村民全員が参加することになっている。参加できない人に対しては、特別の規定は設けていないが、作業後の慰労宴の費用の一部を負担してもらうことになっている。

　既に述べたように、自主的な財源に基づく自治性は低いものの、マウル賦役を通じての労働動員の慣習は強く残っていたと言える。その顕著な例が1960年代の後半に地域社会開発事業の一環である農業構造と生活環境の改善に関連して行われた諸事業である。その1つは、1967年秋から1968年春にかけての3ヶ月間にわたり、延べ3,500名を動員して10 haの水田を客土したことである。第2は、1969年に開始した屋根の葺替えを含む住宅改良である。第3は、マウル内を流れる倉所川の整備である。付近にある25戸の住宅への浸水や農地への浸水を防ぐため、該当する個所400 mにわたり護岸工事を行った。これには延べ2,800人が動員されている。当マウルにおけるこのような生活環境改善事業は、セマウル運動の先駆的事例ともなるものであった。

　一方、1962年には生産活動に関連する機能集団の発生がみられた。この年に禮山農学校（現禮山農業大学）を卒業した20歳前後の農民5名が施設園芸を始めた。そして農友会（Nonguhoe）という組織を設立し、生産資材の共同購入と生産物の共同販売を始めたのである。卸売商の手数料は販売額の7％であるが、生産物をまとめて卸売商に販売した際には卸売商から生産者へその7分の1に相当する金額が還元金として支払われた。農友会では、それを個人に分配せず会の基金として留保し、それとその預金利子を資材の購入や生産物の共同販売に必要な運転資金として運用した。1960年代の末には約30人の農民が参加するまでになった。しかし、その中にはまだ小面積の施設園芸に止まっている農民が多く、施設園芸を中心に農業経営を行っている農民は上記の先駆者達を含む12人位であった。

（2）セマウル運動と事業展開

当マウルにおいても他の事例にもれず、屋根の葺替え、塀の改良、集落道路の拡大と舗装等がセマウル運動の一環として行われた。そして政府から支給されたセメントのみでは不足だったので、里長をはじめマウルの長老も一緒になって政府へ支援の増加を要請している。当マウルの特徴は、セマウル運動の一環として早くからセマウル婦人部とセマウル青年会を組織し、平素はマウル運営の意志決定に参加しない婦人層や青年層も含めた全村的なものにしたことである。

　いずれにしろ、当マウルは、1960年代後半の農業構造と生活環境の改善事業の実績もあって、1972年には自立マウルに指定され、生産関連事業の導入が可能になっていた。また、既に述べたように、当地域は農産物の商品化も進んでおり、生産関連事業への需要も高かった。とりわけ、当マウルでは施設園芸の省力化を可能にする耕地整理が急務であった。

　1972年には早速畑地についての耕地整理が行われた。これは区画を整理することと傾斜を平坦にするという2つを目的とするものであった。必要資金の85％は国から補助され、残り15％は土地所有者負担であった。まず対象地域内に農地を所有する農民を構成員とする組織がつくられ、実施過程においては、さらに関係農民の代表者からなる耕地整理委員会がつくられ、耕地整理案の作成と農民間の意見調整を担当した。

　当初は農民の3分の2が賛成、3分の1が反対であった。前者は、所有地が傾斜地であったり圃場が不整形で作業の効率が悪いという農家に多く、後者は、平坦地を所有しているため現状にそれほど不満をもっていない農民や施設園芸を行っていない農民に多かった。また、耕地整理の際に次のような措置が取られることも意見対立の1つの原因となっていた。それは、耕地整理後の区画の大きさと個々の農家の経営面積を一定の経済規模に保つため、対象地域における土地所有が100 m²以下の村民は、それを耕地整理委員会に売却することにしたことであった。関係農民の間の意見対立が解消することはなく、国の事業という位置付けにより、意見の対立を残したまま当初の方針通り工事は実施された。工事終了後も意見の相違がまだ残っていたことから、直ちに最終的な換地は行わず、仮換地に止められた。その後、耕地整理委員会を中心とした調整が進められたが、最終的な換地が為されるまでにはさらに1年間が必要であった。

写真 3-2　セマウル運動前の村の景観
セマウル運動前の一般的な農村風景。一部のトタン屋根を除いて工業製品は一切使われていない。雨季には集落道路はぬかるみ歩くのも困難であった。
(写真：内務部『セマウル運動』から)

写真 3-3　生活改善事業の一端
セマウル運動のきっかけとなった生活改善運動の一端。簡易水道・共同洗濯場・子供の遊び場が一体化し、女性が多くの労働から解放されると共にコミュニケーションの場ともなった。
(撮影：余語トシヒロ)

写真 3-4　セマウル運動後の村の景観
生活改善が村全体に及んだ後の農村風景。写真 3-2 と同じ場所である。建築材料のほとんどが工業製品に替わり、全国での消費需要は膨大なものとなった。
(写真：内務部『セマウル運動』から)

写真 3-5　セマウルリーダー
村の農業構造改善事業を説明するセマウルリーダー。
(撮影：余語トシヒロ)

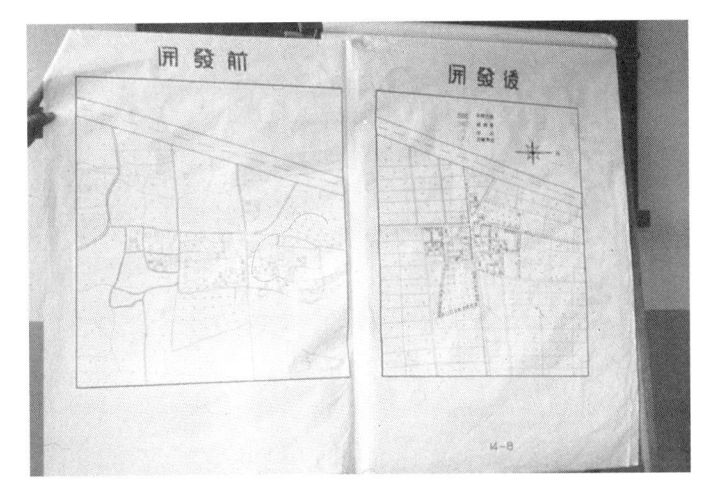

写真 3-6　耕地整理の計画
農業構造改善事業の中では個人の利害が最も先鋭化するが全村民の合意なしには実施できない耕地整理の計画。
(撮影：余語トシヒロ)

写真 3-7　産地形成
耕地整理で可能となったビニールハウスの団地形成。ここでは辣韮の産地形成が図られている。
(撮影：余語トシヒロ)

（3）施設園芸の発展

　一方では都市における野菜の消費が急増し、他方ではこのような耕地整理に助けられ、倉所一里の施設園芸は 1970 年代半ばから急速に成長した。1975 年には合計 70 戸以上の村民が施設園芸を行い、各自の施設面積も拡大し始めた。

　新規に施設園芸を始める村民は資金を農業協同組合からの借入金で賄わねばならないが、借入できない人には信用のある村民が代わりに借入し、後に生産物で返すという方法がとられた。技術については先進的な農民に教えてもらいながら習得していった。そして、土地が不足している場合は、マウルの内外に関わらず農地を獲得（多くは借入）することにより生産を拡大し得たのである。これらのことにより、施設園芸は倉所一里の農業の中心部門となった。

　農友会は、その後のメンバー増加（それらは全て倉所一里の農民であるが、構成員の増加は意識的に追求されたものではなく、施設園芸の拡大による自然的結果である）に従い、独自の規約と役員を持つ組織になった。現在の役員構成は、会長 1 名、総務（会計担当）1 名、監事 2 名である。各役員は、会員間の互選（実質的には推薦）によって選ばれる。任期は規定されていないが、構成員の信任がある間はその役をやることになっている。

　このように構成員が増え組織形態も確立してきた後でも、組織として行っていることは生産物の共同販売と資材の共同購入に限られ、共同作業の効率を高めるための施設や機械等への投資を含む固定資産形成は見られなかった。組織の拡大過程において意識されてきたのは、生産や販売におけるスケールメリットの追求という組織自体に備わる論理ではなく、互いに近隣関係にあるという地縁論理が中心であったようである。それが、構成員の自然的な拡大とマウル内農民への限定という結果をもたらしていたのである。

　ところで、施設園芸が拡大し生産農民も増えてくるにつれ、問題となってきたのは労働力不足であった。当初は、マウル内外の農民を雇用し必要労働力を賄っていたが、1970 年代に入ると当地域全体における人口流出と施設園芸農民の増大が一般的傾向となり、次第に必要な労働力を確保することが難しくなってきた。加えて農民を雇用する場合、昼食の提供をしなければならず、その準備のために雇用者の妻は農作業ができない状態にあった。このようなことから、1970 年代

の初め頃から労働力不足が深刻化し雇用労働の増大が必要となってきた。

　結論から言えば、倉所一里での農業労働力の確保は、他地域からの移住者の受け入れとマウル内の非農家の主婦の雇用によって為された。当時、倉所一里での施設園芸の成功により移住希望者が多かったし、他方では近隣地区への工場の進出により非農家世帯も増加し始めていたのである。

　移住希望者は、施設園芸の自営を意図してマウル内の知人や長老を含む有力者を頼ってくる場合が多かった。しかし、移住者には住宅や農地の購入が困難な場合が多く、マウル内の有力な農民に農地の借入先の紹介、小作料の支払いの保障人になってもらう必要があった。このような移住者は、最初は経営規模も小さく労働力にも余裕があるので農業労働力として雇用されることとなるが、その場合は住宅や農地を斡旋した有力者に雇用される形をとるのである。移住者を受け入れることは、マウルの有力者（その多くは旧両班階級）にとって自らの経営のための労働力調達の意味が含まれていたのである。

　1970年代に、12世帯の農家が移住してきたのであるが、その中でも特徴的なA氏の場合は以下のようである。A氏は、元々は新陽面に住んでいたが、1976年12月に0.5 haの土地を売却して倉所里の隣の新礼院（Sinewon）里の果樹園の管理労働者として移住した。しかし、その果樹園が他人に転売され、倉所一里の長老の1人であるY氏と相談し1978年に倉所一里に再移住した。A氏の家族労働力は両親を含めて4人であった。水田は自分で0.5 ha購入したが、当初の主な収入源は農業賃労働であった。Y氏は、A氏が賃労働の時間外にY氏の仕事を手伝うことを条件に近所にあったソウルへ移住した人の空家を斡旋した。1979年にはその住宅を、1981年には敷地を購入し、農友会のメンバーになると共に里長として勤めるようになった。そして自らもビニールハウス1棟の園芸栽培を始めた。1980年には0.22 haの畑地を借入し本格的に施設園芸を行った。さらに1982年には農業共同組合から650万圓の融資を受け、0.16 haの畑地を購入した。こうして経済的に安定しただけでなく、1984年には農友会の会長にもなった。

　移住者の受け入れは、基本的には労働力確保のための被支配的農民の形成である。しかしながら、1970年代以降、都市の労働市場が開けてからは、移住希望者を安定した労働供給源とするためには、彼らに住宅と農地を所有させその生計基盤をマウル内に固定化させる必要があった。また、そのような移住者が次第にマ

ウル内での地位を確保し、A氏のように里長にまでなることは、長老のY氏にとってもマウル管理への影響力を強めることになり、それなりに都合の良いことであった。また、既に述べたように、その他一般の村民にとっても彼らの生計基盤は商品作物の栽培にあり、慣習化したマウル管理の役職者に移住者が就任することにさほどの抵抗はなかった。

労働力不足の解消に向けて大多数の農民が行ったことは、隣の倉所二里にある紡績会社へ勤めている人の妻達を中心とする婦人層の雇用であった。当マウルではこの婦人達の労働配分組織ができており、前日に必要な人数をそのリーダーに頼めば翌日には必要な人数が確保できる仕組みになっている。ここでは、上記のように有力者が封建的或は恩恵による支配関係を意図したのとは違い、また、労働市場を通じて個々の農民や婦人労働者が別々に雇用関係を結ぶというのでもなく、農友会と労働配分組織という各々の組織が、マウルを枠組みとした内部労働市場を形成していることが特徴である。

（4）マウル組織の再編

倉所一里には、マウルの問題に対処していく執行機関としての里長をはじめとする役職者のグループと、宗族の代表を含む5人の有力者からなる長老グループがある。前者の役員が40歳代を中心としているのに対し、後者はより年配で部落の執行機関に対する諮問機関的性格を持っている。両者の関係は図3-1のようである。

ここで注目すべき点は、マウルとは別の組織として設立された農友会が、マウル組織に組み込まれるようになったことである。1970年代にはマウル内の多くの農民が施設園芸を始めるようになり、ほぼ全農家が農友会に加入するようになった。そして1980年代に入ると、農友会をマウル機構の1つに組み込む案が堤起されるようになった。その直接の契機は、農友会の利益金が必要な運転資金の範囲を超えるようになり、余剰の使い道をどうするべきかが議論になり始めたことにあった。結果的にはそれをマウルのために使おうということになり、1983年に農友会はマウル機構に組み込まれ、村財政の一部を受け持つことになったの

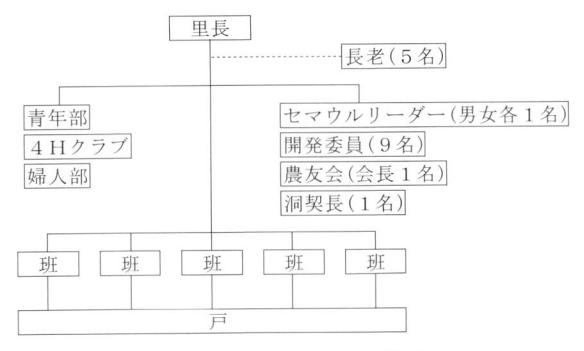

```
                    ┌──────┐
                    │ 里長 │
                    └──┬───┘
                       │┄┄┄┄┄┄┄┄┄┄┄┄┄┄┄┄┄┄┄┄ 長老（5名）
         ┌─────────────┼─────────────┐
    ┌────┴─────┐              ┌──────┴──────────────┐
    │ 青年部   │              │ セマウルリーダー（男女各1名）│
    │ 4 Hクラブ│              │ 開発委員（9名）      │
    │ 婦人部   │              │ 農友会（会長1名）    │
    └──────────┘              │ 洞契長（1名）        │
                              └──────────────────────┘
```

┌────┐┌────┐┌────┐┌────┐┌────┐
│ 班 ││ 班 ││ 班 ││ 班 ││ 班 │
└────┘└────┘└────┘└────┘└────┘
┌──────────────────────────────┐
│   戸   │
└──────────────────────────────┘

図 3-1　倉所一里の組織構成
(作図：佐々木隆)

である。

　農友会の余剰資金で行われたのは、有線放送施設を作ったこと、0.83 ha の水田を購入しマウルの共有地としたこと、遊園地を造ったことが主であった。放送施設は、マウルの連絡や伝達に使われている他、農産物の出荷の量とそれに伴う収穫についての指示を伝えるためにも使われている。水田は、マウル内の農家に貸し付けられ、その小作料はマウルの財政に入れられている。

　このようにして、農友会をマウル機構に組み込んだことにより、マウルが所有する共有財産が一挙に増えることになった。農友会がマウル機構に組み込まれたということは、マウル外の農民の加入を考慮してこなかったことの結果でもあり、組織的基盤をマウルの村民に限定することの新たな確認でもあったと言える。つまり、農友会はマウルの伝統的な組織の枠組みに依存することによって組織化し得たと同時に、それ自体は自立的展開の契機を含んでいなかった。そのため、全村民が構成員になると共に、組織はマウルと一体化し、その拡大もそこで停止することになったのである。

　なお、マウル運営の財源は、以上の農友会の余剰金の他、洞会費と言われる各世帯への賦課金が主なものである。それは、世帯の生活水準に応じて3ランクに分けられ、第1のランクは年 10,000 圓、第2は 8,000 圓、第3は 5,000 圓となっている。農家は第1か2のいずれかに属し、非農家はマウル機構からの便益が農家にくらべ少ないということで第3のランクになっている。洞会費は、夏と秋の2回に分けて里長に収めることになっている。この賦課金は、マウルの役職者、

特に里長の報酬にその大部分が使われている。里長は、行政機構の一員として位置付けられており邑から報酬が支払われているが、それでは不充分なのでマウルでも一定金額を支払っているのである。

その他のマウルの収入は、前述の共有地からの小作料収入、マウル会館の賃貸料等である。マウル会館は、洞会をはじめとする集会のために建てたものであり、その1階を借りている商店の賃貸料がマウルの収入となっている。これらの収入は、マウル会館の維持、放送施設の補修、遊園地の整備等に支出されている。つまり、これらの収入はマウル運営の経常費に使われているのである。その他、農友会の余剰金の使途として現在も継続して行われているマウル賦役の後の慰労宴の経費負担がある。また、年1回行う観光と見学を兼ねたバス旅行への補助があげられる。このバス旅行のためには、セマウル婦人部の企画と管理で、毎月1世帯当たり 2,000 圓ずつの積立が為されているが、その不足分は農友会の余剰金から補填される。

一方、青年会の役割として、1982 年に水稲栽培の省力化を目指して設立されたセマウル機械化営農団がある。この営農団は、田植機1台、バインダー1台が国の補助で導入されたことを契機に、青年会を中心に形成されたものである。機械の導入に際しては購入資金の 40％が国から補助され、残りの 60％は借入によっている。機械の運転は専任者によって行われ、営農団に参加している農家の水田を優先的に行い、余裕があれば他の農家の委託も受けることになっている。1984 年の稼働面積は、田植機とバインダーで 16 ha、内、営農団に参加している農家の分は 14 ha であった。利用料は、田植は 0.1 ha 当たり 7,500 圓、刈り取りは 6,000 圓である。また作業の際には、その水田所有者は作業の補助者として運転者を補助しなければならない。補助とは、田植の場合は育苗箱の運搬や機械の水田への搬入、刈り取りの場合は稲の運搬や機械の搬入である。以上のように、機械化営農団は青年会を母体として参加希望者のみで形成され、作業の受委託は営農団と個々の農民との契約によって行われている。

倉所一里で形成された諸組織は、いずれもマウルの構成員間で形成されたものであるが、そのマウル組織との関係は必ずしも一様ではない。農友会はマウル組織とは制度上のつながりを何等もたない独自の意志決定機構を持つ組織として出発したが、その構成員の増加と共に完全にマウル組織の一部となった。一方、耕

地整理事業は洞会での討議を経て実施されることになったが、問題処理を含むその運営は関係農民の間で設立される委員会に任され、換地の終了と同時にその委員会は解散している。機械化営農団もマウル組織の一部である青年会を母体としているが、作業計画や機械の運転管理或は会計に関わる責任問題は、営農団という別組織によって処理されることになっている。このような組織に関わる諸問題は、マウルそのものの運営との関わりで常に洞会において検討され、そこに出席する全村員の意向を反映して、その構成、形態、運営方法が決定される。

3-4　新村里の事例

　新村（Sinchon）里は慶尚北道善山（Seonsan）郡に属す。善山郡は、韓国における最大の内陸工業団地の1つである亀尾（Gumi）工業団地に隣接し、一部の地域では都市化が進み施設園芸も盛んに行われるようになってきた。しかしながら新村里は、幹線道路から3km離れた山間盆地に位置することもあって、1990年頃には未だ稲作を中心とする典型的な純農村であった。一般的には、複数のマウルが1つの行政里を構成するが、山間盆地という地形上の理由もあって、新村里は1つのマウルが1つの行政里となっている。マウルの中は12個の近隣班に分けられている。

　人口は389人で世帯数は120戸、その内96戸が農業を専業とする。亀尾工業団地が造成された1970年代から、世帯と人口共に減少したが、当時は在村のまま幹線道路周辺の工場に働きに出る世帯が増えつつあった。

　マウル内の耕地面積は約140haであり、その64%に当たる90haが水田である。水田の多くは盆地の西側を流れる甘川（Gamcheon）の両岸に位置している。水田50haの耕地整理が完了し、水利安全田（通年の灌漑が可能な水田）が全体の87%を占めている。従って、農業生産は稲作を中心に、麦類、豆類、芋類、そして唐芥子を含む野菜を組み合わせた畑作、さらには、最近導入された肉牛飼育が行われている。その他、1980年から朝鮮人蔘が導入され、当時は10世帯程度で栽培されていた。

　姓氏別の分布は、金海（Gimhae）系の金（Kim）氏が59世帯で全世帯の半数

近くを占め、次に慶州（Gyeongju）系の李（Lee）氏が15世帯、その他46世帯はこの金と李氏以外の11の姓氏に分かれていた。量的には金氏が圧倒的に多いが、李氏も歴史的にマウル内における勢力が強く、当マウルは金氏と李氏の二姓マウルとして認識されてきた。そして近年まで、この金氏と李氏の2つの同族集団の間の対立、或はこれらの同族集団とその他の住民との間の地主小作関係に基づく支配・被支配関係を中心としてマウル管理が為されてきた。

既に述べたように、1957年に完了した農地改革の結果、基本的には地主小作関係はなくなった。しかし、農地の細分化及び分散化による経営規模の零細化が寄生地主制への逆戻りの可能性を内包した不安定なものであった。当マウルにおいても、都市の労働市場が拡大する1960年代の半ばまでは、小作農の再生現象が現れ、農地改革以前と比較すればはるかに弱まったとはいえ、依然として地主小作関係が存続した。

地主小作関係は他姓の間だけではなく、金氏或は李氏の同族集団の内でも多くみられた。しかしながら、金氏と李氏との間の地主小作関係は存在しなかった。経済的に困窮する親族に小作させることが多い所為であるが、その場合も小作条件における特別な配慮は与えられないのが普通であった。小作料は穀物による半々の分益方式で、金銭あるいはその他で精算する例はなかった。地主小作の関係が形成されると、日常生活の面においても小作人は地主に労働や物資を提供するのが一般的であった。すなわち地主の家で冠婚葬祭或は屋根の葺替え等がある時には、小作人は労働力や材料を提供しなければならなかった。一方、地主も小作人の冠婚葬祭に際しては引出物を提供する。こうした地主小作関係に基づく相互扶助が必ずしも固定的なものではなかったとはいえ、金氏と李氏以外の住民が2つの同族集団のどちらかに属するという形でマウル全体が組織され、小作人達が自主的に組織を図る契機は生まれなかった。

（1）伝統的組織活動

以上から明らかなように、当マウルの組織活動の中心は同族の集団組織であり、その中心となるのは宗会（jonghoe）であった。宗会は先祖祭祠費用の調達や同族の救済を目的として組織された同族契とも言えるもので、金氏と李氏の集団に

よって各々組織されていた。これらの宗会には独自の財産、例えば、水田、山、墓、祭室（先祖祭祠のための建物）、冠婚葬祭用の道具類、農楽器、そして近代的な教育が実施される以前の私立教育機関であった書堂（seodang）等があって、同族内の親睦と団結を図ってきた。墓や祭室の維持管理の財源のための水田は、金氏の場合 0.8 ha、李氏の場合は 1.0 ha あって、同族或は他姓（対立関係の姓は除外）によって小作されてきた。

　金氏と李氏は、冠婚葬祭に関する儀礼的な参加を行うものの、金銭的な相互扶助や労働力の交換は行わなかった。また日常の生活においても、住居が集落内の小川を境に分離されていることもあって、婦人同士の交流も、生活共同の形態である契の関係もなかった。さらに韓国における最も一般的な労働力交換形態であるプマシも 2 つの同族間では行われず、同族内（他姓の小作を含む）で行われてきた。

　血縁或は同族集団を越えたマウル全体の組織活動としては、洞会、洞祭、マウル賦役があげられる。洞会は年 1 回開かれる定例的なものと、必要性に応じて開かれる臨時的なものがあった。里長は、定例洞会の際の選挙で選ばれるが、多くの場合、世帯数が最も多い金氏から選ばれた。春と秋に 1 世帯当たり米と麦を 1 升（1.8 l）ずつ供出し、里長の給与とした。洞祭は 1960 年代末まで行われてきたが、セマウル運動の開始を契機に洞祭そのものが迷信であるということでその象徴であった松の木を切り洞祭を廃止した。その真の理由の 1 つとして、宗会の行事により多くの価値が払われ、マウルの一体感を図る洞祭にはそれほどの注意が払われていなかったこと。2 つには、韓国のほとんどのマウルが、洞祭の経費を含むマウル財政のために洞畑などの共有財産を持っていたのに対し、当マウルは柩車以外の何等共有財産を持たず、洞祭の度に各戸から経費を徴収していたことが村民にとって負担であったことがあげられる。マウル賦役としては、マウル内の道路の補修や水路の溝さらい、面や郡の事務所から指定された路肩の草取りなどがあった。農業用の水利施設は小河川の堰や用水路程度で、その管理もマウル全体の組織ではなく、そこに農地を所有している農家のグループ、実際には耕作の担い手である小作人を中心に行われてきた。

　以上にみられるように、行政の要求であるマウル賦役とそれを村民の間で調整するための洞会を除いては、地縁的単位としてのマウル全体を管理する組織活動

は何も見られなかったと言える。生活、生産の両側面において、同族集団を中心とした組織化が図られ、そのことが、むしろ金氏と李氏集団のマウル内における葛藤や摩擦を防ぐ重要な役割を果たしていたと考えられる。

（2）セマウル運動の展開

　1970年末に当マウルにセメントが配られた時にも上記のマウル組織の特性が顕著に現れ、外部からの指導がないと何もできない状態であったと言われる。当時、たまたま当マウルの李相律（Lee Sangryul）氏がセメント配布の担当責任者として面事務所の総務係長として勤務し、彼はその責任から当マウルの里長にセメントの使用方法に関する個別的な指導を行った。その結果、約300袋のセメントで集落の中央を流れる小河川の改修事業をマウル賦役として行ったのがセマウル運動の始まりではあったが、その実態は生活環境改善事業を受身に行ったにすぎない。従って、政府に追加支援の要請が行われたわけでもないし、次年度に何等かの事業が行われたわけでもなかった。

　1972年には行政からセマウル指導者の選出を要請され、今まで里長を中心として行われてきたマウル賦役が二元化され、セマウル運動はセマウルリーダーを中心に行われることになった。この年のセマウル事業としては、電化事業と約100mの堤防補修事業が行われた。当時のセマウルリーダーの選出過程を見ると当マウルの特徴がよく現れている。金氏の世帯数が多いことで、里長はほとんどの場合金氏集団から選ばれてきた。そこで、もう1人の代表（セマウルリーダー）を選ぶ段になって李氏集団から選ばれたにすぎない。

　セマウルリーダーが選ばれたことによって、1973年にはともかくも生活環境改善事業が再開され、集落内の生活用排水路の覆蓋と、それに伴う道路の拡張が為された。そして1975年からようやく屋根の改良が始まった。1978年には、農業用水利施設が不充分な当マウルにとって宿願事業であった揚水ポンプが設置され、セマウル事業としては初めての生産基盤事業がなされた。そして1979年にセマウル会館が建設された。しかし1980年代に入ってセマウル事業は完全に停止してしまった。

　セマウル運動が運動として最も躍動的であった1970年代前半、そして事業展

開が最も華々しかった1970年代後半から1980年代の前半に、当マウルにおける事業展開は、以上にみられるように全く生彩を欠いたものであった。むしろ、1973年に組織されたセマウル婦人会の活動に、事業推進のための自主的な組織化などみるべきものがあった。婦人会は、マウルの日常生活に最も必要であった生活用品の協同販売店を運営し始め、独自の組織活動を開始した。従来、儒教的な慣習の下にあり、しかも血縁集団間の交流がなかった主婦が、マウルという地縁を単位とした協同的な組織活動を行うようになったことは最も注目すべき出来事であった。この婦人会を中心としたマウル単位の活動は、後に、全村的なゴミの収集処理、敬老会活動、婦人と老人に分かれて全村的に参加する慰安旅行等に発展していった。

（3）耕地整理事業の導入

　当マウルが、1980年代の後半になってようやく全村的なセマウル事業を展開し始めるに当たって、上記の婦人会の活動が及ぼした影響の他に、工業化に伴う農村人口の都市への流出による影響があげられる。

　当マウルの場合、特に亀尾工業団地が造成された1970年代以降、世帯及び人口が共に減少した。絶対数の減少だけでなく、経済的な面での上層と下層、そして若年層の離村が多いという階層別選別移動が、当マウルの労働及び土地所有構造に大きな変化をもたらした。結果的に、中層を中心とした土地所有規模の平準化が進んだ一方、住民の高齢化が進み、労働不足の問題が深刻化し、血縁集団の枠を越えた全村的な労働市場の形成が必要となっていた。言い換えれば、従来からの組織と規範では現状に対応できない事態に追い込まれていたと言える。

　1986年冬から翌年春にかけての農閑期を利用して耕地整理事業が行われた。この事業は、関係する農民が農地改良組合を設立することによって、農村近代化促進法に基づき事業費の90％が国から補助されるものである。しかしながら当マウルでは、後に述べる利益留保の理由から、農地改良組合ではなくマウル単位の農地改良契の形で組織がつくられ、それが耕地整理案の作成と農民間の意見調整の主体となった。当マウルでは住民のほとんどが対象地区に土地を持っていたので、結果的には全村民が参加する契組織となった。

事業は、当マウルの最大水田地区である甘川流域の水田50 haと畑7 ha、総面積57 haを対象とした区画整理と、それに伴う用水路13,018 m、排水路16,242 m、農道4,848 mの建設であった。そのためには、地目の変更のみならず、農地の交換分合を通じての区画の変更と拡大が必要であった。

事業の実施段階でいくつかの反対や意見対立があった。およそ5億圓の工事費の内、90％は国の補助があるとしても、残り10％の農民負担が、1戸当たり約500万圓となり、その経済的な問題から約20％の農民が反対した。また、耕地整理案が1区画を0.2 haという大面積にしたことや、それにより0.2 ha以下の土地所有者はその土地を農地改良契に売却せねばならなくなり、その対象となる農民が強く反対した。さらに、分散している区画を所有権の交換分合を通じて1つの区画にまとめることに対しても、自分の区画が具体的に何処に移動するかで個人間の対立があった。

耕地整理事業を成功裡に進めるには、その技術的側面に関する知識だけでなく、関係する農民の反対や対立を調整することがより重要となる。当マウルでは、そのような調整能力を持つ指導者として、面事務所在職中に耕地整理事業の経験を持ち、その後退職して帰村していた李相律氏を洞会を通じて事業の推進委員長に選任した。彼が行ったことは、耕地整理事業の内容を通じての調整ではなく、後述するマウル全体の水利管理組織の再編を通じてであった。そして耕地整理事業の終了と共に農地改良契は解散したが、実際には水利契に形を変えて存続することとなった。

（４）水利管理組織の再編

耕地整理事業に引続き、1988年には740万圓の資金で1日揚水量280トンの新村揚水場を完成した。そして上記の水利契による耕地整理地区の水利管理体制の成立を契機に、従来からあった水利契も含めたマウル全体の水利管理体制とその組織の再編が行われた。

第1のタイプである耕地整理が行われた地区では、3人の管理者が、用水の配分、施設の維持、収支の管理を行う。水利契の収支状況をみると、まず収入は水利費として0.1 ha当たり6,000圓、支出は管理者3人分の年給100万圓、電気代100万圓、

その結果、年間の留保は約 100 万圓となり、今後の施設拡張或は改良用の資金として積み立てられる。

　第 2 のタイプは、未だ耕地整理が行われていないが灌漑用揚水ポンプが設置されている地区である。2 人の管理者が選任されている。水利費は面積割ではなく灌漑に要した時間で徴収される。これは小規模の揚水施設による限られた用水量を有効に利用するための仕組みである。

　第 3 のタイプは、上記の 2 つのタイプ以外の地区で、その灌漑は、在来の小規模な溜池や小河川の堰に依存している。これらの施設の維持管理は各々の地区の土地所有者が集団で行い、灌漑は個別に行われる。

　以上、当マウルの水利は各地区別の土地所有者による水利契の形で運営されている。しかしながら、管理者の選任や収支決算の承認等は水利契別に行われず、洞会の時に他の議決事項と一緒に行われる。その理由として 2 つのことがあげられる。第 1 には、耕地整理事業を実施する組織としての一般的な農地改良組合は、利益の留保による自主的な施設拡張と改善のための再投資が法的に許されておらず、施設拡張と改善の場合には、資金を再度国に依存しなければならない。しかし、本マウルが採った水利契は、余剰を施設拡張と改善のために自主的に再投資することが許されている。第 2 は、その再投資を耕地整理地区に限らず、マウル内の他の地区に向けるためには、各水利契の採算と維持管理の独立性を維持しつつも洞会の下に統合し、さらには耕地整理地区の水利費を将来他の地区への投資のための余剰が出るように設定しなければならないことである。

　実際のところ、第 1 のタイプの地区では、上記のように毎年余剰が出るように水利費が設定されている。これに較べ、第 2 の地区では何等の余剰が出ないように水利費が設定される。そして第 3 の地区では、水利は労働提供だけで賄われ、何等の金銭的負担がかからない。すなわち、耕地整理事業の受益者は、事業の際に不利益を被った非受益者に較べ、比較的高い水利費を払うことによって村内に平等感もたらすと共に、長期的にはそこから生まれる余剰を第 2、第 3 の地区に再投資することによって真の平等に近付こうとするものである。

　このようにして、かつては血縁集団を基に生産が組織されていたのが、耕地整理事業を機会とする水利管理組織の再編によって、地縁を単位とするマウル管理に変わったと言える。当マウルのセマウル事業は、これを契機として 1980 年代

末になってようやく自主的に展開するようになった。生活環境整備事業としては、1989 年に幅 3.5 m 延長 180 m の集落道路の舗装をし、1990 年には老人会館の建設、さらには簡易上水道の設置等が行われた。また、他の多くのマウルと同様に、農業機械の共同利用組織としての機械化営農団も設立され、前記の斗山里大新マウルの例と同じ方法で運営されている。所有する主な農業機械は、コンバイン 6 台、バインダー 1 台、田植機 24 台、乾燥機 6 台、耕運機 76 台に至る大規模なものである。

3-5　韓国の経験から得られる知見

　李朝がアジア的専制国家であったかどうかは別にしても、王土思想に基づく中央集権国家として非常に発達した地方行政制度を持っていたことは事実である。しかし、農業を中心とするその経済体制を 500 年にわたって支えてきたのは、他ならぬ農村の社会構造であったことも間違いのない事実である。そこには、一方では、田租、貢納、役という国家目的のための資源動員に関わる上位集権制度を、他方では、それを支えてきた下位集権制度としての面と洞里の自治的な存在を見出すことができる。

　日本の植民地支配は、このような下位制度を有効に利用したものである。すなわち、官命伝達機能の高い面を法定行政単位として植民地行政の末端に位置付け、洞や里には洞トゥレという労働動員慣行をマウル賦役という名で継承させたのである。さらに、私的土地所有制度の導入を通じて、公田の国有化による日本人の大土地所有と近代的営農を可能にする一方、他方では、班常の身分観念に基づく封建的な地主制度に韓国農村を閉塞させていったのである。

　独立後の政権は、その政策効果を急ぐあまりに、植民地の下でもわずかにその自治性と生活共同を維持してきた面やマウルを離れ、市或は郡レベルの行政力を強化することに関心を払いすぎたと言える。しかし、人々の伝統的観念から言って、郡は公的な単位であり、共的な単位は洞里を中心とするマウルであった。従って、郡を単位とする政策に農民の参加はあり得ず、彼らの自律性や自己組織力を利用するという開発の前提を見失うことになってしまったのである。

以上の視点からセマウル運動の意味合いを一言で述べるとすれば、それは、生活改善を通じてマウルの自律性と自己組織力を再生或いは創出した過程であった。実際のところ、異なった社会構造から出発したにも拘わらず、上記の事例が共通に示すのは、(1) マウルを枠組みとした地縁的社会関係の形成、(2) そのような社会関係に基づく組織の形成、(3) 生活改善から経済発展に至る開発パラダイム、の3点である。

(1) マウルを枠組みとした地縁的社会関係の形成

　マウルを枠組みとした地縁的社会関係の形成は、第1節の第3項で述べた一般的な過程に加え、各事例が示すようにセマウル運動開始時の村落構造によってそれぞれ違うものであった。
　斗山里は、2つのマウルから成る行政村である。住民の合意形成の場である洞会はマウルを単位に開催され、人々の帰属意識はマウルにこそあれ行政村にあったわけではない。マウル内の親族関係はお互いに平等な多姓から成り、特別の権力基盤やそれに基づく支配的地位を占めるような同族集団は存在しない。このような多姓マウルには、身分や血縁による対立はなく、目的さえ共有できれば、マウルを単位とした資源動員を進めることにさほど困難はないと思われる。
　しかし大新マウルの場合、マウル内の集落が分散しており、マウルを単位とした共同行為は、洞祭、洞会、マウル賦役等、儀礼的或いは慣習的なものに限られていた。生活及び生産に関する日常的な共同は、マウル単位ではなく、集落や班といった近隣組織を中心に行われてきたのである。このことが、セマウル運動初年度の対応にも反映し、洞会での協議結果は、セメントを各班へ戸別割りで配布することを決定するに止まったのである。
　しかし、支給された諸資材をマウル単位の共同事業に利用した場合は、より多くの支援を継続的に受けられることがわかった段階で、人々は表3-8に示す膨大且つ大がかりな生活基盤整備に取り組んでいくわけである。その条件として村民が指摘しているのは、(1) 事業の指導グループが同じマウルの住民であったこと、(2) 事業の実施に当たって個人に金銭的負担がかかるものではなかったこと、(3) 慣習的な組織経験で対応できるものであったことの3点であるが、それに加えて、

(4) 生活改善のための基盤整備こそが分散した集落間で共有し得る唯一の目的であったこと、(5) それに向けての労働動員には反対がなかったこと、(6) その結果、今までの集落に代わってマウルを単位とする村民の地縁的関係が強化されたこと等が指摘されねばならない。

倉所一里は、上記の斗山里に対し、1マウル1行政村である。また、集落は1ヶ所にまとまっており、単なる伝達組織としての便宜上、1つの集落が5つの近隣班に分けられているにすぎない。事実、生活及び生産に関する日常的な共同も、洞会の下、マウル単位で為されてきたのである。

元々当マウルは、両班と常民による支配・被支配に象徴される二姓マウルであった。しかし、農地改革に加え、平野部であるが故の市場経済の影響を強く受け、旧両班階級の支配力がほとんど消失していた。とは言え、そのことが村民のマウルに対する帰属意識やまとまりを強めるわけではないし、支配・被支配の関係がなくなったことが自治的農村としての社会関係を形成するわけでもない。事実、農地の売買を伴う農家の流出入が現れていたのである。

しかし、(1) 当マウルが空間的にまとまった村落構造を持っていたこと、(2) 市場による外部機会の存在が一部の同族や富農による支配を難しくしていたこと[20]、(3) セマウル運動に先立つ地域社会開発事業により、生活改善の意義が十分に理解されていたこと等が重要な点である。つまり、セマウル運動の開始時には、既にマウルを枠組みとした地縁的社会関係が形成されていたと言えるし、その結果、運動の当初より自助マウルに指定されることになったのである。このような先進性が、支援を継続的に受けられることがわかった段階でマウル構成員の全員が参加できるようセマウル婦人部とセマウル青年会を自主的に設立したことに反映しているのである。

新村里は、行政村と自然村の関係においては倉所一里と同じである、しかし両班であった2つの同族集団が、地理的にも社会的にも分離し、或る場合には対立関係さえ見られた。さらには、基本的には地主であるこれら両班家族集団と自小作である多姓集団の支配関係が固定化し、共同作業は2つの集団内で行われてきたのである。

マウル全体の組織活動としては、洞会、洞祭、マウル賦役等があげられるが、マウル賦役も実際にはマウル全体で組織的に行われたのではなく、そこに農地を

所有している農家のグループ、主には耕作の担い手である小作人によって行われてきた。一般的な労働交換であるプマシも、マウル単位ではなく、同族内（他姓の小作を含む）で行われてきたのである。洞祭も儀礼的なものであり、セマウル運動の開始を契機に廃止されてしまったいきさつがある。当マウルの組織活動の中心は同族集団であり、その中心となるのは宗会であった。その財源のための共有水田は、金氏と李氏に別れているように、大新マウルの洞畑とは対照的なものである。

　セマウル運動が運動として最も躍動的であった1970年代前半、そして事業展開が最も華々しかった1970年代後半に、当マウルの事業展開は全く生彩を欠いたものであった。むしろ、1973年に組織されたセマウル婦人会の活動に、唯一自主的な組織活動が見られた。婦人会は、マウルの日常生活に最も必要であった生活用品の共同販売店を運営し始めたのである。従来、儒教的な慣習の下にあった主婦が、家庭や血縁集団という枠を越えて交流するようになったことは最も注目すべき出来事であったと言える。この婦人会を中心としたマウル単位の共同販売活動は、後にマウル全体のゴミ収集処理、敬老会活動、老人の慰安旅行、婦人の慰安旅行等に発展していったのである。

　ここでのマウルを枠組みとする地縁的社会関係の形成は、婦人の活動から始まったという意味では第1節の第3項で述べたセマウル運動の一般的展開過程に沿うものであったが、それ以上に進むものではなかった。以下に述べるように、当マウルが全村的なセマウル事業を展開し始めるのは、工業化に伴う人口流出が始まる1980年代の後半になってからである。しかしその際、婦人会の活動が及ぼした影響、特にマウルを枠組みとする地縁的社会関係の形成は、セマウル事業の展開に不可欠のものであった。

（2）地縁的社会関係に基づく組織の形成

　セマウル運動の展開過程は、前出の事例にもみられるように、生活改善から経済開発へのマウルを枠組みとした事業展開の過程でもあった。事業は、美化を含む生活改善、生活改善のための社会基盤整備、生産基盤の整備、その上に成立した集約的施設園芸や稲作の機械化等々、多岐にわたるものであった。それらは何

らかの組織を伴わない限りできないことである。

　事例の示す組織化をみると、それは、組織目的の違いによってその内容を論ずる従来の組織論で解釈できるものではなく、労働負担という費用と利益の発生の仕方の違いから、以下の3つのカテゴリーに分けて説明されるべきものである。

　①伝統的な手間替えの論理によるもの。
　②手間替えと受益者負担を組み合わせたもの。
　③受益者負担を中心とするもの。

　第1のカテゴリーは、規模や目的に違いはあっても慣習的な組織経験で対応できる事業であり、洞トゥレ或いはマウル賦役の延長線上にあった組織対応を意味している。つまり、全員が同じ労働負担をするが、その成果が個別利益につながらないか、或いは、手間替えの原則に従って利益がいずれは個人に還元されるものである。手間替えとは、例えば30人が共同して30日働くとして、その内の1日は自分のためであり、そこで30日分の労働対価が得られることになる。生活改善事業のほとんどがこのカテゴリーに属し、新たな組織経験ではなかったのである。

　生活改善事業の内、この手間替えの原則からはずれるのが簡易水道であった。つまり、建設には全員参加が必要であるが、利益は一部の受益地の個人に発生する。この問題を大新マウルは以下のルールで解決している。

　①村民の負担が大きくなる簡易水道事業は事業区域を小規模にし、水事情の悪い集落からはじめて順次他の集落に拡大していく。
　②工事はマウル賦役として全マウルの労働力を動員して行うが、維持管理の費用と労働は受益集落の住民負担とする。
　③非受益集落ではその集落が必要とする事業を、全マウルの労働力を動員して行う。

　このような第2のカテゴリーに属する組織対応は、大新マウルの灌漑事業にもみられる。しかし、大新マウルでは生産関連事業をセマウル事業として位置付けていない。生産関連事業をセマウル運動の一環として取り組んだのが新村里である。そこでのルールも基本的には上記と同じである。

　①耕地整理を伴う第1タイプの灌漑事業区では、毎年余剰が出るように水利費を設定する。

②揚水ポンプのみの第2タイプの灌漑事業区では何等の余剰が出ないように水利費を設定する。
③その他の第3タイプに属する地区では、水利は労働提供だけで賄われ、何等の金銭的負担がかからないよう配慮する。

　すなわち、耕地整理事業の受益者が高い水利費を負担することによって村内に平等感もたらすと共に、長期的にはそこから生まれる余剰を第2、第3の地区に再投資することによって真の平等に近付こうとするものである。それを可能にするために、新村里は2つの手だてをとっている。1つは、耕地整理を実施する一般的な組織としての農地改良組合では利益の留保と再投資が法的に許されていないため、余剰を自主的に再投資することが許されている水利契を適用。2つには、水利契が受益者組織であるにも拘わらず、その管理者の選任や収支決算の承認を洞会で行うこと。その理由は、繰り返すまでもなく、余剰が出るように水利費を設定し、余剰をマウル内の他の地区に移転するためである。

　第3のカテゴリーに属する組織の例は、上記の耕地整理や稲作機械化にみられる。耕地整理事業は洞会での討議を経て実施されるが、費用負担や利益の不平等感から生じる問題処理は関係農民の間で設立される委員会に任され、換地の終了と同時に解散することとしている。この原則は、大新マウルや新村里に限らず、産地形成のために早くから耕地整理に取り組んできた倉所一里においても同じである。稲作機械の共同所有も、3つの事例共に営農団という別組織とし、機械の運転管理や会計に関わる責任問題が明らかになるようにされている。しかし、賃借料はマウル住民の営農との関わりで常に洞会において検討され、そこに出席する全村民の意向を反映して決定される。

　このような一見営利集団とみなされるような組織の形成には2つの側面が見出される。1つは、理念としては政府が勧めるような集団的対応が望まれたとしても、実際の運営の側面から組織化が難しいと判断された際には、それを個人や機能集団の責任管理にしつつ、賃借料の統制を行うことで集団的対応の理念を実現しているということである。2つには、例えば、倉所一里の農友会という機能集団にみられるように、組織の拡大過程において意識されてきたのは互いに近隣関係にあるという地縁の論理であって、生産や販売におけるスケールメリットの追求という組織自体に備わる論理ではなかったことである。マウルという地縁的枠

組みを本来的には必然としないはずの機能集団が、マウルの構成員に向けて社会化されていったと言える。

（3）生活改善から経済発展に至る開発パラダイム[21]

　セマウル運動はその名が示す通りあくまで運動であり、従って運動論を通じて解釈されるべきものかもしれない。しかし、制度化を伴う運動過程を開発のための方法論としてみたとき、次の2点に関する重要な示唆を与えるものである。第1には、開発における住民参加の意味である。第2には、従来の開発パラダイムに対する逆パラダイムの提示である。

　参加については、韓国農民の生活改善への取り組みが、従来の参加型開発に対して幾つかの疑問を投げかけるものであった。それは、既に述べた以下の諸点である。

① 農村の生活改善が、農民にとって開発への参加の利益と意義がわかるものであったことである。しかしその裏には、開発に先だって参加の意義を説くことは難しく、開発の結果としてその意義がわかるものであるという意味を含んでいる。

② 生活関連事業への奉仕活動を通じて達成志向の開発リーダーが確定ができたことである。この裏には、開発に必要な達成志向のリーダーは、奉仕活動の前に特定できるものでなく、奉仕活動の結果としてしか特定できないものであるという意味を含んでいる。

③ 日常生活に関連した小規模施設の建設がこれらの条件を満たしていく1つの過程であるが、そのような過程が生じる場は、生活共同の場である自然村であって行政村ではないことである。

　以上を一言で表すならば、社会開発を通じて、人々が参加する空間的或いは地縁的枠組みとなるソーシャル・ベースが形成されたということである。韓国の農村社会が、血縁あるいは身分的絆によって構成されていたものが、セマウル運動を契機として、マウルという地縁的枠組みに統合され、政策の受け皿として機能し始めたのである。このことによって、農業の近代化をはじめとする農村レベルでの施策が可能になったというだけでなく、工業化初期にみられる足枷としての

食糧問題と農業問題の解決が可能になったと言える。

　ここに、従来の開発論に対する新たなパラダイムが生まれてきた理由がある。従来のパラダイムは、経済成長によって余剰を形成し、その余剰でもって社会開発に至るというものである。しかし、韓国の経験が見せたのは、社会開発を通じてソーシャル・ベースを形成し、そのベースの上に経済開発が可能になったものである。

　ここで意味するソーシャル・ベースとは、生活共同には利益配分に関するルールがさほど必要ではないが、地縁的枠組みの形成によって、生活共同の経験が利益配分の問題を抱える生産共同のルールづくり、すなわち、自己組織力の形成に繋がっていくということである。第2章で紹介した日本の経験も、このようなソーシャル・ベースを前提とした開発であったことは同じである。しかし、生活改善を通じて人々の社会関係を地縁化し、開発のベースを戦略的に形成していった例は韓国をおいて他にない。

　従来の開発パラダイムと、セマウル運動の提示した開発の逆パラダイムの比較を示すのが図 3-2 である。

　このようなソーシャル・ベースの創出に伴う自己組織力の形成、自己組織力に基づく自立的且つ持続的な地域社会形成、そこから導き出されるもう1つの開発パラダイム、それらについては、ソーシャル・ベースの前提となる重層的集権制

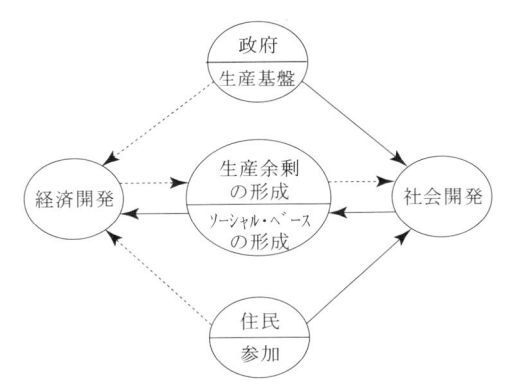

破線：従来の開発パラダイム
実践：セマウル運動が提示する開発パラダイム

図 3-2　セマウル運動が提示する開発パラダイム
（作図：余語トシヒロ）

174　第 3 章　韓国の経験

との関連で、日本や中国の経験と重ね合わせて第 5 章で再度吟味することとする。

注

1) 韓国近代化過程の全体像把握に関しては主に以下の文献を参考にしている。
   ①趙機濬「韓国資本主義成立史論」大旺社、1977
   ②劉元東「韓国近代経済史研究」一志社、1988
   ③沈晩燮「論改韓国経済論」税務経理協会、1988
   ④兪光浩「現代韓国経済史」韓国精神文化研究院、1987
2) 李朝の統治体制に関しては主に以下の文献を参考にしている。
   ①李基白「韓国史新論」一潮閣、1988
   ②丁時采「韓国行政制度史」法文社、1986
   ③崔昌浩「地方行政区域論」法文社、1980
   ④韓国精神文化研究院「訳注経国大典」1985
   ⑤権丙卓「韓国経済史」博英社、1987
3) 同族部落に関しては主に文炳集「韓国の村落」一志社、1973、を参考にしている。
4) 崔在錫「韓国農村社会研究」一志社、1985、p.325
5) 申大淳「韓国地域社会開発論」世英社、1988、pp.27~28
6) 文炳集、前掲書、pp.315~316
7) 文炳集、前掲書、p.317
8) 権泰竣・金光雄「韓国の地域社会開発」法文社、1981、p.152
9) 前掲書 2)
10) 土地調査事業の内容は、趙機濬と文炳集の前掲書を参考に再整理したものである。
11) 例えば、1926 年に東拓が所有していた土地は 93,390 ha であった。
12) 鄭英一「韓国農村における雇用労働力および共同労働組織の変化」『アジア経済』Vol.20 No.8、1979
13) 兪光浩、前掲書、p.94
14) 朴珍道「戦後韓国における地主・小作関係の展開とその構造 (1)」『アジア経済』Vol.28 No.9、1987
15) 農地改革法第 1 章第 27 条
16) 戦後の地方行政区域に関しては、崔昌浩の前掲書を基に再整理したものである。
17) 農業技術普及から農業協同組合を経て農村振興事業に至る一連の政策の展開過程は主に以下の文献を参考にしている。

①農村振興庁「韓国農村指導事業発展過程」1979
　②権泰竣・金光雄「韓国の地域社会開発」法文社、1981、p.170
　③申大淳「韓国地域社会開発論」世英社、1988、p.36
　④権泰竣、前掲書、p.171
18）韓国の経済発展に関しては主に以下の文献を参考に整理したものである。
　①倉持和雄「韓国における農村・農家人口の流出」『アジア経済』Vol.24 No.5、1983
　②李萬甲「韓国農村社会研究」多楽園、1981
　③朴珍道「戦後韓国における地主・小作関係の展開とその構造（2）」『アジア経済』Vol.28No.10、1987
　④金聖昊「農地制度及び農地保全に関する調査研究」韓国農村経済研究院、1984
　⑤沈晩燮、前掲書
　⑥渡辺利夫「概説韓国経済」有斐閣選書、1990
　⑦経済企画院「経済企画白書」1968
　⑧桜井浩「韓国経済における農業の位置」『アジア経済』Vol.19 No.7、1978
　⑨桜井浩「韓国稲作生産力の進展とその構造」『アジア経済』Vol.20 No.8、1979
19）研究者によるセマウル運動の調査研究は、運動が成功し制度化された1974年以降のみで、その本質を語る1970年から74年までの文献は見あたらない。本書の記述は、筆者が直接観察したものと韓国内務部での聞き取りによるものである。
20）外部機会と支配の関係については、余語トシヒロ編著「Local Social Systems in Development: An Analytical Framework」を参照のこと。
21）余語トシヒロ「社会開発」京都大学東南アジア研究センター編『事典東南アジア－風土・生態・環境』弘文堂、1997を参考にしている。

第 4 章　中国の経験

　中国では公土・公民思想に基づく専制支配が紀元前に始まり、従来の氏族集団に代わって単婚小家族を核とした戸が社会の基本単位となる。この個々に独立した戸をめぐって 2 つの社会編成がみられる。1 つには、専制国家における徴税・徴用のための《公的な社会編成》である。それは、官僚制度を媒介に土地制度の変容を伴った農民統治のための組織化である。他の 1 つは、日常生活を維持するために農民自身が行ってきた《私的な社会編成》であり、主には血縁を媒介としたものである。この 2 つの社会編成が相互に統合されることなく、しかし或る種の均衡を保ってきたのが王朝期である。これに対し、現在の社会主義政権が展開してきた農村政策は、組織の内では農民の生産・生活の再生産を図り、外に対しては徴税の責任を負うという村請制の成立を図るものであった。異なった編成原理を持つ 2 つの組織が併存しそれぞれに中国の農村社会を性格づけてきたこと、そしてその 2 つの組織機能を 1 つの組織に統合する過程が人民公社によって象徴されること、この 2 点を認識することが現代中国の農村社会とその発展について理解する重要な鍵となる。

4-1　中国農村社会の形成過程

（1）歴史的背景

土地制度と賦役制度の変遷[1)]
　中国における小農経営の萌芽は、春秋（Chungiu）時代（前 770～前 403）末期にその一地方国家であった晋（Jin）が始めた轅田（Yuntian）制という土地制

度によると言われる[2]。これは、単婚小家族による共有地の割換を基礎とした耕地経営であった。次の戦国（Zhanguu）時代（前 403 ～前 221）には鉄製農具の使用が始まり、従来の移動式農業が定着農業に移行することとなった。その結果、各地方国家は軍事力強化のために氏族集団を解体し、農地と農民の直接支配を積極的に進めることとなる。個々の農民は氏族集団に代わって国家に依存或いは隷属することとなり、国家的奴隷制が成立するのである。

　国家の直接的な農民支配の目的は、第 1 に徴税であり、第 2 に徴兵、そして第 3 には社会的生産手段の建設、すなわち大規模な農地の開墾や治水・利水工事のための徴用である。そのための統治組織が氏族制に代わる郷村（xiangchun）組織であるが、その内容は、農耕技術の進歩による生産力の変化、貨幣経済の進展による経営形態の変化、統治に関わる官僚制度の発展等によって大きく変化してきた。この変化を、土地制度と賦役制度を軸に整理すると以下の 4 期に分けることができる[3]。

① 第 1 期：土地制度と統治組織を一体化した阡陌（gianmo）制を基礎に、貢租・貢賦・軍役が賦課された秦（Chin：前 221 ～前 206 年）・漢（Han：前 202 ～後 220 年）期。

② 第 2 期：均田（juntian）制による耕地の均等分配を基に、郷里（xiangli）制という統治組織を通じて租（zu）・庸（yong）・調（diao）を賦課した隋（Sui：581 ～ 619 年）・唐（Tabg：618 ～ 907 年）期。

③ 第 3 期：農民を保甲（baojia）制や里甲（lijia）制に組織し、その耕作地に両税・差役（liangshui・chaiyi）を賦課した宋（Song：960 ～ 1279 年）・明（Ming：1368 ～ 1644 年）期。

④ 第 4 期：清（Ging：1616 ～ 1912 年）による地丁銀（didingyin）の賦課以降、統一的な賦役が行われなくなった 18 世紀以降。

　既に述べたように、春秋から戦国時代にかけて各地方国家の土地制度と賦役制度には大きな変化が生じていた。その 1 つが、農民の共同所有を前提とした農地の割換（轅田）制である。しかし中国初の統一国家となった秦は、行政による直接支配を意図した地割（阡陌）制を導入した。阡は南北の農道、陌は東西の農道を意味し、農道によって地割された区画は家族経営を前提に農民の世襲的占有権が認められた[4]。ただし地割の対象となるのは成年男子であり、地割りの数によっ

て貢租（徴税）・貢賦（徴用）・軍役（徴兵）の量を統一的に把握・賦課できるよう、土地制度と農民組織の編成を一体化したものである。

　しかし秦に続く漢の時代には手耕農業から犂耕農業への転換があり、その導入が可能な上層農民と導入ができずに没落する下層農民の分化が起き、土地制度と農民組織を一体化した阡陌制の維持が難しくなる。その結果、農民を郷里制という統治組織に別途編成することによって徴税・徴用・徴兵を図っていくこととなった。郷里制は、国家の末端行政機構であり徴税機関でもあった県の下で、100戸を1里（li）、10里を1亭（ti）、10亭を1郷（xiang）に農家を編成し、三老・有秩・嗇夫・遊徼などの役務をおいて徴税・治安を図ったものである[5]。しかし、人口増を伴う農民の土地需要に応じ、それまで国或いは皇帝の財産であった未墾地の個人利用が認められるようになり、開墾後、登録と土地税の手続きをすれば永業田（yonyetian）すなわち個人財産として世襲の権利も与えられることとなった。その結果、土地所有の格差が徐々に拡大し、土地制度と徴税・徴用・徴兵制度の統一的運用が不可能となった。農民統治に混乱を来した漢朝は3世紀に滅び、その後、三国（Sanguo）・西晋（Xijin）・六朝（Liuchao）へと分裂国家の時代が250年にわたって続くこととなる。

　その後の統一国家である隋・唐の時代には、犂耕を前提とした均田制と新たな賦役制度が導入されることとなる。この第2期の土地制度を特徴づける均田制は、公士の分田という観念の下に口分田（koufendian）が農民に配分され、その世襲を認めたものである。公土の均等配分に基づいて徴税・徴用の賦役を統一的に編成するという意味においては阡陌制と同じである。しかし、徴兵制は傭兵制に変えられ、徴税と徴用のために漢の郷里制を継承して土地制度と賦役制度の新たな統一的支配を図ったものである。賦役は、租（物納による税役）・庸（用役に代わる物納）・調（地域の特産品の貢租）の3種に分けて課された。

　この均田制と郷里制に代表される唐はおよそ300年にわたって続くのであるが、その後半期には、軍事費を中心とする著しい財政拡大があり、兵士や物資の輸送に加え専売制や市易法も整備され、全国的な流通システムが成立した変革期でもあった[6]。その結果、小農経営も大きく変化し、永業田が農民的土地所有の中核を形成するようになった。国も、均田に基づく統一的な租・庸・調の賦役に代わって、780年に両税・差役の賦課を導入することとなった。

両税法は、私有耕地を対象に、斛斗（hudou：穀物）と両税銭を夏と秋の2回にわたって賦課するものである。それは、耕地を所有する農民（主戸・税戸）から現物地代と労役地代の両方を収取する土地税であり、耕地を持たない住民（客戸）にはその一部が賦課された[7]。これは、国家による農民支配の原理が、耕地の均等配分に基づいて賦役を課す或いは課される《隷属的な関係》から、耕地の所有規模に応じて課税する或いはそれを負担するという《契約的な関係》に変わったことを意味し、中国王朝期の賦役制度を大きく二分するものとなった。

この新しい賦役制度すなわち課税制度によって特徴づけられる第3期は、唐の次の宋の時代を中心に展開されていくこととなる。第1には、課税台帳となる編戸登籍（bianhu-dengji）が作成されたことである。第2には、耕地の所有規模に応じた課税額をいくつかの段階区分で表す戸等（huzheng）制が整備されたこと。第3には、耕地に賦課された税額の負担義務と共に、その所有権の移転・販売が許可されたことである[8]。このようにして、公土・公民を観念とする中国専制国家において、国家的土地所有（上級所有権）の下、農民的土地所有（下級所有権）に基づいた国家地代と用役労働の統一的収取を新たに編成することになったのである。

郷里制に代わる農民の統治組織として、宋の時代には徴兵を目的とした保甲制が、明の時代には徴税を目的とした里甲制が施行される。どちらも治安維持のための組織として近代まで存続するのであるが、徴兵組織としての保甲制は早期に形骸化し、里甲制も15世紀中頃から16世紀中頃にかけてその機能を失っていく。17世紀中頃には、清朝が里甲制を強化することがあった。そこでは、牌（pai）を加え、10戸を1牌とし、10牌を1甲とし、10甲を1保とし、それぞれの長として牌頭・甲頭・保長を村民の中から任命した。しかしながら、土地制度や課税制度との対応関係を持った農民組織としては機能せず、戸籍の登録や法令の伝達手段として利用されるにすぎなかった。

このように土地制度と課税制度の統一的支配が難しくなった背景には、土地所有権の移転・販売が一般的になったことに加え、銀本位による貨幣経済の発達があげられる。明代中期以降、長江（Changjiang）下流域を中心に換金作物を中心とした集約的な農業が発達し、夥しい数の客商を担い手とする全国的な流通がさらに拡がったと言われる。そしてそれに伴う大規模な人口移動と社会変動が統治

組織の基底を崩していくこととなったのである。また、国家が全国的な物流に直接関わる体制も後退し、市場における取引は商人を中心に銀貨を基に行われるようになった。その結果、物流の裏付けとなっていた鈔（紙幣）に基づく貨幣制度が機能しなくなり、専制国家としての財政力は衰退への道を辿ることとなったのである[9]。

国家による耕地の把握は明朝の万歴（Wang：1573〜1620年）期の検地を最後に行われなくなり、課税台帳の編纂も明末には停止された。それに追い打ちをかけるように、徴税を担当する胥吏（xuli：非正規の役人）制度が発達し、包税（bashui：徴税請負）制度も導入され、国家の財政収入はさらに減少した。

両税法の最後の段階である一条便法（Yitiaobianfa：両税を銀で一括収取）に代表される明末・清初の課税制度改革を経て、18世紀初頭以降は地丁銀制が施行される。第4期を特徴づける地丁銀制においては、土地税としては田賦の徴収のみとなり、用役労働部分は銀納による人頭税となり、両税法時代の土地所有を根拠にした徴税と徴用の統一的編成は行われなくなった[10]。清朝の雍正（Yongzheng：1722〜1755年）期には戸籍を通じての人民把握さえ行われなくなり、田賦もやがて土地面積と課税額を自己申告した自封投櫃（zifeng-tougui）の制度や、課税台帳に規定された納税額に対する一定率の税額を原額とし、これを納入すれば納税を完了したとする方式がとられるようになった。

その納税実務においても、2千年来続いた10戸或いは100戸の農家を徴税単位とする機械的な社会編成に代わって、自然村を徴税単位とする方式がとられることとなった。具体的には、各自然村に村公会（chun-gonghui）を設立し、その管理者に任命された村正・村副が田賦を集め或いは立て替えて県に持参することになったのである。また一部の地域では、徴税請負人が土地台帳と納税台帳を私有化して徴税業務を請け負う慣行がさらに広まることとなった。専制国家とはいえ、官僚支配による社会編成を放棄したことによって国家の財政収入は減少の一途をたどり、最後には、国の専売である塩や茶の物品税、或いは農村市場における各種の牙税（yashui・取引税）からの収入に頼ることとなった。

この取引税を徴収する農村市場は、明代以降の物流経済の発達により全国にくまなく展開していた。そこでは、農産物取引の定期市に加え、食料品店、食堂、薬店、酒屋、雑貨店、各種の仲買問屋、質屋、そして茶館が常設されていた。その圏域

は10数ヶ村からなり、国家にとっては全国的な物流支配の末端であり、農民にとっては自らの生産物を販売して現金を獲得する場である。この農村市場における取引税の徴収は、徴税権利を購入した総包税人に委嘱された。総包税人は徴税の種類毎に包税人に請け負わせ、各包税人は牙行（yahang：経記）を雇って徴税の実務を行ったと言われる[11]。

また、このような農村市場を徴税単位として掌握するために、市場圏毎に異なる農事暦や度量衡を用い、極端な場合には異なる方言や用語を用い、農民がその所属する市場圏を越えて自らの物流や社会関係を発展できないようにしたとも言われる。農民にとっては、日々の生活・生産の場である集落（自然村）に加え、その属する市場圏が社会的分業が完結する最も重要な空間となったのである。その結果、農民は市の立つ日には茶館に寄り、価格、職探し、嫁探しの話をしながら社会的ネットワークの確認・確保をするのが習わしとなった。この社会的地域単位をとらえて、中国農村社会は《市場共同体》であったと言わしめるほど特異なものであったが[12]、現実には、農民の必要に加え、土地制度に基づく農民支配が不可能になった状態での或る種の公的な社会編成の1つであったとも考えられる。

発達した官僚制度を媒介とした統治組織の故に、一方では農村自治が進まず、他方では領主的地方権力が生まれることもなかった。従って、土地所有に基づく徴税と徴用の統一的編成が放棄されたとき、地域社会の秩序を維持する役割は、地主であり、高利貸しであり、そして徴税請負人でもある郷紳（xiangshen）によって取って代わられたのである。公的権力を持たない彼等郷神は、農村市場の独占・支配を確保するために地方行政に強く癒着していくのであるが、それは同時に、行政の内部から国家の支配構造を蝕んでいく存在ともなったのである。このような私的地域支配は、最後の専制国家であった清朝の解体過程を理由づけるだけでなく、20世紀中頃までの中国社会を特徴づけるものでもあった。

自然村の構造と機能[13]

以上の公的な社会編成の下で農民がその居住空間としての集落（自然村）を形成していたのは当然である。中国の自然村に共通する特徴は祠廟（cimiao）の存在である。この廟を管理する組織に重ねて先に述べた村公会が設立され田賦を

まとめて納めることとなったのであるが、納税以外の機能は、徴兵・徴用の割当、村の治安維持、廟・村学校・村道等の維持管理、戸口調査が主なもので[14]、生産・生活の再生産に関わる資源動員や移転は見られなかった。とは言え、長い専制統治の下で、家族と国家の間に何らの中間団体も形成されなかった中国においては、清朝以降に新たな統治対象となった自然村の構造と機能は、現在の郷政府や村民委員会にもつながる重要な関心事である。

　この農民自身による自然村の編成或いは再編は、中国の歴史においては比較的新しく、明代以降のことであると考えられる。その理由は、華北一帯は明代初期に燕王北掃（Yangwan-beisao）と言われる大規模な殺戮にみまわれ、現在に至る集落のほとんどはその空隙を埋めるために、山西（Shanxi）方面から強制移住させられたいくつかの家族集団の混成によって再生されたという経緯があるからである。これら集落には、事例でも取り上げる八里営（Baliying）村のように営（ying）の付く村が多く、これは軍の駐屯地が発端となる入植村で華北以外には存在しないものである。華中では、既に述べたように、明代中期以降、換金作物の栽培が一般的となり貨幣経済が進展する中で土地所有の移転を伴う大規模な人口移動と集落の再編が進んだと考えられる。一方、華南では、華北での戦乱を逃れて移住した客家（kejia）を含み、従来の宗族関係を維持した集落が存続したが、国家による直接支配が弱まり社会的生産手段の再生産が行われなくなった状況下で、それに対応する自らの社会編成が行われたと考えられるからである。

　このように、中国農村社会の編成には地域毎に大きな違いがある。多少乱暴な言い方ではあるが、数家族の血族がいくつか集団を成して入植したが故に異姓村と呼ばれる華北の農村、貨幣経済が最も発達した華中の農村、伝統的な宗族支配が残り同姓村と呼ばれる華南の農村に分けられる。これらの違いを念頭に、石田浩の著作から、土地の共同所有、生産・生活共同、村内の秩序維持について以下に引用する。

　華北における土地の共同所有は村有地の形態をとっていた。その内容は、(1) 祠廟（華北では村廟）の維持・管理費を調達するための廟地（miaodi）、(2) 貧困者に無料で墓地を提供するための義地（yidi）、(3) 煉瓦づくりのための採土地、(4) 村学校の維持・管理費を調達するための学田（xuetian）が主なものであった。村内の貧困者を廟や学校の世話人として雇い、廟地や学田をその報酬として無料で

耕作させるか小作させるなど、村の構成員の没落を防ぐ効果があったと言われる。この様な貧困者救済措置として、高粱の葉の刈り取り時期を限定し、その期間内は村の誰もが取ってよい開葉子（kaiyezi）という慣行もあったと言われる。しかしながら、村有地の面積はいずれもわずかで農業の再生産を補完するような共有地、例えば採草地や放牧地が存在したわけではない[15]。

一方、華南における共同所有は、同族結合を図る経済基盤としての族有地であった。その内容は、(1) 祠廟（華南では宗廟）での祭祀の費用に充てる丞嘗田（chengchangtian）、(2) その他諸々の費用を調達するための太公田（taigongtian）・祀田（sitian）・祭田（jitian）と呼ばれる共有地からなる。しかし、これらはいわゆる共同体的土地所有ではなく、共同出資で購入したもの、相続に際し一部を祭田として残留したもの、同族集団で開墾したものなどである。多くの土地は、単婚小家族を単位とした私的土地所有であり、土地の典出入・売買は自由であり、家長が死ねば男兄弟の間で均等に分割相続された。農業経営も個別的で、華北と同じく農業生産を補完し再生産を保障するような共有地は存在しなかった[16]。

こうした共有地の内容或いはその運用は、村落共同体という地縁組織を形成し、その組織が構成員に強制する秩序によって自らの再生産を確保していくような地域社会を発展させることはない。第2章の日本の事例で紹介したような集落構成員全員の協議を伴う《土地結合》に対し、中国農村における社会関係は、親類、友人、知人間の《人的結合》によるものであったと言える。例えば、土地の出典や絶売に際しては同族や同村民に対し許可を求めなければならないという先買慣行は存在したが、その売買に際しては人的関係に基づく中人を介在させねば如何なる契約も成り立たなかったと言われる。また、換工（huangong：労働交換）、搭套（datao：農具や役畜の貸借）、銭会（qianhui：互助金融）等、生産・生活に関わる家族間の協同及び互助にも一定の組織はなく、その構成員は不確定であった。ただ村落の構成上、同姓村の場合は言うまでもなく、異姓村の場合でも親族の内部で行われることが多かった。しかし、貨幣経済が発達した華中では、労働交換に代わって、たとえ親族の間でも賃金の授受による一時雇用の方が多かったと言われる。

生活関連施設の共同所有と運営は、同姓村は勿論のこと異姓村においても血族の集団内部で行われた。その主なものは、祠廟、学校、井戸であり、学校も各血

族集団の私塾として設けられた。これらの建設と管理の費用は血族構成員が共同で負担する原則があったとはいえ、多くの場合、廟会の幹部を占める血族集団内の有力者の寄付によった。清朝中頃に村公会の設立が指示されるようになって、華北の農村では私塾が村学校に、血族の祠廟が村廟に変わり、村民出資で建設されるようになったと言われる。しかしそこでも、実際の負担は有力者或いは有力家族によるものであり、村学校の校長や廟会の幹部は彼等によって独占された。

村内の治安と秩序は、当然ながらこれら有力者の統率下で維持さた。異姓村の多い華北においても、家族間の揉め事は、各血族集団の有力者が村廟に集まり、血族内或いは血族間の慣習法である家法（jiafa）や郷規民約（xiangqui-minyue）に従って処理されたと言われる。そこでは、個人と家族の関係を維持し、そのための社会的枠組みとしての血族・宗族集団の秩序を守ることが基本的な道徳とされた。その基となるのは、父為子綱（fuweizigang）・夫為妻綱（fuweiqigang）・君為臣綱（junweichengang）という儒教の三綱と修身（xiushen）・斉家（qijia）・治国（zhiguo）・平天下（pintianxia）という秩序意識で、個人と家族、家族と国家の間の公的秩序を維持することである。

この秩序意識に関して注意すべき点は、第1には個人と家族、特に男子と家父長の関係が強調されていることである。中国の伝統的土地制度は口分田に代表されるように、文字通り国家による男子1人1人への配分である。それが彼等の潜在的所有観念として引き継がれ、家父長の管理能力の次第によっては生前分与の要求もあり得たのである。しかし、家父長は租税の請負責任者であり、従って同居共財（tongju-gongcai）の観念に基づく家父長権限の補完が道徳規定の1つとして強く求められたのである。第2には、家族と国家は直接的に結びつけられており、血族集団や地域社会を含む如何なる社会単位も、家族と国家の間で公的な役割を果たす中間団体としては意識されていないことである。

1930年代の自然村を対象に、戒能通孝はその著書[17]で以下のように結論づけている。村落に境界は存在せず、従って固有の領域を持たず、個々の農民の地域的まとまりというルーズな形でしか存在していない。看青（kangqin：穀物の見張り）は村毎に青壮年者を集め当番制で行われるが、住民同士に同村民という意識は少ない。集落の運営が村民全体の意志を反映して主体的に行われることもない。村民相互の扶助関係は存在するが、その関係によって村落が公的な或いは自

治的な団体へ変容したこともない。同じく費孝通は、(1) 中国農村社会構造の基本単位は家族である、(2) この家族を基礎により大きな組織が形成されるがそれは強固なものではない、(3) 農民に関する限り社会組織はゆるやかに組織された近隣関係の段階にとどまっていたと指摘している[18]。

確かに、社会秩序の基となる道徳規定は、国家の秩序維持を補完するものではあっても、既に述べたように、何らかの組織を形成しその構成員に強制する秩序によって自らの再生産を確保していくような地域社会を発展させるものではなかったということである。しかし、その前提となる国家の統制が農村社会に及ばなくなったときには全く別の様相を示すこととなる。それは、村民生活の核となる祠廟や学校を中心に、血族内の秩序意識を便法として、異姓村であれば血族間の支配を、同姓村であれば宗族内の支配を確立し、その強制力をもって自らの再生産を図っていく場となるのである。それがより具体的に現れたのが以下に触れる土地集積と地主支配である。

中国革命と土地改革

既に述べたように、宋の時代には土地所有権の移転・販売が可能になり、明の時代には華中を中心に地主・佃戸（dianhu：小作）関係が発達した。この時期の地主制は、封建的地主制でもなく近代的地主制でもない中間的地主制と位置付けられている[19]。中間的地主制とは、国家に隷属した公民が、その相互間で行う土地の貸借関係を意味するものである。地主は土地の貸出料の支払いを受けるだけであり、小作に対する経済外強制力は持たなかった。後には一田両主（yitian-liangzhu）制とも言われ、地主は田底権（収租権）を、小作は田面権（耕作権）を所有し、小作人は地主の許可なく田面権を自由に売買できるものであった。

国家の統制が及ぶ時期には、私的土地所有者はたとえ大規模な所有であれ、小作人や雇用労働者を私的に支配する権限を持つことはなく、国家権力の一部として行政・裁判・軍事権等を分有することもなかった。王朝末期の混乱・解体期においては、一時的に公権力の一部を掌握する者も出てくるが、それは公認されたものではなく、新王朝が確立すれば直ちに阻止・否定されるものであった。

しかし、1839～1842年のアヘン戦争から辛亥（Xinhai）革命による清朝の崩壊を経て1949年に中華人民共和国が成立するまでのおよそ100年間は、列強の

侵略とその思惑で動く軍閥の割拠により半植民地化と言われる状況にあった。これは中国の国際的立場を示すだけでなく、国内においてはその統制力が農民に及ばなくなったことを意味する。既に議論したように、国家と家族の間に何らの中間団体が無く、両者が直接関係づけられていた状態から国家が機能しなくなったとき、地主は小作から過酷な小作料を取るだけでなく、彼等の社会的・政治的な権利、ときにはその生命までも奪うことによって自らの支配力の確保と維持を図るようになったのである。

　このような私的支配を規定する地主・小作関係は、両者を規制する血族或いは宗族の有り様によっても左右されることになる。華北では自作できない分を小作に出す経営地主が多く見られた。彼等は、血族や親族に小作の機会を与えることによってその支配的結合を強め、その力でもって村内一円の支配を進めていくこととなった。華中には、流通経済の発達によって資本を集積した商人や小役人の収租地主が多く、彼等は村外に在住しながら投資として農地を集積していった。一方、華南では族有地を経営する集団地主が多く存在した。族有地を所有する宗族は共通の祖先を祀る父系血縁集団であり、その関係は相互扶助ではあるが、内部は長老や有力者による階層的支配構造となっていた。族有地は彼等の管理の下、宗族内の貧困者に小作に出された。ここでは、地主・小作関係には族内の勢力関係が反映し、包種（baozhong：1人の小作による請負）、夥種（huozhong：複数の小作による共同請負）、分種（fenzhong：農作業別の請負）、輪種（lunzhong：年毎に輪番で請負）など、費用の負担や分益の違いによる多様な小作形態があった。

　しかし、経営地主や収租地主に限らず、集団地主においても家族勢力の興隆があり、その階層化は固定的ではなくむしろ流動的であったと言われる。大土地所有が永続性をもたない原因には、既に述べたように、家産が男子家族員によって均等に分割相続されたことがあげられる。また、軍閥による金品の徴発、田賦納入や各種の負担、匪賊の襲撃、自然災害等があり、地主として半永久的に存続できる保証はなかったのである。そしてこのような徴発、負担、襲撃を避けるために官憲と強く結びつく一方、小作料取り立てのための暴力装置を持つことも多く、地主による半封建制というものに発展していったのである[20]。

　血縁集団内部の支配関係は、農村社会に限らず、都市を中心とする外部社会にも拡大していた。農地を失った家族、或いは自然災害等で破産した家族は、血縁

集団の伝手、主にはその支配階層の手づるによって都市へ流出し、縁者の家に身を寄せ雇用機会を探さねばならなかった。このような有力な支配階層を持たない集団は、災害などで一円に被害を被った際、往々にして乞食集団として流浪する以外に方法がなかったと言われる。従って、血縁集団内に有力な支配家族を持つことは、支配される側にも非常に重要なことであり、これら特定家族の支配力の拡大に協力していく結果となったのである。このような相互依存或いは相互併呑の関係にある血縁集団は、個人にとって離れたくても離れられない存在であった。そこでは、家族或いは血縁集団の私的利益が優先し村落社会の共同利益まで考えることはない。このような家族と血縁集団の私的利益を最優先させる理念とそれによって形成された社会構造が、中国の農村地域社会の特性となったと言えるのである。

　中国における農民の階層化は決して固定化されたものではなかったが、共産党による中華人民共和国が成立した1949年には、農村人口の10％に満たない地主が全国農地の50〜70％を所有するまで土地集積が進んでいたのである[21]。異姓村、同姓村にかかわらず、1つの村落の農地が1〜2軒の地主に所有され、ほとんどの農家は小作で生計を立てていたと言われる。中華人民共和国成立の翌1950年6月、中国共産党は「土地改革法」を公布した。しかし、3世代以上にわたって続いてきた地主制度を直ちに廃止し新しい土地分配を実施することは決して容易ではなかった。多くは血縁集団による抵抗であった。地主は言うまでもなく、小作人自身も支配されていることに依存しているのであり、その依存意識を転換することが必要であった。

　共産党政府は、政府の幹部と知識人を中心とした工作組を組織し、彼等を農村に派遣して土地改革を推進するという方法をとった。しかし、地主・小作という単純な区分や、両者の搾取関係という抽象的な説明では農民の地主への依存意識を転換することはできない。そこで導入されたのが階級教育と階級闘争を伴う運動の展開であった。階級としては、土地、農具、役畜などの生産手段の所有に応じ、貧雇農、貧農、中農、富農、地主の5区分が設定された。そして各農家の階級を特定した上で、階級間の搾取関係を説明すると共に、血縁集団内部の具体的な搾取関係を摘発し、血縁集団への帰属意識に代わって階級意識を誘発することに努めた。このような階級教育の後、(1) 貧雇農と貧農に頼り、(2) 中農を団結

し、(3) 富農を中立させ、(4) 地主を孤立させ、(5) 次第に封建的搾取関係を崩壊させ、(6) 最後に農業生産力を向上させる、という方針にそって運動を進めた。具体的には、民衆動員、階級批判、土地の没収と再配分、評価の段階に従って進められた。

　ここで重要な視点は、農民の意識改革を単なる集合行動としての運動に終わらせていないことである。韓国のセマウル運動でも考察されたように、運動を《制度化》する手だてが取られていることである。ここでは、階級と段階がその制度的枠組みとなり、評価が恐らくは競争意識を高め、運動を加速・拡大する手段であったと考えられる。土地改革は、1952年9月までに、一部の少数民族地域を除く全国農業人口の90%を占める地域で完了した。具体的には、3億の農民に4,600万haの土地と家屋・農具・役畜が分配され[22]、約1億の自作農家が創出されたのである。その方法は、日本の農地改革のように、それまで小作していた農地をその小作農家の所有名義に換えるというのでなく、中国の伝統的な土地制度に従い、しかし今回は女性も含めた1人1人に均等に配分された。配分された土地には新しい土地証明が付けられ、家父長名義の下で家族の所有になったのである。

（2）人民公社の成立と解体

互助組から人民公社への展開

　土地改革の結果、全ての農家が細分化された農地を所有する自作農になった。土地を所有した農家の生産意欲は上昇したが、彼等零細農家が、灌漑施設の利用、病虫害防除、生産手段（役畜・農具・肥料・種子など）の取得などを個別に行うには限界があり何らかの組織化が必要になってきた。農地解放という第1の改革に続いて農民の組織化という第2の改革が次の5段階を経て実施されることとなった。

　①互助組（huzhuzhu：1950～1954）
　②初級合作社（chuji-hezuoshe：1954～1956）
　③高級合作社（gaoji-hezuoshe：1956～1958）
　④初期人民公社（chuji-renmingongshe：1958～1962）

⑤後期人民公社（houqi-renmingongshe：1962 〜 1978）

1951年、中国共産党中央委員会は「農業生産における互助と合作に関する議決草案」を公布し、農民の互助組織を互助組と命名した。同時に、農地改革後に自成していた互助組織を含め以下の援助方針を出した。

① 国営経済部門は、農村購買協同組合を通じて互助組と優先的に取引をし、互助組の発展を促進させる。

② 互助組の構成員となる農民に、種子、肥料、農具などを貸与し、農民の参加意欲を高める。

③ 県以上の人民政府に専門の部署を設け、互助組の生産計画、農業技術、販売などについて指導する。

数戸の農家が集まって登録すればこれらの優遇政策を受けることができたため組織化は速やかに浸透した。互助組には臨時互助組と常年互助組の2種類があった。臨時互助組は、生産活動を農家毎に行い、農繁期など必要に応じて組織されたものである。従って、規模が小さく構成員も不定である。常年互助組は、個別の農家経営ではあるが、種蒔、灌漑、収穫などの農作業及び農産物の販売を協同して行うもので、1年間の農業計画の下での長期的な協力組織である。

互助組への参加や脱退は自由であった。必要に応じて取り決めた規則に従って、労働、農具、役畜の交換が行われた。交換の基準は貨幣ではなく点数で計算された。馬は1日20点、人は1日10点で計算した。時にはこの点数を食糧に交換する場合もあったが、いずれの交換も互助組の内部に限られた。互助組の規模は4〜7戸で、構成員が互いに信頼関係を持ち住居も近接していたため農作業の調整がし易くその組織運営は順調であった。

1954年には食糧総生産量が16,950万トンに至り1949年に較べ49％増加した。綿花の総生産量は2,130万トンで138％の増加、1人当たりの農業総生産高は132.65元で39％の増加であった。このような急速な増加の理由には、互助組の浸透や農業技術の改善に加え、全国で74,300本の水路が開削され、166万ヶ所の堤防が整備され、45万ヶ所に井戸が掘られたこともある。また灌漑面積も150万ha拡大した。

互助組は基本的には生産手段の私的所有に基づく個別利益のための協力組織であり、共有資産はなく、組織の運営は農家の自発的な意識決定で行われた。従って、

それは《私に基づく共を求める》試みだと表現されるが、それ以上に、従来の血縁集団に代わって農家の間に多元的な協力関係が生まれたものと評価できる。

しかしそこには3つの問題があった。第1には、土地、労働、その他の生産手段を多く所有し豊かになった農家があった一方、経営に失敗する農家も出てきたことである。前者は、互助組を通じて他の農民の労働力を利用し、それによって所得が増えただけでなく土地の追加購入を始めた農家である。後者は、協力の対象となる役畜も労働力もないために組織から排除され、苦境に陥ると土地を手放す以外に方法がなかった農家である。その結果、土地改革の理念にもかかわらず、土地の売買によって破産農家が生まれるようになったのである。

第2には、農業部門の余剰資源（農産物と労働力）を、その数が1億にのぼる個別農家から収取する行政費用の問題である。行政官のほとんどは国民党と共に台湾へ移動し、共産党政権に残された行政官の数には限りがあった。

第3には、社会主義建設を工業部門から始めるか或いは農業部門から始めるかの戦略的問題である。理論的には、都市労働者による工業部門の社会主義化を進め、農業機械の生産・供給を待って農業の集団化を行うものと考えられていた。しかし、当時の中国は純農業国であり、農業原料による工業製品価額が全工業の41％、軽工業では72％を占めていた[23]。また、都市や工業部門での食糧需要の急増に農業生産が追いつかず食糧輸入が増加する傾向にあった。中国の経済発展は農業によって制約されており、農業生産力を伸ばすことが社会主義建設の基礎になったのである。

このような問題に対し、生産手段の共有化と農作業の共同化が中央政府の方針となった。1953年12月、「農業生産合作社の発展に関する議決」が承認され、1954年に互助組から初級合作社への移行が推進された。合作社の設立における障害は、富農よりもむしろ中農であった。中農は小作農を搾取するような立場ではないが、その数が多く考え方は保守的で共有・共同には反対が多かった。そこで中農を中農下層階級と中農上層階級に分け、貧農と中農下層が中心になって合作社を設立するよう働きかけた。その後、中農上層と富農の希望者を加入させ、加入しない階層を孤立化させるという方策をとった[24]。これは、土地改革で経験した運動を、新たな階級意識を触発させながら再度展開したものであった。

初級合作社の規模は互助組よりはるかに大きくなり、一社あたり30～80戸の

農家によって構成され、その数は400万に至った。そこでは、土地、役畜、農具などの生産手段は基本的に合作社社員（参加した農家）の私有財産として認められた。土地は、自家用野菜の作付け地を除いて出資として合作社に供出させ、年末にその土地の利益配当が社員に支払われることとなった。役畜と農具については、(1) 短期雇用、(2) 長期貸与、(3) 出資の選択が許された。短期雇用では、役畜は農家で飼養され、合作社は雇用した場合に飼い主に一定の料金を払う。長期貸与とは、役畜を契約に基づいて長期的に合作社に貸し出し、合作社がそれを飼養すると共に持ち主に貸与料を払うものである。出資とは、土地と同様に出資として合作社に供出し、年末に利益配当を受けるものである。水車、荷車など大型農具の扱い方も同様である。これら生産手段の利益配当は労働報酬よりも低く設定された。つまり生産手段の私的所有を認めると同時に、その余剰価値は最小限度に止められたのである。農作業は共同で行われ、労働点数に基づいて報酬が支払われた。点数とは互助組の時代にお互いに交換した労働力を計る単位であったが、初級合作社でもこの点数制が使われたのである。

　このような社会主義建設への動きに応じて、ソビエト連邦（現在のロシア）は工業化のための54億ドルの資金援助と156の基幹プロジェクトに技術援助を行うこととなった。また中国側では、その基盤整備のために2,000万人の農民を合作社を通じて動員することが可能となった。この工業化の一環として、1974年にはトラクターをはじめとする農業用機械の製造が始められた。

　一方、1億の農家が400万の組織にまとめられたことによって、徴税・徴用のための行政費用を100分の1に低減させることができたと言われる。1953～1955年には、農産物は市場価格で評価されており、行政費用の低減分は利益として国家と農家の間でシェアすることができ、農家経済を潤す一助となった[25]。

　しかし、初級合作社にもその成立以来、様々な問題があった。1つは、農家の私的利益と組織の共同利益に関する意識の違いである。農家にとっては、出資した土地や生産手段に対する報酬が少なく感じられ、組織によって騙されているのではないかという不信感があった。他の1つは、今までの家族経営の経験と組織による共同経営の不調和である。農家にとっては、従来の農業経験が組織に生かされないばかりか、管理者の経験不足に起因する問題が相次いで発生したのである。その結果、初級合作社から退社する農家が増加し、1955年7月には28％の

合作社が解散するといった事態に陥った。

　このような事態に拍車をかけたのが、農産物に対する統制価格とトラクターに代表される農業機械の導入であった。上記の工業化の進展に伴い、1953 〜 1955 年に都市の食糧需要が急増し工業原料となる農産物需要も拡大した。工業化の原資を持たなかった政府は、それまで市場価格で評価していた農産物を統制価格に変更し、都市に安い食料と原材料を提供して工業部門の育成を図らねばならなかった。また、トラクターをはじめとする工業製品の市場を農村に求めざるを得ず、初級合作社にそれらの購入が半ば強制されていったのである。

　これらの問題は、1956 年には農民暴動に発展していった。このような問題に直面し共産党中央委員会の内部では、いくつかの意見対立があったと言われる。しかし、結果的には工業化に有利な方向に農民を再編することが決まり、初級合作社から高級合作社への移行が進められた。ロシアの技術指導で作られた農業機械は大型であり、その有効利用に見合う大規模な共同経営体を創出することが、工業部門のみならず農業部門にも利益をもたらすと考えられたのである。

　400 万の初級合作社は 70 万の高級合作社に合併されることとなり、1956 年夏から翌年秋の 1 年間に、甘粛（Gangshu）、貴州（Guizhon）、四川（Sichuan）、雲南（Yunnan）と少数民族地域を除く 80％以上の農家が高級合作社に入社した。このような急速な組織再編は農家の自発的なものではなく、土地改革や初級合作社の設立に見られたような運動を伴うものでもなかった。後に、イデオロギー闘争と粛正に発展する強い政治的意図の下に、地方及び農村の共産党幹部を動員して推進されたのである。

　高級合作社では社員の土地は合作社の集団所有となり、土地改革時に配分された土地証明が廃止された。大型農具と役畜には一定の値段が付けられ共同財産として買い上げられた。水利施設等には、所有者の投じた労働および経費に対し相応の補償を支払い、建設費に未返済がある場合には合作社が責任をとるなど集団所有への切り替えの摩擦を低減するよう配慮された。

　高級合作社の下には生産隊（shenchandui）と班（ban）が組織され、生産隊を単位とする生産請負制が行われることになった。生産請負制には、包産（baochan）、包工（baogong）、包成本（baochengben）の 3 つの基準が設けられた。包産とは、生産隊の生産条件と技術水準に基づいて決められた生産量を請け負うことであ

る。包工は、その生産量を達成するのに必要な労働時間を予め決めておき、その労働力の提供を請け負うものである。社員は農作業を生産隊毎に共同で行い労働点数で労働量が計られた。包成本は、同じくその生産量を達成するのに必要な資金・資材の量を決めておき、その提供を請け負うことである。合作社では、生産手段の償却費、国に対する税金、共同積立金を差し引いた後、仕事の量と質に応じて社員に配分した。上記の指標を上回った生産隊には報償金を与え、達成できなかった生産隊には罰金を課したと言われる。

　しかし同時に、弱者に対する配慮が為された。生産隊長や班長は、通常の作業ができない社員にも適切な仕事を割り当て、全ての社員がその能力を発揮できる機会を持ち一定の収入が得られる体制をとることが指示された。老人や障害者がその対象であったが、それは恩恵を与えるというものではなく、働く権利と正当な労賃を保障する同一労働・同一賃金の原則に基づくものであった[26]。勿論、そこには男女の差別もなかった。

　共同所有・共同作業を原則とする高級合作社の組織化によって、大規模な土地利用と水利建設が可能になった。水利建設は河南省から始まり、それを伝えるマスメディアによって地方幹部の競争心がかき立てられ急速に全国に拡がっていった。農民の労働力を前提とした水利建設ではあるが、あまりに急速に展開されたため、基本的な建設資材やトロッコのみならず、スコップや鍬などの道具さえ不足した。そのため、この水利建設運動は、高級合作社がこれらの道具や工具の製造工場を建設することを誘発しその材料となる鉄の需要を高めた。しかし、その需要に応える石炭や輸送手段が不足し、ついには各合作社が小規模な製鉄までも始めることとなった。1957年秋に始まったこの水利建設と農村工業化は大躍進（dayuejin）という名の下に狂気のように進められ、それを象徴する合作社での製鉄は土法製鉄（tufazhitie）運動と呼ばれた。

　後には農村の疲弊をもたらす大躍進には、それが進められた2つの背景があったと考えられる。1つには、中央政府がこの狂気の機会を捉え、1957年冬から翌1958年の春にかけて反右派闘争或いは整風（zhenfeng）運動と呼ばれる粛正を行い、農民の強制的な組織化と無謀な労働動員に批判的な知識人、民族資本家、一部農民を一掃し、社会主義化への思想統一を図っていったことである。他の1つは、そうまでしなければならなかった国際的な事情である。

当時、ロシアでは工業化が完成の域に達し、その同盟諸国に市場開放を要求するようになった。これに強く反発したのは、ソビエト軍（実態はロシア軍）が駐留していなかった中国、ベトナム（当時は北ベトナム）、ユーゴスラビアであった。特に中国の市場は大きく、これを機に両国の関係は一気に悪化し、1957年にはロシアの対中援助が完全に停止されたのである。これは、中国にとって工業化への道が閉ざされたことを意味し、資本の投入を労働力に代替させることが唯一残された方法だったのである。

以上の2つの理由が背景となって、農民組織の拡大と強化がさらに進められることとなった。当初100〜300戸の規模であった高級合作社は、1郷1社を目途に合併し、500〜1,000戸の規模にすることが図られた[27]。そこでは、合作社という経済機能に加え、計画経済の末端組織として行政機能を果たすことも期待されたのである。合併した高級合作社には、共産主義公社（gongchanzhuyi-gongshe）、大隊（dadui）、集体農荘（jiti-nongzhuang）など様々な名前が付けられていたが、河南（Henan）省新郷（Xinxiang）県七里営（Qiliying）村で名付けられた人民公社が採用され、1958年8月、共産党中央委員会は「農村における人民公社の設立に関する決議」を行い、農業、工業、商業、教育、軍事（民兵）を含め、農村における共産党の党務と一般行政事務を合わせた総合的管理機能を担った組織を形成することとなったのである。

毛沢東（Mao-Zhedong）は、人民公社の規模について「郷を単位として2,000戸位にすべきである」、またその役割について「我が国の共産主義の実現は遥かな未来のことではない、人民公社という組織を積極的に活用し共産主義に移行する具体的な道を見つけよう」と発言した。これを契機に人民公社への移行は国を挙げて行われ、当時の新聞記事の60％が人民公社に関する報道で占められたと言われる。その組織化は猛烈な勢いで進み、わずか5ヶ月の間に全国の99％の農民が人民公社に入社した。このような組織化の進捗には、地方幹部に対するイデオロギーの徹底が反右派闘争を通じて為されていたことと、農民にとっては直接関与するわけではない行政機関という上部構造の変革であったことがあげられる。1957年の高級合作社の規模は平均160戸であったが、1959年の人民公社の規模は平均5,000戸になり、1万戸以上の人民公社も出現した。いずれにしろ、全国70万の高級合作社は9万6千の人民公社に統合され、1960年代にはさらに

合併を進め、その数は7万8千になった。

人民公社の構造と機能

　私的土地所有は完全に否定され、それまでのわずかな個人所有農地、大型農具と役畜も全て人民公社所有となった。以後、1979年の改革開放が始まるまで、中国の所有制度は人民所有（国有）と集体所有（共有）の2つとなる。人民公社所有は後者を意味する。農村における銀行、商店なども集体所有の名の下で人民公社に管理されることになった。

　高級合作社時代の生産請負制は廃止され、農民は民兵組織の班（ban）・排（pai）・連（lian）・営（ying）・団（tuan）に組み込まれた[28]。人民公社全体の生産計画と農作業の日程が組まれ、その都合で村落を越えて農作業が行われた。農民の分配は、1日の労働に対して日当が支払われるのではなく、合作社で行われたような残差分配方式に基づいて行われた。収益の60～70％が公社の生産費用、管理費用、公益金などに使われ、残された分が個人消費として分配されたのである。個人消費に分配される部分は賃金制と供給制とに分かれる。賃金制に基づいて分配されたのは、銀行、商店、医院、学校などの職員に限られ、多くの社員（農民）はその家族構成に応じて分配された。

　人民公社の下では様々な社会的変化が生まれた。まず第1に女性の家庭からの解放である。男性が水利建設や製鉄作業に動員されると、農作業は女性が担当する。女性が外で働くためには家事労働や育児労働が社会化されねばならないため、公共食堂と共に老人ホームや託児所が設けられた。こうして社員の生活の大部分が共同施設で行われるようになった。公共食堂は村域とは関係なく100～200戸毎に設けられ、昼食も夕食も食堂で供給された。

　第2の変化は教育の普及である。高級合作社の時には文盲一掃委員会が設置され、非識字率の解消を目指し、読み書きそろばんを中心とした教育が農作業の合間や農閑期を利用した農村青年学級で行われた。その結果、非識字率がそれまでの90％から40％まで激減したと言われる。しかし、教員の養成や学校の整備が行われたわけではなかった。経営単位が高級合作社から人民公社へと拡大することによって、正規の小・中学校が人民公社費用で建設された。1958年には24,800校が建設され、学校の敷地、教師の賃金、その他の費用は人民公社によって負担

されることとなった[29]。

　人民公社は食料の自給単位でもあった。綿花など経済作物地帯でも可能な限りこの方針が貫かれた。農業、林業、牧畜業、水産業、副業も共同で行われた。さらに新しい点は重工業部門の項目も入れられたことである。手工業の延長でしかなかったとはいえ、肥料、セメント、鉄材、電力、農業機械、農工具、軽便鉄道等を含み、農業生産や水利建設の基盤となる工業部門も自己完結するよう意図されたのである[30]。

　そのための社会的条件整備の1つが、1958年、人民公社の登場とほぼ同時に決議された「戸口登記（Huokon-dengji）条例」である。この条例によって、農民の都市への移動も人民公社間の移動も禁止された。農民が農村から都市に移住する場合には、必ず都市の政府機関が発行した就職証明書、学校の入学証明書、或

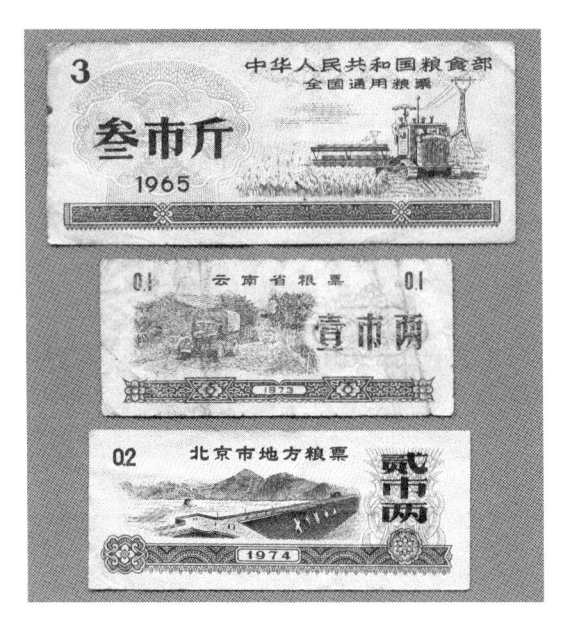

写真4-1　旅行用食券
食糧は所属する単位を通じて配給された。従って農民のみならず都市住民（公務員）も写真のような食券を支給されない限り旅先で食事をとることはできなかった。汽車の切符を購入する際にも料金の他に上部機関の発行する旅行許可証が必要であった。写真は筆者（余語）が外国人に未開放の地域を旅行する際に支給されたものである。

いは都市の戸籍管理機関の移住許可書を持って農村の戸籍管理機関に転出手続きをしなければならないと規定された。それは、農民の身分を証明し、その政治生活と社会生活、例えば、農民の選挙権と被選挙権、正当な居住権と移住権、さらには就職、教育、食糧、布類の購買を保障するためであるとされた[31]。

　この戸籍制度によって、農村から優秀な人材が都市へ流出することはなくなった。1960年代から1980年代にかけて、都市の季節的・臨時的労働需要に応じて農民が都市へ働きに出る亦工亦農労働（Yigong-yinong-laodong）制度が導入されていた。しかし、この制度で雇用された農民も都市の戸籍を取得することはできず、一定の就業期間を終えたら農村に戻らなければならなかった。後には、彼らが国営工場で身に付けた技術と経験を活かし、農村企業の発展に貢献していくこととなるのではある。一方、外からの流入もなく、企業、商店、学校などでの人材需要は、全て人民公社の内部で賄われねばならなかった。

　この人民公社を基礎的な自給圏とする構想は、上級の行政単位にも拡大された。この時期の中国の行政機構には、中央政府と人民公社の間に、省級政府と市・県級政府が設けられていた。1957年、これらの地方政府にエネルギー産業や軍事産業を除く国営企業の管理権限が委譲され、投資権限も著しく拡大された。これには、ロシアとの戦争に際し、各省が1つの経済圏として独立して戦争を継続できるようにする戦略的目的があった。

　しかし、この地方分権が大躍進挫折の一因となったのである。1958年から1960年にかけて、省政府から人民公社までの地方政府は野放図な投資拡大を行ったのである。雨後の筍のごとく設立された人民公社企業もその90％以上は経営が破綻して閉鎖されることになったと言われる[32]。また、農民の過剰な労働動員は農業生産の妨げとなり、慢性的な飢饉を引き起こし、少なくとも3,800万人が餓死するという事態に陥った[33]。実際の農作業においても画一的な生産様式には大きな問題があった。特に村境を越えての共同生産には、農作業の時期の逸失や作物管理の不備などの問題が発生し生産力が急激に低下したのである。初級合作社が高級合作社に移行した1956年と比較すると、1962年には食糧が17％、綿花が48％、油料作物が61％、麻が49％、製糖作物が63％、煙草が68％、蚕繭が49％、果実が13％、林産が79％、役畜が21％、養豚が10％、水産が14％減産したのである。

中央政府は即座に4つの政策をとることとなった。第1に既存・新規に関わらず投資案件をすべて停止すること、第2に農業重視政策に変えること、第3に石油掘削事業を優先しエネルギーの転換を図ること、第4に1957年以前のような中央集権を強化することである。しかし一方、これらの政策に加え、人民公社体制の調整も必要であった。特に1959年に鄭州（Zhengzhou）で開かれた会議では三級所有（sanji-shuoyou）制についての議論が行われ、生産大隊を基礎として共同生産と共同生活の組織範囲を縮小することが検討されていた。1962年2月、共産党中央委員会の「農村人民公社の基本計算単位に関しての指示」によって、農民の軍隊的編成の停止とその象徴である公共食堂の閉鎖、人民公社・生産大隊・生産隊による三級所有制の導入、基本採算単位を生産隊とすることが明示され、後期人民公社体制が始まった。

後期人民公社の特徴は、(1) 三級所有制における政社一体の構造、(2) 生産隊の独立採算と自主権、(3) 生産大隊への生活関連行政の委譲、(4) 人民公社における工業化の抑制である。人民公社の共産党委員会は、県から下された生産計画に基づき生産大隊と生産隊の作付け計画を指導し国への上納義務を課す。計画の実行を保障するため、政治宣伝の機構を設け、階級闘争の論理で政治教育を行い抵抗要素を抑える。このような人民公社、生産大隊、生産隊の階層的な隷属関係が、国家による生産資源の分配と政治決定の実現を可能にし、人民公社全体における統一的な指導と協業の組織化が行われたのである。同時に、人民公社、生産大隊、生産隊の各級に経営管理の自主権を持たせ、級別管理と独立採算が行われるようになった。

人民公社は大規模な農業資本財（大型トラクター、コンバイン、小規模ダムを含む水利施設）の所有単位であると共に、中・大規模企業の所有・経営単位でもある。生産大隊は中規模の農業資本財（トラクター、播種機等）を所有する単位であり、生産隊活動を調整する中間管理組織でもある。また小規模な企業の所有・経営単位であり、後に社隊企業（shedui-giye）の収入により経済実体となっていくのである。社隊企業とは人民公社と生産大隊が経営する企業の総称である。生産隊は農業生産単位であり、土地、労働、小規模な生産手段（役畜、小型トラクター、農機具）の所有権を持つ。生産隊は基本採算単位として、人民公社と生産大隊の生産計画に基づき、作付け計画、労働配分、収入分配を自主的に行う。自

然村が1つの生産隊になり、大きな自然村は1つの生産隊が30～70戸になるよう分割された。このような三級所有制の確立と同時に、農家の私的な利益への配慮が見られた。総耕地面積の5～7%が自留地（ziliudi）として各農家に分配され、農家は自留地の使用権と収穫物の処分権を持つこととなったのである。

　生産隊の総収入は農業（水産業・林業を含む）収入と副業収入から構成される。総収入から生産費と国へ上納する税を差し引いて総所得となる。総所得は、生産大隊と人民公社へ納入する公積金（公共積立金）と公益金、及び社員分配分に分かれる。

　公積金は拡大再生産に当てる蓄積部分である。これは生産隊と生産大隊に一定比率保留されると同時に、公社にも納入される。その比率は一般的に15～20%となっている。その内訳は、固定資産の購入費、機械や施設の修理費、農地整備の機械作業費、生産基金、備蓄基金などである。生産基金は生産隊の生産活動の運営を保障する蓄積であり、主に種子・化学肥料・飼料など生産資材の備蓄と立替えに使われる。原則として生産基金は他の用途には転用できない。備蓄基金は、戦時及び飢饉の際の生活費のための積立てである[34]。

　公益金は福祉事業に割り当てられる費用である。生産大隊に保留される部分は、老人ホーム・幼稚園・託児所の運営、教育資金、五保戸（wubaohu）といわれる生活保護世帯への衣・食・住・医・葬の5項目を保障する援助資金等に用いられる。公

表 4-1　生産隊の収入・支出・所得項目

収入項目	支出項目	所得項目
1.農業収入	1.収入項目別生産費	1.税金
2.林業収入	(1) 種子	2.公積金
3.牧畜収入	(2) 購入肥料	3.公益金
4.副業収入	(3) 自給肥料	4.上級機関への交付金
5.漁業収入	(4) 役畜・機械費	5.償還金
6.在庫評価増を含む　その他の収入	(5) 設備費	6.大隊からの分配金
	(6) 水電費	7.社員分配
	(7) 園芸材料費	(1) 実物分配
	(8) その他	(2) 年末現金分配
	2.管理費	
	3.在庫評価減・減価償却費を含むその他の費用	

（出典：嶋倉民生・中兼和津次『人民公社制度の研究』アジア研究所、1980年、p．63)

社へ上納される部分は公社経営の学校や医院などの運営に使われる。生産隊内に困窮農家が多ければ多いほど公益金の部分が増える傾向にある。支出超過農家が返済不能になった場合、公益金から補償されるからである。公益金の比率が増えると当然ながら社員分配が減ることとなる。

　生産隊における社員分配の比率は一般的には40％以下であった。分配の方法は各人民公社によって異なるが、多くは1労働日10点を基準に計算された労働点数に応じて支払われた。家計所得はこの労働点数に応じて分配された集団所得と、個人副業や自留地での生産物を農村市場で販売して得た個人所得から構成されることとなる。

　このような収益分配制度によって人民公社の資本蓄積率は20～30％に至り、福祉部門への収益移転も制度化された。また、集団所得の分配が労働点数によって行われるようになり、大躍進政策によって疲弊した高級合作社や初期人民公社時代の状況からは回復することができた。とは言え、高級合作社に移行する1956年と比較すれば、1人当たりの食糧は8 kg減少しその他の生産水準も上昇することはなかった。

　その理由として2つのことが上げられる。1つは、集団所得の分配基準が労働点数という単なる労働時間によって測られたことである。その結果、個々の農民は集団所得を上げるよりも、個人副業或いは自留地の生産を上げることに努力するようになったのである。この傾向は、後述する文化大革命（Wenhua-dageming）によって市場経済が喚起されるようになって一段と強くなった。他の1つは、採算単位を生産隊に縮小したことによって、生産隊の間での所得格差が大きくなったことである。それを補う形で、多くの生産隊は、その労働配分を集団副業や労働派遣など、農業外或いは生産隊外に向けていくととになったのである。社隊企業もそのような下からの要請に応じて発展していくこととなる。

　後期人民公社の成立時には、その工業化を抑制するために3つの現地の原則が適用された。それは、(1) 現地で材料を調達する、(2) 現地で加工する、(3) 現地で販売・使用するという意味で、その範囲であれば工業生産が認められたのである。具体的には、農民の消費生活に関連した5種類の小規模工業を人民公社が担当し、重工業は国家が担当するという計画経済下の分業体制がしかれたのである。それは同時に、国営企業が生産する重工業製品の市場として農村を位置付け

たことでもあった。しかし、余剰労働力の増加と企業経営の経験蓄積に伴い、社隊企業の規模は拡大し業種も多様化した。特に都市近郊地域にこのような状況が多く見られた。

　計画経済の意志に反して市場経済が発達し、社隊企業が多様化・拡大するようになったのは、皮肉にも文化大革命に起因するのである。文化大革命は、大躍進政策に失敗した急進的左派が、その巻き返しに1966年から1976年の長期にわたって主導した運動である。運動の基礎となるのは階級闘争であり、実務派の知識人や技術者を対象に黒1類や黒2類といった階級を恣意的に作り上げた。しかし、土地改革や農民の組織化に関わった運動とは違い、目指すべきものを具体的な発展段階として提示することはできなかった。そのため、階級的迫害と破壊行為が評価・競争の基準となってしまったのである。実務者を失った国営企業その他の政府機関は機能不全に陥り、計画経済の秩序が乱れ、都市における消費物資が極端に不足する事態となったのである。それが、社隊企業が3つの現地の原則を越えて市場に進出する契機となったのである。

　人民公社の製品は、当時唯一の流通経路であった国営商店での販売は許されていなかったし農村の定期市での販売にも限界があった。定期市は、既に述べたように、数日おきに開催される伝統的な農村市場であるが、計画経済の下では資本主義発生の場とみなされ厳しい管理下に置かれていた。多くは、都市に住む親族や知人などの人脈を通じて販売された。これは過去の血縁関係の復活であり、そのような血縁関係を持った一族が、その後、すなわち現在の農村社会での有力な立場を占めるようになるのである。また、大躍進の時に下放された知識青年や文化大革命で国営企業から追放された技術者の多くが社隊企業に参加し、起業と品質向上に貢献したばかりでなく、以前に在籍した国営企業との原材料や製品の相互取引を可能にしていったのである。このような変則的な状況下ではあったが、人民公社解体直前の1978年にはその総収入に占める社隊企業の比率は全国平均で28％に至っていたのである[35]。

人民公社解体の経緯

　高級合作社から初期人民公社、そして後期人民公社に至る長期にわたり、農業を基礎に工業化を進めるという国家戦略が貫かれた。農村は食糧の生産基地とし

てだけでなく、工業化のための費用と基盤整備のための労働力の提供基地としての役割も担ったのである。

　初期には2つの側面で工業化の費用を負担した。1つには、画一的な農業機械を配当という名の下で強制的に購入させられたことである。当時の工業技術では自然条件の違いに応じた多様な機種を製造することができず品質も劣悪であった。従って多くは使用できず放置されたのである。この失敗の費用を配当という制度の下で農民が負担したのである。他の1つは、1950年代後半にロシアから受けた54億ドルの資金援助と156の基幹プロジェクトの技術援助費の返済である。当時、十分な外貨も工業製品も持たなかった中国政府は、高級農産物（卵類、肉類、果実類）を農民に上納させ実物返済に充てたのである。

　一方、統制価格の導入以来、安い食料と工業原料の提供で都市化と工業化を支えてきたのであるが、特に中期以降は工業化の進展に伴い加工原料や中間財の輸入が増大した。それに見合う外貨獲得にも農産物が充てられたのである。この時期の農工間の価格差による収奪は、6,000億乃至8,000億元（Yuan）に上ると推計される[36]。同じ時期の工業生産高は9,000億元であり、従ってその3分の2を農民が負担したことになる。

　その他、全期間を通じて農民が負担してきたのは、道路建設や河川改修などの基盤整備のための労働提供である。農民が建設現場に派遣された期間の報酬は所属する生産隊が負担し、事業主である政府機関からは僅かな手当が支給されたにすぎない。この無償に近い労働費用は未だ計算されていないが、上記の価格差による収奪額よりも大きいと推測される。また、忘れていけないことは、既に述べた戸口登記条例による農民の定住地からの移動禁止である。これによって、農民の労働提供を受けた都市や機関は、彼等やその家族のための住宅費、教育費、医療費等の負担を免れたのである。

　このように工業化の費用と基盤整備の労働力を収奪し得たのは、1つには統制価格であり、他の1つは人民公社の政社一体の組織構造であった。この組織構造は、既に述べたように、一方では農民への資源配分を可能にしたが、他方では政治決定に基づく労働調達を一元的な縦の関係を通じて可能にしていたのである。勿論それには単なる命令でなく、大衆への奉仕というイデオロギーに基づく政治教育が大きな役割を果たしたのである。

このような国家と人民公社の関係が故に、農民の働く意欲が喪失したことは否めない。人民公社の生産高は国により決められ、農産物の上納高も国により定められていた。また、内部の分配制度も基本的には国により決められていた。しかも、豊作年だった1978年を基準に生産高や上納高が決められたため、不作の年には社員分配分が極端に減少したのである。さらにその70％は頭割りで分配し、残りの30％を労働による分配とされたので、労働に対する対価は僅かなものでしかなかった。

このような国家との関係以外に、その組織構造が故に、一部の人民公社内部では社会主義の理念から最もかけ離れた封建的支配が生起しつつあった。第1には、階級という《身分制度》が存在したことである。第2には、戸口登記と市場の規制によって《外部機会》が閉ざされていたことである。第3には、家庭を構成する生活・生産・管理の要素と、それに関わる土地・労働・資本のほとんどが人民公社に《固定》されていたことである。これは、地域社会に支配の原理が生まれる条件であり、人民公社幹部の恣意によって社員（農民）を私民化することすら可能であったのである。例え支配の原理が正当なイデオロギーによって支えられたものであっても、人間関係が緊張し人々の信頼関係が弱められることは事実であった。一部では、蓄積された資本の私的利用を含む濫用により、農民の不信感と生産意欲の低下を来していた。また特殊な場合には、社員の子弟の進学・職種の決定権や下放されていた女子学生の帰還許可権限を悪用して彼等を隷属させるなど、土皇帝（tuhuangdi）と呼ばれる人民公社幹部が誕生していたのである。

このような制度疲労は外部の改革、すなわち階級とか外部機会とかいった国全体の制度変革よりも、公社内部の改革、すなわち家庭の構成要素が固定（緊縛）されている状況から解放することが一番無難であり手っ取り早いことである。その一環として、封建的支配の生起の恐れが高く生産性も停滞していた安徽（Anhui）省で戸別請負制の導入が試みられたのである。

戸別請負制は包産到戸（baochan-daohu）と包乾到戸（baogan-daohu）に分けられた。包産到戸は戸別生産請負制を意味し、農耕地、役畜、農具など生産手段は農家に配分、管理され、生産隊が評定した生産高、生産費用、労働点数に基づいて、農家毎に生産を請け負うものである。請負分の生産物或いは収入を生産隊に納めれば超過分は自分の収入になるが、減産の場合は罰せられる。一方、包乾到

戸とは戸別経営請負制を意味し、農家は完全な経営権を持つようになる。農家は生産計画や生産投資を自主的に決定し、国に対する農業税と食糧提供の指標を達成し、生産隊への分担金（公積金、公益金など）を納めれば、残りは全部自分のものになるわけである。

　この制度は各地への広がりを見せた。戸別請負制は資本主義的傾向があるとして中央では激しい議論となっていたが、地方政府は辺鄙な地区或いは土地の痩せた地区を中心に試行を続け、1970年代後半には安徽省全体から四川省へと拡大していった。

　中国の農業戦略と農村政策が大きく転換したのは人民公社の成立20周年にあたる1978年から1983年にかけてである。転換の背景には文化大革命以後の工業及び農業生産の不振が益々深刻になったことがある。これらの問題解決のためにはまず個人の生産意欲と集団の生産力の向上を図る政策が最も重要だということが再認識された。1978年には、戸別請負制は社会主義に矛盾するものと規定され、その承認は先送りされたが、翌1979年には、辺境或いは交通の不便な農家に対して戸別生産請負制を認め、翌年には、困窮を極める生産隊に対しても戸別生産請負制と戸別経営請負制の併用を認め、長期的な安定を保持するよう指令が下された。また、生産隊の自主権の尊重、自由市場の復活、農業投融資の増大、農業税の減免などに加え、人民公社の労働管理と分配制度の改革が強く呼びかけられた。

　さらに1982年の「全国農村工作会議紀要」において、包乾到戸及びその他の責任制も社会主義における集団経済の生産責任制であることに変わりはないとされた。1983年には、戸別請負制は土地の集体所有制の上に創設され、農家と集団は請負関係を保持し、集団が土地を統一的に管理し使用するものであるから、戸別請負制は合作化以前の私的経営とは異なるものであり社会主義農業経済の構成部分であると規定され、社会主義体制と矛盾しないものとして公認された。これ以降、戸別請負制による農家経営が全国的に急速に拡大していくこととなった。

　このような禁止から限定的な追認そして推進という中央の政策変化に応じ、戸別請負制は1982年6月に全国生産隊の67％、1983年末には98％まで普及した。農業経営の主体は集団から家族に移り、集団的計画経営のために存在した人民公社の解体に拍車がかかった。1982年当時、約5万4千あった人民公社は、1983

年末には約4万社となり、1984年末には250社となった。最後まで残っていたチベット自治区の人民公社も1989年には解体された。1958年以来中国社会主義の象徴であった人民公社は完全に幕を閉じたのである。しかし、農家が実質的な経営主体となって農地利用を行い経営責任を負うことにはなったが、請負期間、請負農家の権利等に関わる制度的枠組みが確立していたわけではなく、地域によって様々な形態で実行されることとなった[37]。

（3）移行経済下の農村

改革開放政策の展開

1979年に始まった改革開放政策が意図したのは、人民公社の改革に加え、中央・省・県政府が管理する国営工業企業の活性化である。これら国営工業企業は、企業経営の会計単位というだけでなく、従業員の終生の生活単位でもあった。具体的には、従業員の住宅、病院、学校などの生活関連施設の運営費だけでなく、退職者への年金もその会計から直接支払われていたのである。重工業・軽工業に関わりなく、国家から配属された過剰人員を抱え、その生産設備も既に老朽化していた。1980年代前半の調査[38]では、多くの企業では職員住宅の大半が退職者によって占められ、彼等への年金支払いが従業員への給料総額よりも多いという状態で設備の更新もできなかった。また、生産管理だけでなく企業経営という観念も無かった。政府から与えられた生産計画に従って配分された材料を加工し指示された機関に製品を納めるだけで、何を幾ついくらで作るかという意志決定の権限は与えられていなかったのである。

資本も技術も経営力も不足したのである。共産党中央の経済委員会が、企業管理の立場にある各級政府の幹部を日本に派遣し、生産管理技術（特にQCC）を学ばせ、中央から市・県に至るまで企業管理協会を設立してその普及に努めたのは1970年代にさかのぼる。そのような技術改善に加え、1970年代末には、資本と経営力の不足を補うために、（1）経済特区の設置、（2）外貨管理、（3）貿易制度の改革を伴う外資導入が図られた。

経済特区は、当初、華僑の投資を呼び込むことを目的に彼等の故郷である華南4都市に設置され、その後、輸出産業の育成を目指して沿岸地域と国境地域に広

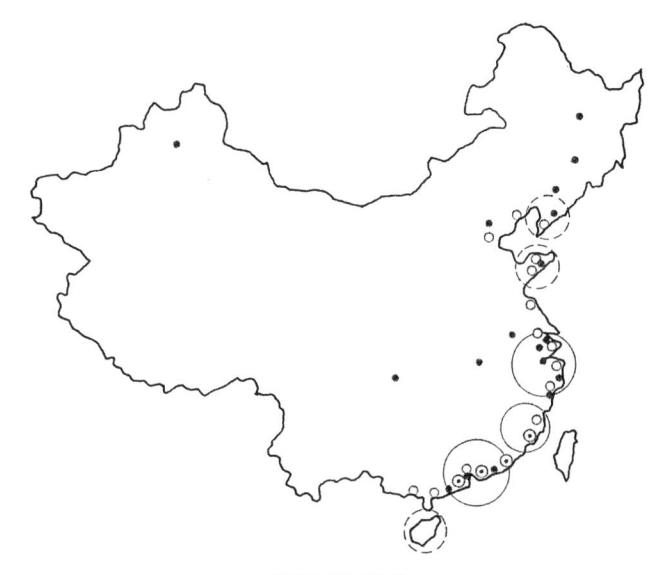

⊙ 1980年：経済特区4都市
◎ 1984年：沿岸開放都市・経済技術開発区14都市
◯ 1985年：経済解放区3地域
◯ 1988年：経済解放区3地域
• 1992~1993年：経済技術開発区18都市

図4-1 経済特区の展開
（作図：新谷直子）

げられていった。図4-1はその展開過程を示すものである。

1970年代には、外貨が国民の生活を脅かしたり投資以外の目的に使われるのを防ぐため、一般国民が使う紙幣（人民幣：renminbi）とは別に外国人用の紙幣（兌換幣：duihuanbi）を発行していた。兌換幣の交換レートは中央政府が実勢より高く設定していたが、海外との交易が高まるにつれその維持は難しくなってきた。1979年、政府は輸出業者及び輸出に関わる政府機関との交換用として内部決算レートを定め、1ドル1.5元に対して2.5ドルの補助を出すこととした。その結果、人民幣で取引される国内価格と兌換幣で取引される国際価格の間に二重価格が生まれた。政府は外貨調済センターを設立し、補助レートで人民幣と兌換幣を交換する取引所を設立したが、それを利用できるのは輸出関連機関と合弁企業に限定された。

また同時に貿易制度の改革も行われた。中国との貿易を行うためには貿易権という政府認可が必要であり、1978年当時は全国で10ヶ所の政府機関(進出口公司)がその権利を与えられ貿易を独占していた。1980年代にはその制度が改められるものの、輸入許可制度や輸入数量の割当制度、さらには高関税率を通じて国内市場を保護した。その結果、上記の二重価格を利用して国内価格で原材料を調達し国際価格で輸出することができる経済特区には、その貿易差益による不労所得という形での莫大な富が集中する仕組みがつくられたのである。

郷鎮人民政府の成立と農民負担

以上の優遇政策を受け驚異的な経済成長を続ける経済特区の展開によって、農村と社隊企業の発展も多大な影響を受けることとなった。改革開放という移行経済下の農村は以下の3つの段階に分けることができる。

①第1期（1979～1984年）：改革開放政策の下で人民公社が郷鎮人民政府へ移行し、農村市場は開放され、社隊企業も限定的ながら振興される時期。

②第2期（1985～1992年）：社隊企業が郷鎮企業に改称され、農村でも外資との合弁が進む中、集体経済の維持が意図された時期。

③第3期（1992年以降）：企業の個人経営や株式所有が認められ、農村も個人経済化が進み、福祉のための収益配分（余剰移転）が難しくなる時期。

5万4千の後期人民公社は4万7千の郷鎮人民政府に再編された。農村的な人民公社は郷政府に、農村市場を中心に商業活動が集積しているところは鎮政府の名称に分けられ、その下にあった約72万の生産大隊は約70万の村民委員会に、そして生産隊は村民小組へと変化した。1995年現在、1つの郷鎮政府は、平均で15.7の村民委員会、4,939戸の農家、人口19,449人で構成されている。1つの村民委員会は農家戸数315戸、農家人口1,239人となった[39]。

既に述べた戸別請負制の普及により人民公社の存在意義はなくなり以上のような郷鎮政府に変わったのであるが、この戸別請負制に続き、この時期の農民の生産意欲を高めたのは農村市場の開放であった。1983年「城郷集市(chenxiang-jishi)貿易管理方法」が発布され、都市の自由市場と農村の定期市が合法化されたのである。個別農家は庭先を利用した家畜の飼育、養魚、野菜や果実の生産を行い、地元の市場で売却するか或いは仲買人に売却するようになった。限られた土地や

資源のため、一般には何らかの1品目の生産を行うものであり、従って専業戸と呼ばれるようになるが、その実際は、戸別請負制の下での耕種農業を主とする兼業或いは副業農家である。

このような専業戸は請負専業戸と自営専業戸に分けられる。この2つに分かれる理由は、1つには自由市場への距離であり、他の1つは輸送手段の有無である。多くは村民委員会や村民小組が輸送手段を入手し、副業生産を人民公社時代の経験を活かして計画化し、それに基づいて個別農家が請負ものである。自営専業戸は文字通りの個別の経営であるが、ここでは血縁関係を中心とした経済聯合体（協業組織）の発生が見られる。いずれにしろその業種は、鶏・鴨・豚・羊・牛などの飼養、養蜂、魚・蝦などの養殖から始まり、農産加工、機械修理、運輸、建築、商業など様々な業種に発展していくのである。勿論、市場に恵まれない僻地では、何らの副業機会にも恵まれない農村が多く存在した。

しかし集体経済下では、土地など生産手段の共同所有は維持されていた。土地は村民委員会と村民小組の共同所有で、5年毎に各農家の家族数の変動に応じて土地の請負調整が行われた。企業の資産も共同所有であり、請負った者は決められた比率で利潤を村へ上納する義務を負っていた。このように例え個別農家の間

写真 4-2　地方都市の自由市場
1983年の地方都市の自由市場の様子。農民は場所代を払うだけで自由に販売できる。市場の横には全国の相場が参考に張り出されていた。
（撮影：余語トシヒロ）

に貧富の格差が生じても、生産手段の占有は許されなかったし、余剰の福祉部門への移転は保障されていた。

このような戸別請負制は、集体所有の基本に触れないまま経営方式の変革を図るものであったと言える。しかし、戸別請負によって経営が個別化したために、灌漑設備や農業技術水準の維持、種子の更新等が難しくなり、共有資産の散逸なども問題となった。そこで、集団機能の回復と強化を図った生産量リンク請負制（聯産承包制：lianchan-chenghao-zhi）が提唱され、集団の統一経営と個人の分散経営を結合させる双層経営という考えが生まれた[40]。

一方、共産党の一元的支配と集団営農が、戸別請負制を基礎とした郷鎮政府に改編されると、その行政肥大を帰結していくこととなった。従来の党委員会、政府、規律検査、人民代表、政治協商、武装の6部門に加え、多くの郷鎮政府では、税制、税務、公安、交渉、交通、衛生、食糧管理、農業技術、水利、種子、植物保護、農業機械、牧畜、食品、漁業といった戸別請負による分散経営を管理或いは支援する部門が作られた。そしてその下請けとなる村民委員会の人員も増大していった。

これらの行政費用を賄うために「農民の費用負担と労働義務管理条例」が交付

写真4-3 郷政府庁舎の外観
1981年当時の平均的な郷政府庁舎。人民公社が郷に名称替えとなったばかりで党委員会や人民武装部などは人民公社の時代のままである。入り口の横には党幹部と政治教育のための建屋がある。
（撮影：余語トシヒロ）

され、費用負担項目は三提五統（santi-wutong）と決められた。三提とは3つの拠出項目を意味し、(1) 公積金、(2) 公益金、(3) 管理費用を含む。公積金は農地整備、水利建設、植林などの固定資産建設費用で生産的投資目的とされた。公益金は生活扶助、貧困家庭補助、医療保険などの社会福祉費用である。管理費用は郷政府並びに村民委員会の経費で、幹部の報酬を含む。五統は統一して賦課する5項目という意味で、(1) 郷と村の教育事業、(2) 一人っ子政策、(3) 軍属・軍人の優待、(4) 民兵訓練、(5) 村内の道路建設に関わる諸費用である。表 4-1 に示した人民公社時代の生産隊収益分配項目に較べ、新たな負担項目が増えたばかりでなく、集団労働がなくなった分、従来の項目の費用負担額も増加したのである。

農村企業の発達と郷村の多様化

　既に述べたように、変則的な流通機構の下ではあるが、1970 年代末には社隊企業の収入が人民公社総収入の 28% を占めるまでになっていた。1979 年に始まった改革開放政策の下でも、社隊企業は現地の需要に応じた農産物加工業、縫製業、機械修理業、旅館・飲食業、廃材の再生・利用等に限定され、輸出農産物や重要な消費財の製造は許されてはいなかった。

　しかし、人民公社から郷鎮政府への移行がほぼ完了し、社隊企業が郷鎮企業に改称された 1984 年が大きな転換期となる。前年に農村市場が自由化され、戸別請負制の下での農民や副業を行う専業戸の経営が多様化し、農村自身が計画経済から混合経済へ、そして市場経済へと急速に変化していったのである。この急速な変化には、自由市場と個別経営の発展の他に次の 3 つの要因が見られる。1 つには、人民公社の解体により政府からの資源配分が無くなった代わりに農業税の支払い義務以外の命令を国家から受けなくなったことである。勿論、後には、郷鎮政府や村民委員会への負担が増えていくのではある。2 つには、請負専業戸を使って組織的な副業を行っていた村民委員会が村弁（cunban）企業設立の資金を蓄積できるようになったことである。3 つには、国営企業の経営自主権が拡大し、都市周辺の郷鎮企業や村弁企業に対する下請需要が増えてきたことがあげられる。1980 年代後半以降、郷鎮企業、村弁企業、個人企業を含む農村企業は毎年 20% 以上の成長率を示し、農村経済の重要な柱となるのである。

市場経済の導入は農村社会に急速な変化をもたらした。都市よりも豊かになった農村が生まれる一方、市場機会に恵まれず政府からの資源配分も受けられない極貧の農村も生まれたのである。1990年代前半には、両者の所得格差は公式統計で30倍以上に達する。土地をはじめとする基本的な生産手段の所有制度は同じであるが、両者を分けた要因は、一義的には市場へのアクセスであり、二義的には人民公社時代の組織経験とそれに基づく農村幹部の指導力、そして一部には技術経験を含む農村資源である。これらの要因の違いによって、集体経済下の農村は以下の3つに分けられる。

①経済特区や大都市に属する農村或いはそれに隣接する農村で、集団的に対応するほど利益が大きくなるため人民公社以上に組織化が進んだ地域。
②地方都市へのアクセスしか持たない中間地域の農村で、人民公社時代の組織経験や郷村幹部の資質によって多様な組織化と個人化の両方が見られる地域。
③地方都市からも遠く集団的対応の利益がないため、資源の存在や幹部の資質に関わりなく個人化が進む地域。

表4-2は、上記①と②を代表する地域内でも、アクセスの違いによる所得格差が如何に大きいかを示したものである。

大都市に属する農村或いはそれに隣接する農村では、人民公社時代の末期に既に高級農産物、水産物、畜産物の市場に恵まれていた。農村市場とは較べものにならない大都市の大量消費に向けて集団的な計画生産が為され、経済特区の指定による国際化はさらなる刺激となった。郷は1つの経営体としてのまとまりを見せ、自ら起業したり、土地を提供することで外資との合弁企業の設立も図るようになった。外資にとっても、工場を農村に設立して地元の農民を雇用する限り、彼等の生活福祉に関わる住宅、学校、病院は既に存在するし、国営企業のような年金負担も要らない。都市よりも農村の方が工場立地には有利であったのである。

表4-2　県別1人当たり農村社会総産値（単位：元）

		1985	1991
江蘇省	上位5県	7,400	18,110
	下位5県	620	1,310
河南省	上位5県	1,060	4,520
	下位5県	350	560

(資料：『中国農村統計年鑑』1990及び1995)

また、合弁企業の業種には労働生産性の高い電子工業や化学工業が多く、その収益の半分を得る郷政府はますます豊になっていった。企業管理を担当する地方政府の幹部にとっても、国営企業よりも郷鎮企業の方が裏金を上納させ易いのでその設立を全面的に支援したのである。

　利益は、農村社会を維持する三提五統の支出経費を遙かに超え、生活基盤の整備から住宅の一斉立て替え、人民宮殿という娯楽施設を建設しても余りあった。初期には工場で働く機会を得た農民と上納義務を果たすために農業を担当する農民の所得格差を埋めるための補助金制度も導入した。しかし次第に全ての農民が工場の給与生活者になると、農業や基盤整備の集団作業には僻地の郷村から援農隊という集団出稼ぎ農民を雇うようにすらなった。このような恵まれた状況では、贅沢な庁舎や迎賓館の建設による浪費、さらには幹部による私用・濫用があっても個々の農民には不満は生じなかった。むしろ、計画的な資源の転用や就職先の配分に素直に従い、村民委員会に分裂したり個人化したりすることなく郷全体で集団化が進めらられたのである。ここでは、幹部の指導力が集団的発展のための決定的な要因である必要はなかった。このような市場機会に最も恵まれた地域が、郷鎮政府に名前は変わっても、人民公社の体制そのものが1990年代においても未だ維持されるという皮肉な現象を生んでいたのである。

　一方、中間地域の農村には、上記のような恵まれた環境は存在しない。地方都

写真 4-4　経済特区に隣接する農村の風景
1980年代後半の風景。水面は高級食材スッポンの養殖池。背後は農民のために一斉に建て替えられた住宅や合弁企業の工場。
(撮影：余語トシヒロ)

写真 4-5　農民の娯楽施設
写真 4-4 に同じく 1980 年代後半の風景。経済特区に隣接する農村では成功の証しとしてこのような文化宮殿や庭園付き迎賓館を建てるのが流行した。
(撮影：余語トシヒロ)

写真 4-6　自動車製造の下請けを行う村弁企業
中間地域では大都市の消費財を生産する機会はなく、農村向けの消費財或いは国営企業の下請け工業が主な業種となる。
(撮影：余語トシヒロ)

市の限られた企業或いは遠方の大都市の企業と何らかの個人的関係（いわゆる人脈）を築き下請けの機会を得ることが必要である。そのような信頼関係を築いたとしても、外資の導入や国営企業の投資を期待することはできない。起業に際しては、資金と労働の面での集団化が不可欠である。しかし、郷という広い領域で自主的な共同性が生まれることはないし、人民公社時代の経験も弊害となっている。従って、経済特区に隣接する農村のような郷全体での集団的取り組みは難しく、村民委員会が1つの単位となっていく。その村民委員会の幹部には、外部との関係、内部での統率力、企業経営の能力という多様な資質が必要とされるのである。例え以上の条件が克服できたとしても、三提五統の支出経費をどの程度保障できるか、どの様な方法で徴収するかが村社会再構築の課題となっている。

他方、地方都市からも遠く市場機会に恵まれない農村では、何らかの自然資源があってもその企業化は難しい。都市住民を魅了する歴史遺産か自然環境がある場合には例外的に観光業が成立するが、多くは都市の大資本による開発となる。わずかな機会を掴んで援農隊による集団的出稼ぎが可能になっても、手数料や三提五統のために天引きされる分が多いので集団化の魅力は乏しい。違法とはいえ、個人にも都市で働く機会が開け個人化に拍車がかかり盲流と呼ばれる出稼ぎが一般的となる。その結果、郷政府や村民委員会の収入は不安定となり、村内の社会基盤整備や秩序維持は難しくなる。一方、郷政府や村民委員会の幹部が親族のために無用な行政部門を創出し税金を増やす。さらには、三提五統の支出項目以外にも何らかの名目で負担金を徴収する事態が起こり、紛争や小規模な暴動が起きる原因となっている。都市部における徴税機構が不備であり、都市から農村への移転支払いの制度が整備されないままに、善良な幹部ほど何をすればよいのかその方向性を見い出せないでいる。写真4-7はそのような地域での数少ない企業化努力の1つである。

無論、以上の3類型で改革解放後の農村社会の多様性を説明し切れるわけではないが、人民公社の解体以降、様々な方法で市場機会を村社会の発展につなげようとする努力が試行錯誤されたことは事実である。特に第2類型の中間地域に属する農村では、人民公社時代の組織経験と村民委員会幹部の考え方が自律的発展の大きな要因となったところであり、その多様性が企業化の違いとして表出したところである。以下では、そのような地域の1つである河南省禹州（Yuzhou）

写真 4-7　村民委員会による稲藁の紙漉
地元の唯一の資源である稲藁を漉いての紙生産の試み。商品にもならず集団化への失望が積み重ねられる。背後の住宅は写真 4-4 と同時期のものである。
（撮影：余語トシヒロ）

市域の農村企業の概要と村民委員会の事例を参考に、農村社会の新たな統合過程と農村社会あり方を見てみることとする。

4-2　禹州市域の事例

（1）農村企業の概要

　禹州市域の面積は 1,472 km² で、山、丘、平地が各 3 分の 1 ずつを占めている。市域には 23 の郷と鎮、650 の村民委員会、2,146 の村民小組がある。総人口は 107 万人、農村部の人口は 91 万 5 千人、労働力数は 39 万 7 千人である。

　本章の対象となるのは改革開放政策が進む中で集体経済が維持された 1985 年から 1992 年の間であるが、この時期は、県が市の下部機構に移行する過渡期でもあり、市域とはそのような県を含む広域市を意味する。また、社隊企業に発祥する郷鎮企業と村弁企業に加え、いくつかの単位の協同出資による連合体企業や個人企業も発生していた。以下の表 4-3 及び 4-4 は、これらを総称する農村企業

表 4-3　禹州市農村企業の形態と規模

経営形態	企業数	従業員数（人）
郷鎮企業	173	19,686
村弁企業	1,499	46,905
連合体企業	2,696	35,512
個人企業	32,747	74,041
合計	37,115	176,144

（出典：佐々木隆・陳立行による兎州市での聞き取り。）

表 4-4　禹州市農村企業の経済規模

総生産高	12億9,512万元
（内工業生産高）	（9億1,525万元）
総利潤高	1億7,329万元
税金	1,700万元

（出典：佐々木隆・陳立行による兎州市での聞き取り。）

表 4-5　禹州市の生産高別農村企業数

生産高	企業数
100～500万元	273
500～1,000万元	43
1,000万元以上	14

（出典：佐々木隆・陳立行による兎州市での聞き取り。）

の1990年当時の状況を示すものである。

　これらの農村企業の業種は次の3つに分けられる。第1は資源型の業種で、石炭（年産300万トン）とアルミ鉱石（年産4万トン）の採掘、建築材料（煉瓦、瓦、砂利、コンクリート）の製造などである。第2は伝統型の業種である。陶磁器、鬘製造、鋳物、製薬などがその代表的なものである。陶磁器は、宋時代より均瓷（Junci）として中国の5大産地の1つに位置付けられていたものである。現在は、工芸品、絶縁体、建築材料に利用されている。鬘製造は清の時代から始まったもので、現在髪の売買に携わる人が3,000人いる。鋳物業は少林（Shaolin）寺の大鐘を製造した頃から続いている。また、製薬業は明時代に薬商人が当市へ集められ漢方薬の集散地となったことを契機に始まったものである。1980年、当市は薬を売買する専門店街を新たに作っている。第3は最近新しく起こった業種である。機械工業、化学工業、軽工業などがそれに含まれる。大企業、大学、専門学

校等の技術指導を受け設立されたものである。年間の生産高で分類すると表 4-5 のようになり、最大の企業は 3,560 万元の生産高を上げている。

（2）社隊企業から農村企業への展開

　これらの企業化は 1975 年頃から始まったものである。人民公社時代は農民が工業や商業活動を行うことは資本主義的行為であるとして批判されていたが、農業生産を拡大するための工業生産は認められていた。つまり 3 つの現地の原則と言われるものである。そこで、農業生産のためという名目で多くの企業が設立されたが、そのほとんどは市場への販売を目的としたものであった。その頃に企業を設立したのは、全人民公社の 2 分の 1、生産大隊の 4 分の 1 に上っている。

　しかし、これらの企業の内、成功したのは半分位であった。成功したのは自力で 3 つの現地の原則という制約を乗り越えることができた企業、つまり市場開拓に成功したところであった。企業化に成功した人民公社や生産大隊は、その後、1978 年以降の政策変更を受け 1980 年代にさらに工業生産を拡大させている。このグループは先発型の農村と位置付けることができる。一方、失敗した人民公社や生産大隊の多くは、郷鎮政府と村民委員会に再編された後も 1986 年までは工場を設立しようとする動きを見せていない。借金を返済しなければならなかったことや市場と接触する方法を見出せないままにあったことなどが空白期間を生んだのである。

　ところで、1978 年から 1983 年の政策転換以降、戸別請負制の導入が決定され農業に対する生産意欲は高まり生産効率も上昇した。その結果、一方では労働力に余剰が生じるようになり、他方ではより高い生活水準を望むという農民意識の変化が出てきた。そして 1970 年代に工場を設立しなかった村民委員会の中から、工業・商業活動の導入により生活水準を上げようとする考えが出てきた。しかし、実際に工業・商業活動を開始することに対して、1970 年代のような批判を受けるのではないかという不安も依然として残っていた。従って、1980 年から 1985 年までは、村民委員会の幹部がどのような見方をするかによって、農村社会の企業化過程は大きく異なっていた。

　幹部が、農村企業は 3 つの差別、すなわち（1）都市と農村の差別、（2）肉体

労働と精神労働の差別、(3) 労働者と農民の差別を解消する唯一の道であるという見方を持っていたところでは企業活動が開始された。しかし、幹部が批判を受けるのではないかという不安を持っていたところは以前のままに止まることとなった。前者は伝統産業である鋳物業を主に企業化した。1980年に9,000万元であった生産高は市場経済の波に乗って1985年には3億286万元に増加した。この実績に加え、この地域の幹部達の認識が大きく変化したのは鄧小平 (Deng-Xiaoping) が郷鎮企業を積極的に評価する発言をした1986年である。それまでは、企業の設立に対して、前述の批判への不安に加え、(1) 社会主義の道を守れるかどうか、(2) 農業生産力が弱まるのではないか、(3) 農地がつぶれるのではないか、という彼等幹部自身の危惧も少なくなかったのである。しかし1986年後には、資金、人材、原材料、設備の4つを動員・調達しようという動き、また大企業や大学等と連携しようとする動きが広まることになった。

　こうして1970年代に工場を設立したが失敗に終わった人民公社や生産大隊、或いは1985年まで工場の設立に着手してこなかった村民委員会も、1986年以降、村弁企業の設立を計画するようになった。とは言え、これらの村民委員会にとって工場の設立 (村の幹部にとっては農民から企業家への転身) が以前より容易になったわけではない。前述のように、市場や大企業とのつながりを持たない農村では工場を設立しても製品の販売先を見つける手立てが無かったからである。

(3) 行政指導と支援

　河南省のような中間地域では行政の支援体制も重要であった。1978年以前には、禹州市政府には社隊企業を指導・管理するための独立した組織はなかった。第2工業局の下に社隊企業管理係を置いていたのみである。1978年にこの係を撤廃して郷鎮企業管理局を設置し、1986年にはそれを郷鎮企業管理委員会へ昇格させた。これによって、1つには郷鎮企業の生産計画を市の計画の中に組み込み行政支援ができるようになった。2つには郷鎮企業の製品に対し品質管理指導ができるようになった。現在、この郷鎮企業管理委員会は副市長を責任者として、5課 (生産計画課・企業管理課・科学技術管理課・経理課・安全課) 1室 (弁務室) を備えている。

新しく起業する村民委員会には以下の支援策がとられている。
①新しい工場或いは新しい製品に対しては 1 年乃至 3 年間の税金を免除する。
②石炭等の地下資源は国有であるが村民委員会にも開発を許可する。
③計画経済の下で配給される鉄鋼、木材、石油を郷鎮企業にも配給する。
④銀行ローンを利用しやすくする。
　現在、郷鎮企業が利用できる銀行には、中国銀行、農業銀行（或いはその下部組織である信用社）、建設銀行、工商銀行がある。これらの銀行が禹州市域の農村企業に貸し出している額は 1 億元に上っている。
　一方、既存の農村企業に対しては、生産高で 500 万元を達成するか、それまでの最高水準より生産量 20％、利潤 13％、税金 3％以上を増大させた場合、(1) 都市戸籍の枠 2 人を与える（1990 年には 40 人に都市戸籍が与えられた）、(2) 2,000 元の奨励金を与えるなどの奨励策を採っている。また企業を拡大させた幹部は農民企業家協会にその名を登録し、各人の経歴、業績などを冊子に載せ配布する。このような禹州市の政策を実施していくため、各郷と鎮のレベルでは副郷長或いは副鎮長が責任者となった経済連合社という組織が、各村では企業対策のための幹部組織が作られている。

(4) 村民委員会と村弁企業

　郷鎮企業、村弁企業、個人企業を含む農村企業全体が抱えている問題点として次の諸点が上げられる。第 1 には生産設備が古くなっていることである。先発型の企業ではすでに設立 10 年を経過しているものもあるが、設備の更新が行われている工場は少ない。第 2 は生産技術と管理技術の水準が遅れていることである。工業経験が浅いため、要求される技術水準が分かっていないか或いはその発展に追いついていけない工場が多い。また企業経営の面でも、人事管理や財務管理の方法が分かっていない幹部が少なくない。市政府はこれら問題改善のため、企業管理に関する年会を開き、品質改善や取引条件の改善のための教育を始めているがまだ十分とはいえない。第 3 は市政府の対応策も十分ではないということである。農村企業の変化（設立と解散）は未だ激しくその経営は安定したものではない。従って、何らかの生産体制を前提とした通常の手立てとは異なる行政支援が

必要とされるのだが、その方策は未だ見出せていない。

　農村企業の内、村弁企業の1つの目的は福祉10項目（前節で述べた三提五統に相応する）の費用を如何に捻出するかである。福祉10項目は、(1) 村民委員会運営事務費、(2) 役員報酬、(3) 学校教師の賃金、(4) 幼稚園の諸費用、(5) 老人介護費用、(6) 水利費、(7) トラクター利用費、(8) 傷病軍人の費用、(9) 民兵の訓練費、(10) 公共衛生及び道路整備にかかる費用である。この費用負担と企業化の特徴を念頭に禹州市域にある650の村民委員会を分類すると以下のようになる。

　①村弁企業を多様な業種に展開させながらその利益で福祉10項目を達成している村民委員会：その数43。
　②村弁企業を1つの業種に特化させながらその利益で福祉10項目を達成している村民委員会：その数85。
　③村弁企業の展開形態は上記の中間に位置しその利益から福祉10項目を達成している村民委員会：その数52。
　④村弁企業を所有・経営するが村民から福祉10項目の留保金を取っている村民委員会：その数330。
　⑤工業化或いは企業化が進んでおらず従って村民から徴収する留保金以外に福祉10項目の財源が無い村民委員会：その数140。

　以上から見て、企業化が進んでいる村民委員会は①、②、③に属する180ヶ村、工業化のできない理由を持った村民委員会は⑤に属する140ヶ村である。④に属する330ヶ村は、工業化が不十分なのか或いは他の理由により村民に福祉10項目の留保金を課している村民委員会であるが、その数から見て恐らくは前者の理由によると推測される。

　以下の第3節で紹介する西街（Xijie）村は①の分類に属する村民委員会であり、路庄（Luzhuang）村は②の分類に属する村民委員会である。第4節の岳庄（Yuezhuang）村は④の分類に、八里営（Baliying）村は⑤の分類に属する中で企業の設立を始めたばかりの村民委員会である。

4-3 西街村と路庄村の事例

(1) 西街村の村弁企業

村の概要

　西街村は2つの自然村、12の村民小組、世帯数1,100戸、人口4,000人から成る。人民公社時代の1日当たりの労働報酬はわずか1.75角（Jiao：0.1元）で血液を売る人がいたほど貧しかった。この貧しさから抜け出るために、1975年に生産大隊所有の工業企業を設立することを計画した。当時、国営企業は生産を停止しており市場では調理器具の品不足が起きていたので鍋類の鋳造・販売をすることとした。生産に従事することを希望した者が13人いたので生産大隊は彼等から合わせて1,000元の自己資金を出させると共に、県営企業で臨時工をしていた村民を呼び戻し技術指導をさせた。市場での販売は未だ認められていなかったので人づてに密かに売りさばくこととなった。それは当時では政治的にも経済的にも冒険であった。

　しかし製品はよく売れ、その年に5万元の利益があった。この利益は生産大隊の会計に入金され村民の生活資金に廻された。大隊はそれで1万7千元のトラックを購入することもできた。設立に関わった13人は、出資金の返還以外に特別な報酬は受けなかった。当時、農業では10点のところ工業は14点の労働点数であったので、他の人よりやや高い報酬を受けたのみである。ただし、呼び戻した臨時工の報酬は賃金制で月60元とした。

　その後、この鋳物工場の設立メンバーが中心になり次々と村弁企業を創っていくこととなる。1975年に印刷工場、1976年にレンガ工場、そして1979年にはレンガ工場をプラスチック工場に転換し、古くなったプラスチックから桶やお盆を再生し農村や中小都市で販売した。また、1988年には織物工場を設立した。

　1991年現在の企業数は47に増えている。主な内訳は、鋳造工場が15、プラスチック製品の製造工場が15、靴工場が6、織物工場が1、印刷工場が1、機械加工及び部品製造工場が4となっている。その内、村民委員会の出資による村弁企業は16で、その他の31は村民小組の出資による組営企業である。現在はこのように工業を主とする村になり、その総生産高は4,000万元に達している。そして

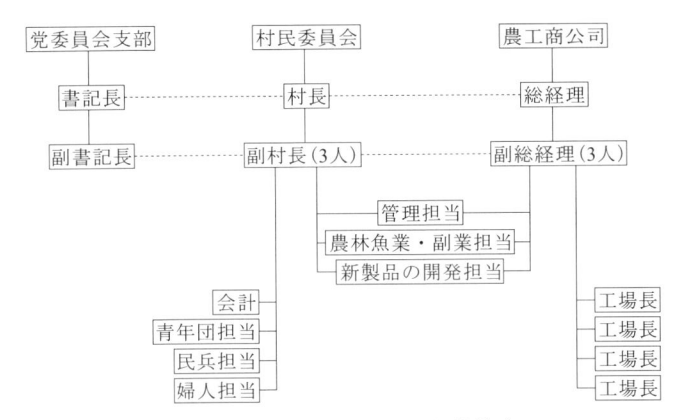

```
党委員会支部      村民委員会       農工商公司
   │              │              │
 書記長 ········ 村長 ········ 総経理
   │              │              │
 副書記長 ······ 副村長(3人) ···· 副総経理(3人)
                  │                  │
                  ├─ 管理担当         │
                  ├─ 農林魚業・副業担当
                  └─ 新製品の開発担当
                  │                  │
                ┌─会計            ┌─工場長
                ├─青年団担当       ├─工場長
                ├─民兵担当         ├─工場長
                └─婦人担当         └─工場長
```

図 4-2　西街村の村民委員会組織構成
（作図：佐々木隆）

福祉10項目は全て村民委員会が負担している。

　これらの企業で働いている人は2,500人であり、男が60％、女が40％の内訳となっている。労働力不足のため、村外から300〜500名の人が働きに来ている。なお個人企業として2つの問屋と2つの小売店がある。いずれも食品や日常雑貨を扱っており、20〜30人が従事している。

　当村が生産大隊から村民委員会に改組されたのは1983年である。図4-2の組織構成に示されている農工商公司は1984年に設置され、村の工業・商業・農業全体を統括するものとして位置付けられている。工業部門における公司の役割は、(1) 工場幹部の管理・教育、(2) 工場長の任命、(3) 工場の評価である。現在、公司の総経理と副総経理は、村長と副村長がそれぞれ兼任している。

　村民委員会の幹部は、農工商公司や工場の幹部としての報酬が支払われているので村民委員としての報酬は支給されていない。村民小組の組長を含む当村の幹部は、毎年6月に開かれる村民会議の場でそれぞれがどのような活動をしたかを報告することになっている。これは、旧生産大隊の頃からやっていることでそのやり方に変化はない。

農工商公司と村弁企業

　西街村の村弁企業は、農工商公司が用意した運営原則に基づき、各工場長が具体的な運営方法を決めることとなっている。農工商公司が示している原則とは、

企業経営に建前を持ち込むのは止め、労働意欲と作業効率を高める努力をするというものである。具体的には、(1) 仕事ができる人を抜擢し昇進させる、(2) 仕事への貢献度によって賞与を決める、(3) 工場の利潤は一定の比率で分配する、(4) 業務上の規則や製品の規格を明確にする、というものである。

工場長に与えられている権限は、第1に労働者の雇用と解雇である。村民を採用する場合はその適正が分かっているから試験は行わず工場長が決める。村外の人を採用する場合は、村民の推薦を必要とする。いずれの採用にも農工商公司は関与せず、あくまで工場単位で為されている。従って、不振になった工場の労働者を他の工場へ移動させるという工場間の労働力調整はない。第2の権限は、固定資産投資を除く資金の使用方法は単独で決定できることである。第3は、労働者に対する賞罰の権限を与えられていることである。そして第4は、工場の製品を変更する権限を持っていることである。

労働者の賃金は1977年までは労働点数により決められていた。1日14点を基準に点数を加減する方法で、どの工場に所属するかは関係なく労働の量と質に応じて報酬が決まった。1978年からはその方法を止め、企業への貢献に応じて賃金を決める方式に変えた。各工場で1人当たりのノルマを設定し、それを基準にして賃金高を決める方法である。従って、賃金水準は各工場の収益性に応じて決められ、平均賃金で見ると月100元から300元の差が出ている。賃金その他の経費を差し引いた利潤は、一定額を村に拠出した後、70%は工場の拡大再生産及び福祉に回され、残りの30%が賞与に当てられる。賞与分の内、30%は工場幹部に、70%は一般労働者に分配される仕組みになっている。因みに村長の給与は月500元であるが、賞与は5万元になっている。

当村の村弁企業はこれまで順調に拡大してきた。国営企業に較べ、村弁企業は需要の変化に迅速に対応できるという利点を活かして拡大してきたのである。しかし1989年には、この村でも経営不振に陥った工場が出た。そのため村全体で200～300人が一時的に職を失った。また、1989年の天安門事件以降、郷鎮企業に対して厳しい政策が取られたことから村民に不安が広がった。村民委員会はこれに対し、5つの不変という方針を出した。それは、(1) 継続して製品製造を行う、(2) 工場長の4つの権限を維持する、(3) 福祉10項目の村民負担の免除を継続する、(4) 仕事へ貢献した人の奨励・賞与を継続する、(5) 集団経済は維持する、

というものである。

　現在、村弁企業が抱えている問題点は、第1には原材料の不公平な配分システムである。それは、計画に基づいて配分される原材料でも国営企業より割高であり、計画以上に生産しようとすればコネを使わないと入手できないことである。第2は製品の問題である。この村の主力業種の1つである鋳物工場は国営工場で使う部品を作っているが、景気のよい工場に合わせて製品を変えていかなければならない。そのため、常にいくつかの国営工場の景気と製品の動向を把握していなければならないことである。第3は技術の問題である。国営工場の景気に合わせて製品を変えていくためには、それに対応できるだけの多様な技術を準備しておかなければならないことである。そのため、関連する国営工場へ毎年数人の労働者を2週間から3ヶ月間の研修に出している。その費用として、1人2週間で2,000元は必要である。

（2）村民小組の参入と農業生産

組営企業の参入

　当村の工業化の特徴は、企業数が多いことと組営企業の存在である。従業員の数も60人から200人と一定していない。業種毎に合併することもできるが、そうしない理由は3つある。1つには工場間の競争を維持するためであり、2つには村幹部となる工場長の養成機会が多くなるからである。

　しかし最も大きいのは3つ目の理由である。当村で工場が設立される場合には村民小組が主体となっている場合が多い。小組はまず企業化計画を立て村民委員会から設立許可をもらう。しかし、許可された場合でも販売先の確保は小組が独自でやらなければならない。資金の確保についても村民委員会は銀行融資の斡旋をするのみで特別の支援はしない。それは各工場の独立性を維持するためである。当村には12の農民小組があるが、現在全ての小組が工場を持つに至っている。表4-6は、12の小組の内、3つの小組の企業化の概要を示すものである。

　村民小組の構成農家は旧生産隊の時と同じで、名称を変えたのみである。組長は1つの工場長を兼任すると共に、他の組営の工場長を統括する役割も持つ。組営企業は、その利益から一定額を村民小組へ拠出することが義務づけられている。

表 4-6　西街村の村民小組の企業化

	第2組	第6組	第8組
人口（人）	630	580	248
戸数（戸）	126	110	62
工場数	3	1	3
店舗数	0	1	0
組長歴（年）	5	10以上	3
工場長歴（年）	5	10	5
農地面積（ha）	16.5	14.0	0
トラクター（台）	4	1	0
脱穀機（台）	4	4	0
収穫機（台）	3	3	0
トラック（台）	3	1	0

（出典：佐々木隆・陳立行による現地での聞き取り。）

拠出金の使途は組長の権限であるが、多くは小組のために使われる。各組が所有している農業機械はこのような工場からの利益により購入されたものである。

農業における双層経営の維持

　西街村では1981年から1982年にかけて農業にも戸別生産請負制を導入し、旧生産隊が管理していた農地を生産隊に属していた人の間で平等に分配した。しかし、農作業は現在も旧生産隊の時と同じ方法で行われている。村民小組が機械を所有し、専任の運転手を決め、耕起、播種、収穫を統一的に行い、ただし収穫物は農地の管理者のところへ運ばれる。この村は農地が少ないこともあり、この統一作業方式により1つの作業を1日で終える組もある。しかし、小麦の収穫作業だけは、第8組を除く全村の工場を3日間休みにして行う。その他の作業は個別に行うことになっている。どの家も働き手は工場勤務に就いているので農作業には工場の勤務後の時間が当てられている。

　主要作物は、小麦、玉蜀黍、大豆である。食糧の上納義務は小麦10トンであるが、現物ではなくお金で支払っている。収穫物は自給用に使われているが、玉蜀黍は売却して自給に不足する小麦を買っている。大豆は近くの工場で自給用の豆腐に加工している。表4-6にある第8組では農地が全て工場用地に転用され自給用の食糧生産がない。そこで第8組に立地している工場は食糧を購入して小組の住民に配給し、年末には1人当250元を配分している。

（3）路庄村の村弁企業

村の概要

　路庄村は回（Hui）族と漢（Han）族が混住している村であり、10 の村民小組に分けられている。世帯数は 380、人口は 321 人の回族を含め 1,610 人、労働人口は 720 人である。その内、工業労働に従事しているのは 450 人である。工業生産高は 1990 年で 420 万元、利潤はその 15 ～ 20％である。また、耕地面積は 140.3 ha で 1 人当たり 0.08 ha である。

　当村は 1985 年までは農業を主としていたが、それ以降は工業が主要な所得源になった村である。しかしその生産がディーゼルエンジンの部品生産に特化しているのが前述の西街村に較べた大きな違いである。製品の注文は東風（Dongfeng）機械場という村弁企業で一括して受け、各生産単位に作業を配分する。ここでの生産単位は個人企業である。そして生産された製品は東風機械場で品質検査を受けた後、この村の商標である東風機械場の名前が付けられ、全ての製品が 45 人の販売人を通じて販売される。この東風機械場と村民委員会の関係は図 4-3 に示される通りである。

　この村の工業生産は、受注・品質管理・販売の単位と生産単位が異なっている点に特徴がある。このような方法は、統一的管理と分散的生産、または 4 つの統一

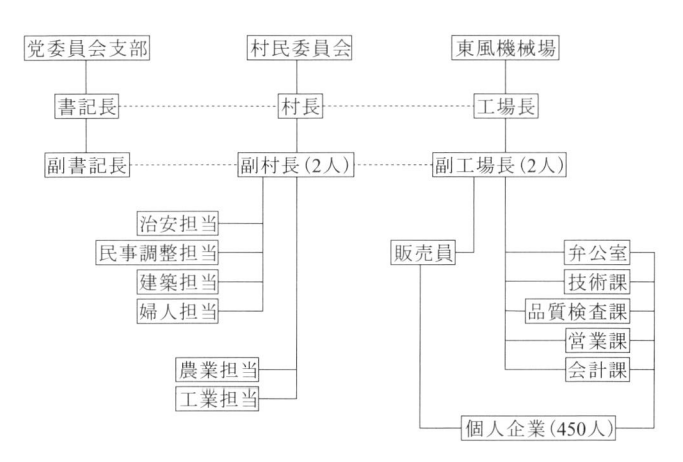

図 4-3　路庄村の村民委員会組織構成
（作図：佐々木隆）

と1つの分散」と呼ばれている。4つの統一とは、(1) 受注の統一、(2) 品質検査の統一、(3) 商標の統一、(4) 銀行口座の統一である。また1つの分散とは生産の分散であり、それにより各生産単位である個人企業の積極性を高めていくことである。従って、東風機械場は個人企業の連合体であると同時に村民委員会が直接管理する村弁企業であるという2つの性格を持っていることになる。この村での福祉10項目は、自給作物地以外の商品作物地の面積に応じて徴収する0.1 ha当たり90～120元と、個人企業が納める売上高の0.7%により賄われている。

村弁企業の中間組織化

　路庄村で工場が最初に設立されたのは1974年である。それは社隊企業の1つとして旧生産大隊が出資したものである。その時の参加者は鋳物の製造3人と部品の加工5人の計8名であった。そのきっかけの1つは、生産大隊が所有していた農業機械のエンジンがよく故障した上、部品の入手に時間がかかり、結局は自前で作ろうとしたことにある。他の1つは、偶然ながら、機械の修理工が生産大隊にいたことである。

　最初は古い機械を分解して部品を取り出しそれをまねることから始めた。1976年には部品の製造ができるようになり、今度はそれを販売することにした。販売先をどう開拓するかは大きな問題であったが、まず県の流通・販売機関である農業機械公司や人民公社の修理工場に接触することにした。最初は部品を持っていき無料で使ってもらった。2回目に行く時も部品を持っていき、相手からまた使いたいという反応があれば代金をもらった。そして3回目以降は、使用希望があれば注文してもらうという方法をとった。

　競合するのは国営企業の製品であるが、それは種類が少なく値段も高い、そして現金払いを原則としていることが分かっていた。そこでこの生産大隊では、できるだけ多様な部品を作り、廉価販売を心がけ、代金も後払いでよいことにした。こうして販路が拡がるに従い工場も利潤を生み出すようになった。利潤は全て生産大隊の収入となった。

　1977年には人民解放軍で修理部門を担当していた人が復員し、工場の技術水準が上昇したこともあって生産が拡大した。工場で作業をする人は1978年には20人、1980年には30人に、そして1982年には36人に増えた。しかし、この頃

になると2〜3万元の赤字が出るようになった。工場では作業をする人が20人に対し、作業をしない人が16人も増えていたのである。機械の管理も悪くなり、当時4台あった機械の内、2台は使えない状態になっていた。

　この問題を打開するため、村民委員会は戸別生産請負制を生産工程に導入し、注文と販売を村が統一的に行うこととした。1983年に工場と2台の機械を入札にかけ、それまで工場で仕事をしていた10人に請け負わせた。請負いできなかった残りの26人に対しては、個人或いは数人のグループで資金を集め、機械を購入して自分達で始めるように勧めた。村の幹部も自分で機械を購入して加工業を始めた。1985〜1986年頃には村内で加工業に従事する人は200人位にまで増え生産量も拡大した。しかし急速に拡大したため品質が劣るものも出てきた。そこで村は品質管理も統一的に行うことにし、必要な技術の講習会を開くことにしたのである。

　図4-3に示すように、営業課が注文を受け、個別企業の技術水準を考慮して仕事を割り振る。個別企業が営業課を通さずに注文を受けることは許されない。技術課は原材料の確保と個別企業の間の作業分担を調整している。各企業は、1次加工、2次加工、仕上加工に分かれており、注文の内容に応じて、各企業をこの分業システムの中に組み込んでいかねばならない。会計課は販売した製品の代金を受け取る窓口である。売り上げの0.7%を手数料として徴収し、東風機械場の職員の賃金や経費を賄う。ただし、45人の販売員には販売した額の10%が個別企業から別途支払われることになっている。

（4）個人企業の展開と農業生産

個人企業の展開

　個人企業の作業場は各家庭に設置されている。その数は97で、個人企業により管理されている設備は、部品加工用の機械が85台、鋳物高炉が10基、小型発電機が50台ある。個人企業には、(1)組営として村民小組が企業単位となっている場合、(2)3〜4戸が集まり1つの単位となっている場合、(3)1戸が単位となっている場合の3つがある。その内、60〜70の企業は数人規模の雇用を行っている。被雇用者には月150〜200元の給料と食事・煙草が支給される。村外からの就業

者には住み込みの場合もある。

　村外の人の雇用が増えているのは事実だが、それは東風機械場の部品加工業を村の枠を越えて拡大させることを意味しているわけではない。村の外へ広げると現在のような管理ができなくなるので、村外の人が個人企業主として東風機械場へ加わることは認めていない。

　東風機械場に関係する個人企業以外には、運送業9、商店6～7、病院1の個人企業主がいる。運送業は、東風機械場の製品と建築材料の運搬を主にしている。主な輸送手段は小型トラクター1台、馬車5～6台、人力三輪車3台である。個人企業の拡大によりこの村の中では余剰労働力はなくなっている。旧生産大隊の頃には多くの村行事や集まりがあったが、最近は春節の行事をするのみになっている。

農業経営の個人化

　この村に戸別生産請負制が導入されたのは1983年である。それ以前は生産大隊がトラクターを生産隊は役畜を所有していたが、請負を希望した農家に売却した。灌漑用ポンプも農家に売却している。従って1983年以降は、それらを所有している農家へ個別に料金を支払って作業を依頼する仕組みに変わった。

　主要作物は、小麦、玉蜀黍、甘藷、大豆である。面積は少ないが煙草、粟も作付けられている。小麦は82.5トンの上納義務があり、煙草は1人当たり0.1畝の作付け義務がある。村民委員会で作付け計画を作成し各農家に栽培面積を割り当てている。小麦の達成率は高いが煙草の達成率は20%位に止まっている。工場の仕事が忙しく手間のかかる煙草は敬遠されているからである。煙草の割当面積を栽培しない場合には80元の支払い義務があるが、村の人達は手間をかけるよりは80元支払う方を選んでいるのが実情である。

　とは言え、農民の農地への愛着は強く、農業をやめるために農地を返還するという農家は1戸もない。多くは、夫が工場に勤務し、妻が農業を担当している。ただし、小麦の収穫時期に当たる6月上旬の2週間は工場を休むことにしている。そこでは双層経営による統一的農作業が行われない代わりに、個人企業で雇われている人が雇用主の農作業に動員される場合が多くなっている。

4-4 岳庄村と八里営村の事例

（1）岳庄村の概要

　岳庄村は2つの自然村と8つの村民小組からなる。村の戸数は367、人口は1,600人、その内労働人口は650人である。農地は127 haあり、1人当たり0.08 haになる。
　この村で最初に工場が設立されたのは1974年である。それは生産大隊の工場として作られたものであり、工場はプレス加工用の機械を作るものであった。村の中に機械製造に関する技術的知識を持つ人がいたのが設立のきっかけとなっている。しかし1人では不十分だと思われたので数名の村民を県の工場へ派遣し訓練を受けさせた。生産大隊の工場では品質的には標準以下の製品しか作れなかったが、当時国営企業は閉鎖状態にあったので製品はよく売れた。そこで生産大隊では営業班をつくり各地へ訪問販売する形で販路を拡大していった。そして工場は60名の労働者が働くまでに拡大した。
　しかし、国営企業の生産が回復してくるに従い、品質的に劣る製品は売れなくなり1978年に工場を閉鎖した。当時はまだ赤字にはなっていなかったが、製品の売れる見込はなくなったと判断したのである。その後、生産大隊が村民委員会に改組され、村の幹部は企業の設立を考えてはいたが市場の状況を把握できず、倒産したら村民に申し訳ないなどの理由から設立に踏み切れなかったのである。現在操業中の2つの工場は1988年になって設立されたものである。このような村弁企業設立の立ち後れが、農家の個人的或いは集団的な副業を盛んにし、現在では、鉄蓋の製造業1戸、廃棄物の回収業6戸、運送業22戸、商業5戸、建築隊6組、れんが工場への出稼ぎ隊4組を生んでいる。建築隊や出稼ぎ隊の各組は10～20人で構成されている。
　岳庄村が生産大隊から村民委員会へ移行したのは1983年であり、その組織構成は図4-4に示す通りである。村弁企業が設立されたのが1988年と新しく、そのため企業収入で村民委員会の費用や福祉10項目の支出を賄うまでには至っていない。現在、請負農地0.1 ha当たり30元を各世帯から徴収して村費としている。

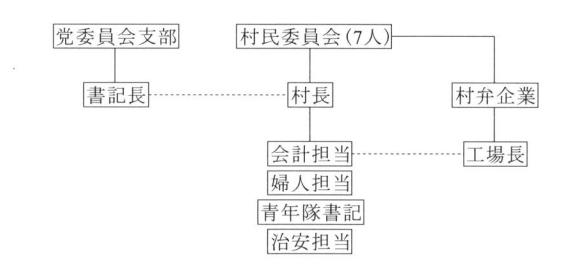

図 4-4　岳庄村の村民委員会組織構成
（作図：佐々木隆）

（2）岳庄村の村弁企業と農業生産

村弁企業

　村弁企業を設立しようという動きが村民の中からも出てくるようになったのは 1986 年であった。村民委員会で検討した結果、設備のかからない酒瓶の蓋の製造なら危険も少ないということで各地の酒工場を訪問して需要を確認した。その結果、1988 年に従業員 12 人規模のプラスチック製の蓋を造る工場を設立した。しかし、実際に生産してみると酒瓶の蓋は利益が少ないことが判り、翌年には薬瓶の蓋に切り替えることとなった。販売先の製薬工場には村から販売担当者が直接出向いて商談し販売契約を取る体制にした。1991 年には従業員 40 人規模の薬箱を作る工場を設立した。当初は、許昌市の製薬工場へ薬箱を販売している新郷（Xinxiang）県の工場の下請けとして出発した。しかし、この村の方が製薬工場に近いので、今では製薬工場と直接取り引きをする形になっている。このような販売交渉を担当する営業係として 4 人の村民を配置している。

　他方、50 人規模で活性炭を製造する化学工場も建設中である。工場用地には、以前プレス工場に使っていた村有地を当てている。製造予定の活性炭は、製品が基準に達していれば許昌（Xuchang）市の製薬工場が購入することになっている。そのための技術指導は、許昌市の企業局から紹介してもらった長葛（Changge）県の工場から受けることになっている。

　これらの工場の設立に当たっては、蓋の製造工場に 13,000 元、薬箱の製造工場に 12,000 元の投資が為されている。建設中の活性炭の製造工場には 18 万元程

度の投資が予定されている。これらの資金は次の 3 つの方法で調達されたものである。第 1 は、工場で働くことを希望する農民から集めた出資金である。第 2 は、村が運営する農場で働くことを希望する農民への課金である。これらは、工場や農場の利益を配分するという条件で集められたものであり、1 人当たり 500 元で計 31,500 元になった。第 3 は、銀行からの 19 万元の借入金である。

当村では、村民委員会の会計担当が工場長を兼務しており、工場の運営が全面的に任されているわけではない。工場は村運営の資金を増やすという目的の下に設立されているので、基本的な運営内容は村民委員会により決定されている。労働者として採用された農民には一律 60 元の月給を支給し、生じた利潤は全てを一旦村に帰属させ、村民委員会がその分配方法を決めることにしているのである。

農業生産

岳庄村には、生産大隊が直接管理する農地 2.7 ha、工場用地 0.7 ha、墓地 0.7 ha があって現在も村民委員会の管理地として引き継がれている。2.7 ha の農地は 5 年契約で農家に貸し出されていたが、1990 年の冬からは村民委員会が直接経営することになった。村民委員会はこの農地を果樹園として利用することにし、葡萄、林檎、梨、西瓜などの都市向け果実を植付けている。ただし、それらが収穫できるようになるまでは馬鈴薯を作付けしており、その栽培管理に 11 名の村民を農業労働者として雇用している。

一方、生産隊が管理する農地は 120 ha であったが、1969 年に当時の生産隊の構成員数に応じて平等になるよう再配分された。しかしその後の人口移動により、1980 年の戸別生産請負制の導入で個別農家に再配分した際には、生産隊の間で 1 人当たり 0.007 〜 0.014 ha の差が生じた。それ以降、人口移動による不平等を是正するため、各村民小組は 5 年毎に配分面積の見直しをしている。ただし 1 人子政策を守るため 2 人目の子供には分配していない。分配に際しては、生産隊長が主となり、生産条件の良い農地と悪い農地が平均するように各農家への配分を決めることとなっている。

この村の主要な作物は、小麦 86.7 ha、玉蜀黍 53.3 ha、甘藷 26.7 ha である。その他、粟や大豆も作付けられている。小麦の収量は 0.1 ha 当たり 500 〜 600 kg である。平均的な収入は、0.1 ha 当たり小麦は 420 元、玉蜀黍は 210 元である。小麦と

玉蜀黍の2期作が為されている場合は、0.1 haから630元の収入があり、その内310元の所得が得られる。この他に政府から割り当てられている作物として煙草がある。割り当て面積は1人当たり0.014 haになっているが、手間がかかることと地力が下がることからその栽培には消極的である。

　農作業は村民小組単位で行われている。農作業を実施するに当たっては、4つの統一が基本とされている。それは、耕起、整地、防除、灌漑の4作業を小組を単位に一斉に行うことである。これは、生産隊当時のやり方を引き継いでいるものである。耕起と整地には、分散している農地を除き、トラクターが使われている。村には、村民委員会が所有するトラクターが1台、村民小組が所有するトラクターが2台、計3台がある。これらはいずれも生産隊当時に購入したものであり、これらを使って小組毎に作業が行われる。トラクターを持たない小組は、村民委員会や他の小組から借入する。防除は、村民委員会が使用する農薬を決めた上で農民を雇って委員会所有の防除機で一斉に行っている。灌漑は、小組がそれぞれ井戸と水路の管理を行っているので組単位での利用方法を決めている。この4つの作業以外は、農家単位で行われている。ただし、主要な作業については統一した方法がとられているのでその作業効率性を高めるためにはどの農地で何を栽培するかも組で決められることとなる。

　このように作業を集団と個々の農家に分けて行う双層経営に加え、この村では、各家庭の庭先を利用した家畜の飼育、養魚、果実生産が盛んに行われている。1990年頃から始まったものであるが年間11万元の生産高を上げている。主なものは、採卵鶏の飼育で80〜100羽規模の飼育農家が55戸、2頭規模の養豚農家が333戸に上っている。その他、鯉の養殖、葡萄栽培なども行われている。この庭先農業は村の婦人会が中心となり奨励している。ここで生産されたものは、道端で開かれる朝市で売却される場合と仲買人へ売却される場合がある。卵は毎日、鯉は季節毎に仲買人が集荷に来る。鶏を80羽飼育している場合、1日の卵の売り上げは20元、鯉の養殖は年200匹の販売をした場合、1,500元から2,000元の収入になる。

（3）八里営村の概要

八里営村は3つの自然村と7つの村民小組からなる。人口は1,345人で戸数は312戸である。147.2 haの耕地と16.4 haの樹園地を持った農業生産を中心とした村である。

この村では、生産大隊の時代に2つの企業を設立した経験を持っている。1971年には村の外から職人を呼んで家具の製造工場を設立した。1972年には甘藷から着色料を製造する工場を設立した。これは原料の甘藷と鍋があれはできる簡単な加工である。いずれも10人程度の農民が従事する規模であった。製品を作ることはできたが独自に販売先を見つけることができず、人を介して紹介してもらった他省の販売人に販売を委託する方式をとった。しかし販売人から代金の回収ができず、家具製造は2年、着色料製造は3年で行き詰まった。この失敗があったため1990年まで企業は設立されていない。

1990年に設立されたのは砂輪の製造工場で、工場長を含む現在の従事者は17人である。個人企業の数も少なく、運輸業、織物業、露店商、建築業などが主な業種である。このうちの建築業を行っている人の場合は、専門学校で半年間、土木と建築について勉強した後、1982年、19歳の時に他村の建築隊に入り、1987年に独立し、現在20～30人を雇用している。雇用している人は、親族2～3人、近所の人20人位、村外の人5～6人である。村外のメンバーは変わる場合もあるが、村内のメンバーはほとんど変わらない。給料は1人1日5～6元である。

この村では、生産大隊は1981年まで存続したが、戸別生産請負制の導入に伴

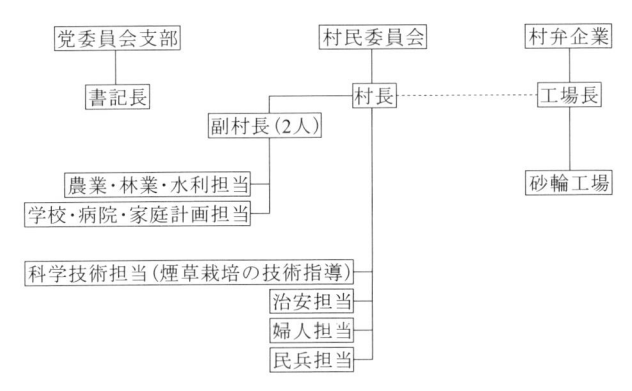

図4-5　八里営村の村民委員会組織構成
（作図：佐々木隆）

い1982年に村管理委員会という名称に変え、1988年に村民委員会を発足した。現在の組織構成は図4-5のようである。

村民委員会は村民から1人当たり8元ずつ徴収し、それで村民委員会の経費、学校教師の給料、民兵の訓練費などを賄っている。村民委員会の役員報酬は、村長が月55元、副村長は50元、他の委員は45元である。その他、村で何か行う時は別途村人から徴収することにしている。しかし、追加徴収は村長と村民の間に対立を生じ易く、実施するのは難しいのが実情である。

（4）八里営村の村弁企業と農業生産

村弁企業

　この村の唯一の村弁企業である砂輪工場は、現村長が、個人的に砂輪製造をやってみないかと誘われたことを契機に設立されたものである。この村では旧暦の3月15日に古庸会（Guyong-hui）と呼ばれる村祭りが催されており、その時は村の外に住んでいる親族や友人が村に集まる習慣になっている。村長には義兄が2人おり、1人は鄭州市の砂輪工場の技術課におり、もう1人は禹州市の砂輪工場の工場長をしている。この2人がある年の古庸会の折りに、技術面と販売面の面倒をみるから3人の共同で砂輪工場をつくらないかと誘ったのである。

　村長は就任の際に村民に3つの公約を発表していた。1つは水利事業の完成、2つは教育の充実、そして3つは村弁企業の設立であった。また政府からは、福祉に必要な資金は村人から徴収するのではなく村弁企業から調達するようにという通達がきていた。従って、個人の共同事業ではなく村弁企業として出発させることにしたのである。

　工場用地には、以前にレンガ製造のために使っていた土地が未分配のまま残っていたのでそれを利用することにした。資金は次の4つの方法で調達した。第1には、林業用地とされていたが木は植栽されておらず農業用に利用できる村有地を0.1 ha当たり1,500元で農家に請負わせ計28,000元の資金を集めた。0.1 ha当たり年600～750元の収入は期待できる農地なので、5年間で1,500元の請負代金は決して高くない金額である。第2には、砂輪工場への就業を希望する農民1人につき500元ずつ計8,000元の出資を求めた。村人には以前の失敗の経験が

あって消極的であった。従って、失敗したら500元は返すという条件で、出資者であり労働者でもある村人16人を辛うじて確保できた。第3は制度融資の利用で、銀行から20,000元、信用社から10,000元、郷政府から10,000元を借り入れた。第4は義兄からの60,000元の出資である。設立後の1ヶ月間、義兄の1人から技術指導を受け、謝礼として300元を支払っている。また、製品の販売はもう1人の義兄に全面的に依頼し、謝礼として販売高の5％を支払うことにしている。

　工場には工場長、現場担当、倉庫担当の3人の幹部をおいているが独自の販売担当者はおいていない。1990年の総生産高（販売高）は30万元、1991年の1月から5月までの販売高は15万元になり、銀行、信用社、郷政府からの借入金を返済できたところである。工場に出資した16人の労働者の内訳は男11人、女5人である。勤務は3交代制にしている。給料はノルマ制を導入しているため労働者によりそれぞれ違うが月100元が基準になっている。彼等の出資金には利益が出た時点で返済する予定である。60,000元の投資をした義兄とは、工場の利潤を村との間で半々に分けるという約束になっている。昨年は40,000元の利潤があったが、工場の経営が未だ軌道にのっていないので利潤の半分を支払っていない。村長は、この工場の設立者の1人であり現在は工場長も兼任しているが工場からの給料はもらっていないし利潤の分配も受けていない。他の村民委員会幹部が工場から給料をもらっていないのに自分だけが受け取ると所得の均衡が崩れる、というのがその理由である。

　この工場では、売上代金の回収が遅い点が第1の悩みになっている。1991年の1月から5月までの15万元の販売高の内、6月時点で支払いがあったのは9万元に止まっている。また1990年からの分も含めると未収金は10万元になっている。製品を発送してから代金が支払われるまでの期間は1ヶ月の約束であるが、それより遅くなる場合が少なくないのである。しかし、販売先とは信頼関係の上に立って取り引きをしているので支払いの督促はやりにくいのが実情である。第2の課題は、工場労働者はそれまで農業に従事していた農民であるため就業規則を守る習慣が身についていないことである。農民的行動様式から労働者的行動様式への転換が自らの課題になっている。

農業生産

八里村では1981年から1982年にかけて戸別生産請負制を導入している。配分された面積は1人当たり0.07〜0.08 haである。人口移動が生じた農家については3年毎に配分農地の見直しをすることにしている。そのための用地として、各小組は1人当たり0.007 haに相当する調整地を持っている。通常は組の管理下におかれ、村民小組は0.1 ha当たり150元で農家に請け負わせている。請負希望者が多い場合は抽選にしている。

　この村の主要作物は小麦、甘藷、煙草である。上納義務があるのは小麦と煙草である。小麦は0.1 ha当たり450〜480 kgの収量に対し105 kgの上納義務である。煙草は1人当たり0.02 haの栽培面積を割り当てられている。病虫害防除と灌漑は組単位で統一的に行われている。この作業には全員の出役が義務づけられている。それ以外の作業は家単位で個別に行われる。作業の機械化は未だ進んでいない。この村では、小組の役割、特に組長の役割は大きい。組長の仕事は、(1) 3年毎に行う農地の再配分、(2) 防除作業の指揮・監督、(3) 村費用8元の徴収、(4) 上納農産物の割り当てと上納義務を守らせること、(5) 水利施設建設の指揮・監督、(6) 1戸当たり225 m^{2}の新築用住宅地の配分と調整、(7) 家族計画(1人子政策)を守らせること、(8) 村からの伝達、(9) 人間関係のもめごとの調停、等々非常に多岐にわたる。

　この他、生産大隊所有の果樹園が16.4 haあったが、これは村民委員会に移管されその所有になっている。村民委員会はこれを農家に請負に出している。先回請負にだした時は30戸の希望農家があり抽選を行ったいきさつがある。現在は12戸が0.1 ha当たり150元で請け負っている。しかし12戸では管理が不十分になるので、次の契約時には60戸に請け負わせ、0.1 ha当たり300元にすることにしている。

4-5　中国の経験から得られる知見

　以上の中国の経験から得られる知見は、1つには、集体経済の下で村請制を担った農村社会が、生産に向けての資源動員と福祉に向けての余剰移転に関する自治管理の機能を発揮したという肯定的な側面である。他の1つは、一元的組織によ

る支配構造が、農村の発展を幹部の個人的指導力に依存せざるを得なくしたことである。その結果、1992年の個体経済化以降、多くの農村企業が彼等によって私物化されることになったという否定的な側面である。この時期、農村企業を表す用語が村弁（cunban）企業から村営（cunying）企業に変わるのであるが、前者が村民の共同所有による村民委員会の経営を意味するのに対し、後者は村民委員会の名の下で経営される個人企業を意味するものである。

以下では、第1に、このような肯定的な側面と否定的な側面を持った農村社会の構造と機能について整理し、第2に、世界的に類を見ない農村企業の発展とその背景について考察する。そして第3には、個体経済下における一般農民の再組織化を図る新合作社運動[41]を紹介し、その可能性についてコメントを試みることとする。

（1）農村社会の構造と機能

1950年の農地改革にはじまる互助組や初級合作社は、基本的には個体経済を前提とした経済目的のための組織化であった。村請制を伴う集体経済が導入されたのは1956年に成立した高級合作社以降であり、従来の経済目的に行政機能が加えられ、それに見合う規模に再編したものである。しかし、それらの諸機能に関する農民の自治管理が制度化されたのは1962年に始まる後期人民公社においてである。後期人民公社の特徴は、既に述べたように、公社、生産大隊、生産隊による三級所有制によって自律的な発展を促すと共に、政社一体の組織構造によって統一的な指導体制を全国的に展開し得たものである。一方、改革開放による郷村制への移行は、公社を郷政府、生産大隊を村民委員会、生産隊を村民小組に改組し、共産党の政治的指導機能と郷政府以下の行政的・経済的諸機能を分離し、戸別生産請負制の進捗を図るための組織機能を明確に階層化することであった。

郷政府の幹部は原則では地元から選ばれることになっているが、実際には国家幹部と農民幹部によって構成されている。国家幹部は県政府から派遣される公務員で、その数は3～4人と少ないが、郷の党書記長や行政指導或いは監査の地位を占める。この職員構成からも判るように、郷政府も人民公社と同じく上級機関

の強力な指導下にある。しかし、人民公社が主要な生産手段の所有単位であり生産請負の最終的な責任単位であったのに対し、生産の戸別請負が進むにつれ、郷政府は経済単位から行政単位に変わり、経営の個人化に関わる行政指導と許可権限を強めていくこととなる。その結果、かつての人民公社が10人程度の幹部で管理運営されていたものが、郷政府になって、税務、公安、交渉、交通、衛生、食糧管理、農業技術、水利、種子、植物保護、農業機械、牧畜、食品、漁業といった諸部門を含む100人近い職員規模に膨らんだのである。この組織構成と職員規模の拡大は、公益金を自主財源とする郷政府の自由裁量であり、1つには恣意的な職員採用による幹部の私的権力基盤の形成、2つには農民の負担増につながっていくこととなる。

このような郷政府に対し、実質的な経済単位として農村における生産活動の中心的役割を担うようになったのが村民委員会である。生産大隊の時代には、トラクターや播種機などの農業資本財を所有する単位であり、上からの生産割り当てを作付計画に写し換え、そのための資源動員と配分を担い、生産隊の活動を調整する中間管理組織でもあった。また小規模な企業の所有・経営単位であり、後に社隊企業の収入により経済実体となっていくのである。

禹州市の状況からも判るように、1991年現在では鎮を含む23の郷政府が173の企業を所有するのに対し、650の村民委員会の内、540の委員会が1,499の村弁企業を経営するまでに至っている。その理由の多くは、事例に見るように、農民の所得確保と増大する公益金の捻出である。村民委員会の幹部は地元出身で、彼等の給与は農民が負担する公益金か或いは企業活動から得られる収益を財源とするものである。幹部の給与も企業の有無或いは収益状況によって大きく異なり、4つの事例の中でも50元から500元の幅ができている。

事例に見られる村レベルの組織構成は、党支部に代表される政治組織、村民委員会による行政組織、そして多様な形で存在する経済組織である。本来、これらの諸組織は政社分離によってそれぞれに異なった機能を果たすべきであるが、実際には、同一の農民が3つの組織の幹部を兼任している。村民委員会の委員が工場長を兼ねるか、或いは工場長としての能力がないと委員になれないのである。また村長は党支部の幹部でもある。その結果、村民委員会は村民の意志を形式的にも反映するものとはなっていない。総会においても村民委員会の活動報告が為

されるだけで村民の意見を取り入れる機会はない。問題をチェックするのが党委員会であるが、これも同一人物であり機能しない。村民委員会の行政組織には、社会・文化などが部門として設置されてはいるが、それに相応する活動が村民自身によって組織化されているわけではない。

　村民小組は村民委員会の下部組織であり、人民公社時代に、農業生産の協業単位として１つの生産隊が30～70戸になるように自然村を分割して組織されたものである。そして、役畜、小型トラクター、農機具などの小規模な生産手段を集体で所有する基本的な採算単位として、生産大隊の作付計画に従って労働配分を行い、その収入分配を行ってきた。集体経済下では、自留地（総耕地面積の５～７％）以外の生産手段は村民委員会と村民小組の共同所有となり、５年毎に各農家の家族数の変動に応じた土地の再配分と請負調整を行ってきた。戸別生産請負制の下でも、路庄村を除く３つの農村では、耕起、整地、播種、防除、灌漑、収穫の一部或いは全部が協同して行われている。このように、村民小組は村民委員会の下部協業組織ではあるが、農家間の互助・互恵のシステムや協議のメカニズムを伴ったものではない。組営企業の盛んな西街村では、村民小組が企業設立に主体的な役割を果たしてはいるが、それは小組に属する全農家の協議結果に基づくものではなく、個人或いは一部の農家の意志を反映しているにすぎない。

　人民公社解体後の郷村組織も、共産党による全国的な統一支配を維持するための行政と農民の間の従属的な《縦》の関係に基づく画一的なシステムであると言える。そこには、集体経済の基本に触れないままに戸別生産請負を導入する新たな社会システムの構築が意図されていたのではある。しかし、農家間の協議メカニズムを伴わないままに生産を個別化したために、灌漑設備の維持管理や種子の更新を含む技術水準を保つことが難しくなり、共有資産の散逸なども問題となった。そこで、集団の統一経営と個人の分散経営を結合させる双層経営という考えが生まれたのではあるが、そのための資源の動員と組織化を支える農家間の《横》の関係を、実態は勿論のこと形式的にも見いだせないのが実情である。多くの自然村が分断され、血縁関係や伝統的社会行事が文化大革命によって否定された後、それに代わる何らかの社会関係を生むような契機はなかった。そこでは、以下で議論するように、農村の発展が幹部の個人的資質によって大きく左右されることとなる。

（2） 集体経済下における農村企業の発展

　農村における企業化の目的は、既に述べたように、農民の所得向上と公益金の財源確保であり、人民公社の時代から3原則（規制）を超えた工業化の試みが続けられてはいた。しかし現在のように発展した契機は、（1）文化大革命による国営工業企業の疲弊、（2）改革開放による自由市場の拡大と消費需要の増大、（3）二重価格制の3つである。また、これらの契機をとらえた農村側の条件として、（4）幹部に付与された資源動員の権限、（5）国営部門との個人的な関係（いわゆる人脈）の有無があげられる。当時は、工業企業だけでなく、流通を含む全ての都市活動が国営部門に属していたのである。

　これらの諸条件が、既に述べたように、中国の農村社会を主にはその地理的条件によって3つの地域に分けることとなった。その1つは、改革開放による自由市場の拡大と消費需要の増大及び二重価格制の恩恵を直接受けることができた経済特区に属する一部の農村である。そこでは、土地や労働を提供することにより外資との合弁企業の設立が可能であり、農業生産を組織的に行えば都市価格或いは国際価格で販売することができたのである。このような極めて高い組織化利益の故に、幹部の個人的な資質や農村の社会的条件による組織化費用の多寡に関係なく農村の企業化が進んだのである。企業化の分野は、工業、農業、商業等の多岐にわたり、その組織形態も多様なものである。しかし、費用を国内価格で賄い、利益は国際価格で受けるという差益のメカニズムは全てに共通したものである。その対極にあるのが、市場機会に恵まれず、出稼ぎしか現金収入の機会を持たない大多数の農村である。ここでは組織化利益が絶対的に低いために、たとえ一般農民や幹部が多大な努力を払ったとしても企業化のための組織は成立し得ないのである。表4-2に示す農村社会総産値の差は、この両者の組織化利益の違いを反映するものである。

　両者の中間に位置するのが、地方都市における国内消費市場や国営企業を対象に、限られた組織化利益を確保する一方、組織化費用を低くする努力が農村の企業化における大きな要因となった地域である。このような努力は、事例に見られるように、1つの県における限られた地域でも非常に多様なものとなっている。企業化が進んでいる西街村と路庄村、企業化に立ち後れている岳庄村と八里営村、

この両者を比較することによって、限られたものではあるが、中国の一般農村の企業発展に関して以下の諸点を指摘することができる。

①全ての企業化が幹部に付与された資源動員の権限と個人的な資質に負っていることは事実である。しかし、企業化が進んでいる村民委員会では、原材料の入手、製造・加工技術者の確保、販売ネットワークの確立など、多岐にわたる努力が複数の幹部によって担われ、そこに経営能力を持った小集団の形成が見られる。

②小集団の形成とはいえ、それが1つの組織を形成しているのではなく、むしろ企業の分散化と経営の効率化に向けられている。西街村では、農工商公司の下で多業種に分散し、それぞれが独立経営を行っている。路庄村では、東風機械場という企業名の下、製造・加工作業は個人企業に分散している。両者共に、市場機会を内部化する役割を果たしつつ、個人或いは個別企業に強い規制をかけ、組織化の利益を確保している。

③一方、組織化の費用を低く抑えるために、企業に参加する農民はその意思と能力のある者に限られ、基本的には個人経営である。とは言え、上記の規制の1つとして企業利益の一部が村民委員会或いは村民小組に移転され、公益金や農業機械購入の原資となっている。

④企業化の進み具合の違いのみならず、このような企業利益の移転のメカニズムの違いを農村社会の構造から説明できるものではない。企業化はあくまで個人による出発点が何であったかによるものであるが、その私的利益追求の歯止めとなっているのは集体所有制度である。

問題は、企業利益の移転と配分に関する規則が明示されないままに1992年には企業の個人所有が制度化され、1995年には株式制度が導入されたことである。先に述べた経済特区に属する一部の農村では、多部門にわたる企業化のために農地の動員と集団利用が行われており、株式制への移行に際しては全農家が動員された農地に見合う株の配分を受けることとなった。そのような農村は長江下流域を中心に見られるものであるが、全国70万の村民委員会に較べれば非常に限られた数にすぎない。

事例にもある一般農村では、その組織利益の低さから、農地の集団的利用を伴う農業部門の企業化は進まなかったし、工業企業からの所得を中心とする農家と

農業に依存する農家の間での農地利用の移転が行われたわけでもない。農村委員会や小組幹部の権限はあくまで拠出金の使途や保留農地の利用に限られ、農民の協議に基づく機会均等が図られたわけではない。このことは、企業の個人化が、その設立に関わった幹部の間での株式所有となって表れることとなる。企業から農村への拠出金は任意に基づく寄付に変わり、その結果、彼等企業所有者による私的影響力が増大する一方、郷政府や村民委員会による公共事業の原資が不足するようになるのである。

（3）個体経済下における新たな試み

以上に見られるように、個体経済に移行した中国農村では、新たな有力者層の形成と、彼らによる私的な社会編成の可能性や封建的な依存関係の再生が危惧されるのである。それは単なる経済的格差の問題ではなく、持てる者と持たざる者の間の従属関係或いは対立関係となって現れる。そこでは、農業税の廃止や農家の最低生活保障制度などの対症療法的な施策に加え、経済成長から取り残された一般農民の横の関係に基づく組織づくりが必要となる。

そのような試みの1つとして、知識人を中心に進められている新合作社運動を取り上げることができる。写真4-8は、その全国的な展開を示すものであり、特に河南省や安徽（Anwei）省を中心に実験区や実験村が作られている。

この実験区の1つである河南省蘭考（Lankao）県は、中国では最貧困県として知られ、人民公社解体後のこの20年間は何らの協同作業も見られず、賭博、迷信、中傷などによる農民間の問題が多く発生したところである。このような状況下では如何なる組織づくりも難しいと判断され、腰鼓や舞踏などの集団的な娯楽活動を通じてお互いの親近感を醸成し、地域への帰属意識を高める努力が為された。一方では、河北（Fubei）省に設立された郷村建設学院において、組合組織の運営、新しい農法、市場の開拓など、村づくりに必要な知識の教育が行われた。2004年に始まったこの実験区での運動に参加したのは、城関（Chengguan）郷の陳寨（Chenzhai）村、三義寨（Shanyizhai）郷の南馬荘（Nanmazhuang）村、儀封（Yifeng）郷の胡寨（Huzhai）村、架子（Jiazi）郷の賀（He）村の4ヶ村であり、その3年後における組合活動の概要は、表4-7に示すようなものであった。

4-5 中国の経験から得られる知見　245

写真 4-8　新合作社運動の展開
新合作社運動の中心となっている人民大学郷村建設センターに展示されている実験区及び実験村の分布。
（撮影：余語トシヒロ）

　どの合作社にも共通してみられるのは相互融資であり、低利で加入金の3倍まで借りることができる。南馬荘村では、最初の10日間は無利子としている。賀村では、借り入れ農家の名前や金額、返済日を公開し、返済義務の意識を高めている。

　合作社の役割は、第1に栽培技術の指導であり、第2には産地形成を伴う外部との関係強化である。陳寨村では豚の産地として資料を購入・消費するだけでなく、蘭考県全体の飼料販売代理権を獲得しようとしている。南馬荘村では北京の市民団体と提携して有機栽培稲の直販を行うと共に、商標登録によってその価値を高める努力をしている。一方、胡寨村では人参の協同出荷を行い、品質に応じて輸出用、国内消費用、加工用に分けて販売すると共に、1 kg 当たり 0.02 元を合作社の運営費用に当てている。

表 4-7　河南省蘭考県における実験区の概要

	陳寨村	南馬荘村	胡寨村	賀村
自然村の数	単数		複数	
人口	1000~1500人		4000~6000人	
文化活動	腰鼓		小太鼓 秧歌踊り 太極拳 健康体操 合唱 絵画	小太鼓 秧歌踊り 棒踊り 扇子踊り
合作社の 構成農家数	32戸	75戸	108戸	158戸
グループ 活動の内容	相互融資 栽培 養殖	相互融資 栽培 養殖	相互融資 栽培 養殖 情報収集 工芸	相互融資 栽培 養殖 農産加工 情報収集 建築
外部との 関係	飼料販売	直販 商標登録	協同出荷	
生活関連 事業	メタンガス供給	メタンガス供給 上水道整備		

(出典：陳立行による現地での聞き取り。)

　一方、合作社の組織化過程の違いを、単集落から成る農村と複数の集落から成る農村の違いに見ることができる。1つの自然集落から成る陳寨村と南馬荘村では、その組織化に文化活動をさほど必要としなかったようである。また、合作社の中でのグループ化や組織化は行われていない。参加農家が相互に近隣居住であるため、ガスや水道の供給などの生活改善関連事業の導入が図られ、これが文化活動の代わりに村民の帰属意識を高める役割を果たしている。

　しかし、複数の自然村からなる胡寨村と賀村では、参加農家全てを対象に生活改善事業を平等に実施することは難しい。組織化に先立つ文化活動が重要な役割を果たし、その内容も個人的な関心と年齢層に応じた多様なものになっている。グループ活動の1つである相互融資も合作社の中の一部組織であり、栽培や養殖グループも資金の余裕に応じて別れている。上記の人参栽培は、新品種と栽培法を導入すれば貧しい農家でも参加できるものであり、資金力のある農家は、豚や

牛の養殖グループに参加している。また両村共に、工芸や建築のような労賃稼ぎのためのグループを組織化しているのが特徴である。

現在の郷村制だけでなく、秦・漢時代の阡陌制、随・唐時代の郷里制、そして革命後の初級合作社から後期人民公社まで、中国の農村社会の編成原理は、常に農地、農民、農税を統一的に支配しようとするものであったと言える。例えば村民委員会という用語は、(1) 農村という空間的枠組み、(2) 農民組織、そして (3) 経済単位という3つの意味を統一的に含むものである。これは、メキシコの ejidos や、エチオピアの peasant association にも共通する興味ある事実である。いずれにしろ、新合作社運動にみられる組織化は、その指導者が単に民主的に選ばれた農民自身の組織としてばかりでなく、農村社会に多元的な任意組織を導入しようとする中国では歴史上初の試みであり、農村社会の成熟に向けた重要な第1歩である。

その重要性が故に、そこにはいくつかの課題が見いだされる。第1には、韓国のセマウル運動に見られるような先進農家の生産組織を村の中で社会化する動きや、経済階層が既にできているのは致し方ないとしても、その統合過程という新たな村づくりの方向性が見られないことである。第2には、上記の実験区からも推測されるように、村民小組という近隣組織が、合作社の形成に何らの機能的な役割を果たしていないことである。問題は、経済組織としての合作社は常に変容を迫られるものであるが、そのためのソーシャルベースとなる社会単位を何処に求めるかということである。第3には、この新しい試みが何処まで全国的に展開し得るかである。合作社に関わる法的整備がないために政府の支援を制度化することはできない。運動として展開するには、その目標となる達成基準が設定されねばならない。運動がこの基準に向けて競争することによってそのエネルギーが維持されることは、韓国の例だけでなく、中国自身の新国家建設の過程で証明されてきたことである。運動ではなく事業として展開するには、70万に及ぶ中国農村の数はあまりに多いと言わざるを得ない。

注

1) 中国の土地制度と賦役制度の変遷については、その多くを中村哲編「東アジア専制

国家と社会経済」青木書店、1993 に負っている。
2）中村哲編、同上、p.117
3）中村哲編、同上、p.115
4）中村哲編、同上、pp.117~118
5）田丁編「中国地方国家機構概要」法律出版社、1989、pp.307~309
6）中村哲編、同上、pp.258~259
7）中村哲編、同上、pp.124~128
8）中村哲編、同上、p.140
9）中村哲編、同上、pp.138~140
10）中村哲編、同上、pp.139~140
11）石田浩「中国農村社会経済構造の研究」晃洋書房、1986、p.22
12）石田浩、同上、p.21 によれば、福武直「町村共同体」、G.W.Skinner「標準市場社会」、古島和雄「農村集市市場」、河地重蔵「小地方市場圏」があげられている。
13）中国の農村社会構造に関しては、1930 年代の後半から戦後にかけて「中国共同体論争」と言う形で、平野義太郎、戒能通孝、旗田巍を中心に多くの議論がなされたいきさつがある。それらの議論を総括した著作として石田浩「中国農村社会経済構造の研究」をあげることができる。
14）石田浩、同上、p.188
15）石田浩、同上、p.13
16）石田浩、同上、p.14
17）戒能通孝「法律社会学の諸問題」日本評論社、1943
18）費孝通、無錫地区社会経済発展計画研究セミナー、1986
19）中村哲編、同上、pp.36~42 及び 石田浩、同上、pp.15~16
20）石田浩、同上、p.16
21）織井哲・坂井治吉編「前進する中国の農業協同組合」東洋経済新報社、1955、p.7
22）織井哲・坂井治吉編、同上、p.7
23）佐々木隆・新谷直子、中国政府及北京大学での聞き取り調査報告（内部資料）、2007
24）織井哲・坂井治吉編、同上、p.19
25）佐々木隆・新谷直子、同上
26）薫大林著・近藤康男訳「中国の農業協同化運動」御茶の水書房、1963、pp.31~33
27）薫大林著・近藤康男訳、同上、p.35 及び 小島麗逸「現代中国の経済」岩波新書、1997、pp.35~36

28）陳立行
29）小島麗逸、同上、pp.38~40
30）小島麗逸、同上、pp.40~41
31）陳立行
32）小島麗逸、同上、p.52
33）佐々木隆・新谷直子、同上
34）嶋倉民生・中兼和津次編「人民公社制度の研究」アジア経済研究所、1980、p.59
35）陳立行
36）佐々木隆・新谷直子、同上
37）河原昌一郎「中国の土地請負経営権の法的内容と適用法理」農林水産政策研究 第10号、2005
38）国際連合地域開発センター、中国企業調査（内部資料）、1986~1988
39）横田高明「中国における市場経済移行の理論と実践」創土社、2005、p.31
40）河原昌一郎、同上
41）合作社は協同組合を意味する普通名詞として現在の組織化も単に合作社と呼ばれている。しかし、1954年から1958年までの初級及び高級合作社と区別するため、本書では新合作社とする。

第 5 章　農村社会の内生的発展とその要因

　東アジアの農業は小農経営が中心である。利潤を追求する大農経営と違い、小農経営ではその家計費を賄い得る所得の確保が基本的な目標である。このようなささやかな目標の達成も、時々の市場環境や価格政策などの外生的な要因によって左右されてきたのは事実である。しかし、以上の 3 ヶ国の経験が示すのは、地域社会における産地形成や農外所得の機会を確保する組織的対応がその前提条件であり、組織的対応の過程において、国全体の経済成長に必要な資本蓄積、国内市場の提供、地場産業の形成などが為されてきたのである。そこでは、地域社会による資源の動員や再配分など、農村社会の内生的[1)]な発展要因の方がより強く働いていたと言える。このような内生的発展をもたらす要因は、(1) 村請制による集権的な自治管理の形成、(2) 自治管理機能がもたらす生産者組織の形成、そして (3) 組織の費用分担と利益分配に関わる制度形成の 3 つに措定される。以下では、これらの視点から東アジアの経験を再度検討してみることとする。

5-1　集権的自治管理機能の形成

　東アジアの農村は、個々の小農経営では為し得ない生活・生産条件の整備を担ってきた。そこでは、それらの条件を単に自主的に管理するというだけでなく、資源の動員や利用調整に関わる集権的な統治力が形成されていたと言える。それが農村社会構成員の合意によるものであるか或いは強制によるものであるかは別として、その形成に関わった共通の要因は、村落共同体を利用した徴税制度の導入である。

　日本では、中世の荘園主と惣村との間に交わされた契約的な納税システム（地

下請制）が契機となり自治能力を有する村落の形成が進んだが、それが全国に普遍的に拡大されたのは村請制の導入、つまり課税単位としての村の領域を確定し、納税力を担保するために行われた村切りと検地を通してであった。従って、当初は村方三役を中心とした徴税組織として発足し、後に、(1) 村内の生活・生産基盤である土地に関する進退とその運用、(2) 村法の制定と裁判権の執行、(3) 文化、福祉、社会事業の実施、(4) 財務管理と文書管理を行う自治組織に発展していったのである。そこでは、入会地の利用に関する規制、用水路や村道の維持に関わる労働動員、寺社の管理に関わる費用負担、さらには、災害などに際し、村持ち耕地の配分或いは個人の所持（所有）する耕地の再配分（ならし）を行って、全農家の生活福祉を保障しようとする集権的な管理能力が必要とされた。このような農村社会は、その後も、商品作物の導入、集団営農の組織化、稲作からの作付転換など、政策の受け皿として位置付けられると共に、集団的な意思決定を或る意味では押し付けられてきたと言える。しかしながらこのことによって、半ば公的権限を実施する機関としての側面を保持し続けると共に、自治的な側面も維持されることとなったのである。

　韓国では、李朝の初期に村請制を導入し、いくつかのマウル（自然村）を統合する行政村としての面が形成された。面は、民選の面長の下で、租税や進上物の徴収、条例や訓諭の伝達、戸籍管理などを行い、他方では、独自の規約と司法権を持ち、面内の紛争処理と治安維持を担った。しかし、支配階級である両班の村住により彼等の私的荘園が拡大し、税の村請機能が阻害されるようになった。その後、日本の植民地統治において、両班の私的荘園が私有地として認められる一方、面の自治的な行政機能は廃止された。独立後の農業政策も、相互扶助と賦役（労働動員）の慣習が残っていたマウルではなく、郡を対象とするものであった。その結果、幾多の諸施策も農民の自治的管理機能を形成する契機にはならなかった。しかし、1970年に始まったセマウル運動がマウルを施策の単位としたことにより、女性を中心とした協議メカニズムの再生、生活改善への参加の促進、達成志向のリーダーが形成されるなど、農村社会に大きな変化が見られるようになった。この動きを捉えた政府は、マウルを発展段階に分けてマウル間の競争意識を刺激し、農村社会の自己組織力の活性化を図った。このような経過により、マウルが自治的な管理組織としての実体を備えるものとなっていったのである。

一方中国では、高度に発達した官僚制度を媒介に、国家による個々の農家の直接統治が極めて早い時期に確立した。そのため、居住空間としての集落（自然村）が形成されても、それが何らかの公的な役割を果たすことはなかった。18世紀には自然村を徴税単位とする方式が導入され、各村に村公会が設立された。しかし、それが中間団体として村の自治力を形成する方向へ進むことはなく、むしろ村正・村副への徴税権の委譲により村の有力者に一種の公権力を付与する結果に終わった。村請制が導入されたのは、革命後に組織された高級合作社以降である。また、農民組織に自治的な管理権が委譲されたのは後期人民公社においてであり、具体的には、人民公社、生産大隊、生産隊の間の三級所有制による。人民公社が資本財の所有、生産計画、租税と労働動員の管理責任を持ち、生産大隊が農民の生産と生活を管理し、生産隊は協業のための単位として位置付けられ、自治とはいえ、内部には従属的な支配関係を持つ統治システムが形成されたのである。

いずれにしろ、徴税権という公権力が村へ委譲され、村請制が実施された段階で、農村社会には資源の動員と余剰の移転に関する集権的な自治管理機能が形成されたのである。図5-1は、日本・韓国・中国の行政村とその下部機構の構成を示すものである。行政村の下部機構として3ヶ国に共通するのは、集落、マウル、村民小組という自然村をその基礎とする単位である。

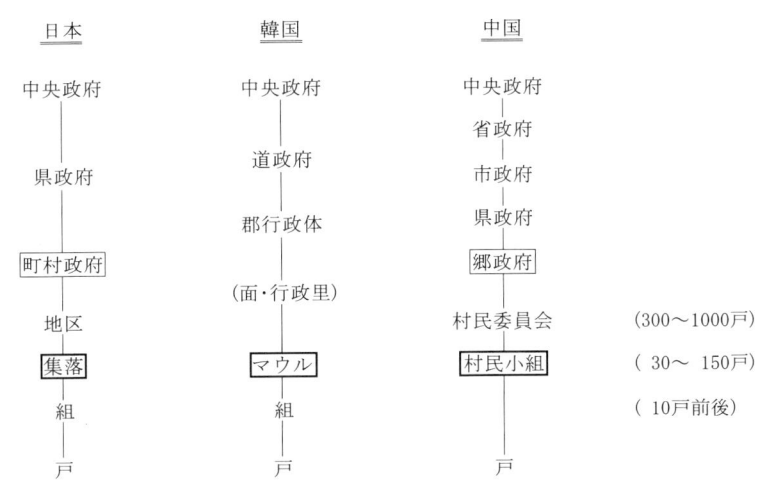

図5-1 日本・韓国・中国における行政村と集落の関係
（作図：余語トシヒロ）

日本の宮迫集落と宮田村では、集落には、(1) その共有資産や農道・水路の管理、(2) 神社の管理、そして (3) 寺院の管理に関わる 3 つの組織が内包されている。そしてこれらの組織はそれぞれに年間計画を立て、予算を組み、各戸から経費を徴収し執行するという仕組みが備わっており、集落に組織経験が蓄積されている。また、これらの組織管理には、その下部機構である組において全戸が協議に参加し合意を形成することが前提となっている。飯島町でも、集落の仕組みは基本的にはこれらと同様であるが、住民の多様化に応じて地区を単位とした対応が必要になっている。それを可能にしているのは、地区単位で共有林を持っていることからその管理を通じて地区にも組織経験が蓄積されていることと、行政村が地区の連合体としてその調整・調停役を担っていることである。

韓国の標準的マウル大新には、(1) マウル管理を行う洞会（村総会）と (2) 共同体意識を涵養する洞祭（村祭）があり、そのための費用を徴収し運営する組織経験が維持されてきた。先進的マウルである倉所一里には、里長の下にマウル全体の問題に対処する組織しかなかったが、後に施設園芸農家の任意組織である農友会をマウルの一部組織とし、その利益をマウル全体の開発基金にしている。また、伝統的マウルである新村里では、2 つの同族集団に別れて宗族の財産管理やプマシ（手間替え）が行われてきたが、マウル賦役の調整を行う洞会によってマウルとしての組織経験は細々としたものではあったが維持されていた。この 3 つの事例に共通してみられるのは、1 つには、互助・互恵の組織としての組が存在し、マウル全体の行事では、その伝達、協議、合意形成の単位として機能していたことである。2 つには、マウルの上部機構である面や行政里は、郡からの政策伝達が主な役割でしかないことである。独立後に試みられた法定里（本来の行政村）の形成が村切りの難しさから失敗して以来、自治的な行政村の形成は進んでいない。因みに郡は内務部直轄の行政体であって地方政府ではない。

一方、中国の農村では、村民の対面的社会関係を形成する組という単位が存在しないのが特徴である。村民小組は、協働組織ではあるが、その規模は日本の集落、韓国のマウルに相応し、村民の対面協議の場とはなっていない。計画経済から市場経済へ移行する中で、農村企業を設立して工業化を図ったのは、西街村はじめ 4 つの事例に見られるように、村長・副村長を中心とする村民委員会であった。八里営村では、小組が農地の再配分や農作業の指揮を含む重要な役割を果た

しているが、それは集体経済の原則に基づいて組長によって行われるものであり、組の構成員の協議結果によるものではない。このように、村民委員会及び小組共に協議に参加するのは幹部のみであり、決定とその執行もその中で行われる仕組みになっている。

　以上を単純化して言えば、(1) 互助・互恵の場であり対面協議に基づく合意形成の場としての組、(2)慣習制度を維持し組織経験を蓄積する場としての集落、(3)農民の多様化に応じて集落の連合体として機能する地区、(4) そこにおける個別農家と組織或いは組織と組織の間の葛藤に配慮した制度形成を図る行政村、この4者の有無と相互関係が、農村社会の自治管理機能の内容、ひいては組織的対応の形を変えているのである。

5-2　農業生産者組織の形成

　農業生産者組織は、複数の農家が、その生産過程或いは販売過程の一部を共同化するために形成されるものである。組織化の対象となる要素はその時々によって異なり、労働力のみが対象になる場合と、労働力と労働手段など複数の要素が対象となる場合がある。

　前者の例は、結いやプマシ或いは換工などのような労働力の相互交換である。これは、状況に応じて一時的に形成されるものであり構成員も可変的である。交換の方法も事前に文書などで取り決めをするのではなく、暗黙裏に了解された慣習に従うものである。いわば自然発生的に形成され、成り行き的に運営される。そして労働交換が終わった段階で組織は解散する。しかし事例に見られる集団的対応は、複数の要素を対象に、構成員のみならずその経営要素の一部を組織に固定化していく後者の場合である。

　日本の宮迫集落の事例では、茶の産地形成過程を取り上げている。そこでは第1に生産体制の構築が行われ、栽培技術の習得、共同出資による加工工場の建設、生産者組合の設立による共同加工と販売の体制が作られた。第2に市場対応力を強めるため、1つの集落規模で対応可能な碾茶への産地転換を行い、さらに新たな茶園を造成し生産量の拡大を図った。またその過程では、新たに造成した茶園

の配分を組合で管理し生産規模の平準化を図っている。ここで追求されたことは、産地として市場対応力を持つことであったが、そのために成員である全ての農家が生産を継続し得るような条件整備を進め、生産量の拡大と品質の向上・標準化を図ったのである。そしてそれらは、村の中で暗黙に了解されてきた社会規範と、それに沿った資源動員や組織化形態を通して実施された。

宮田村では、稲作において新しい生産手段或いは栽培技術を導入するための集団化が集落単位で進められていたが、そこでは第1に集団耕作組合を形成し、主要な稲作機械の共同所有体制と主要作業の受託組織を集落毎に作り上げていた。これにより、集落の稲作においては、その生産技術水準や生産費用が標準化され、農家間の生産力格差は縮小された。第2は、転作団地を形成するために農地利用委員会を作り、農地市場を内部化したことである。このため村独自の地代制度が作られ、それを基礎として組から集落にわたる話込みによる調整システムが作られた。これは、集落を超えて、地区或いは行政村単位で水田作の標準化を図ろうとした試みである。

韓国では、日常の生産と生活において様々な組織活動が行われてきた。それらに加え、1970年代からは耕地整理案を作成し換地を担当する耕地整理委員会の設立がマウル単位で行われた。また1980年代に入ると、農産物の共同販売組織や稲作機械の導入を目的とした機械化営農団などがマウル単位で形成されている。

事例として上げた倉所一里では施設園芸の生産者組織が形成されていたが、ここでは第1に、施設園芸の生産資材の共同購入及び生産物の共同販売組織として農友会が設立され、生産資材の費用と生産物の販売価格はマウル内で統一された。第2に、移住農民の受け入れや農地の斡旋、マウル内の婦人労働力の雇用など農地利用と労働力利用の内部化を通してマウル内の施設園芸の拡大が図られた。この過程を経て、ほぼ全ての農家が施設園芸に従事し農友会に加入するようになったが、これは倉所一里の全農家の収入が市場による産地評価に依存するようになったことを意味する。第3に指摘できるのは、農友会をマウル組織の中に位置付け、そこで生じた余剰をマウル財政に移転していたことであるが、これは余剰を特定の農家に帰属させないようにする仕組みであった。

大新マウルと新村里では機械化営農団が形成されていた。これら2つのマウル

は稲作が主であり、その機械化は農家間の共通な関心事項となっていた。いずれにおいても、管理能力や経済力のある農家が機械化営農団の名目で政府の補助金を利用して購入していた。他の農家はそれを賃借利用するのであるが、利用料は機械の所有者でなく洞会によって決められていた。利用料をマウルで協定することにより、全農家が機械利用を行える仕組みが形成され、マウル内の稲作費用も平準化されることになったのである。

　人民公社解体後の中国では、組織利益の非常に高い沿岸部の農村を除いては、農地の共同利用や作業の協同化による集団営農は見られない。事例の内、西街村では農工商公司という管理組織、路庄村では東風機械場という中間組織を中心に、多数の村弁企業、組営企業、個人企業を設立し、農民の所得向上と公益金の捻出を果たしている。両者に共通して言えることは、経営能力を持った農民幹部による小集団の形成が見られることである。一方、このような幹部集団の形成ができなかった岳庄村や八里営村では、新たな収入源を工業化に求めながらも、幹部が個人的に起業を試みる域を出ていない。集団的対応には村の構成員が共有できる課題の絞り込みが必要となるが、そのような課題を発見するためには何らかの協議の場が不可欠となる。組という対面協議の場が存在しない中国では、一般農民による自主的な組織づくりは極めて困難となる。幹部によって協議の場が形成されているが故に、組織的対応の形は彼等による集団形成が大きな鍵となって現れることとなる。

　いずれにしろ、農村における組織化は、農民の分化・分解に特有な形態をもたらすことになる。特に、農地の共同利用を基礎に産地形成が進んだところでは、それが個々の農家単位ではなく組織を単位に生起し、産地の衰退或いは立地移動として現れる。生産者組織が新たな生産条件へ移行する際には、以上に検討してきたような対面的社会関係に基づく慣習制度に加え、組織費用の分担と利益分配を文書化する新たな形式制度の導入が見られる。

5-3　農村社会における制度形成

　集落やマウルなどの居住地域を単位とした農業生産や生活の場では、様々な形

態での組織や制度が形成されてきた。それらは、構成員によって主には暗黙裏に了解されているいわゆる慣習制度というもので、(1) 徴税請負やそれに伴う司法や治安維持などの行政制度、(2) 独自の財政や資源を運用し構成員の生活基盤を整備するための政治制度、(3) 農業をはじめとする生産活動からの諸利益を増進させるための経済制度、そして (4) 相互扶助や文化を維持するための社会制度など、非常に多岐にわたるものである。いずれもが必要に応じて形成されるため、その内容や運営方法はその都度異なるが、そこで得られた運営の仕方、特に資源動員に関わる知識は、集落やマウルにおける社会関係を通じて維持・蓄積され、次の制度形成を行う際の基盤となってきた。言い換えると、資源動員を行うために作られた組織の管理経験は、村の管理モデルとして共有され、その後形成される同じ分野の組織に継承されるか或いは他の分野の組織にも活かされてきた。

とは言え、どのような管理経験がパターン化されて蓄積されるかは地域社会によって一様ではない。蓄積される管理方式は、経験された組織管理方式の中から農民に共有されている規範意識（価値観）を基準に選択され、それに適合するもののみが引き継がれていく。このような規範意識は、実際には歴史の中で変化するものではあるが、その時々の農民の意識下においてはその変化が認識されにくく、伝統的なもの変わらないものとして観念される。

ところで前節で検討した生産者組織の形成過程に見られるのは、本来個々の農家の下にあるべき生産要素の所有権或いは利用権が組織の管理下に置かれ、組織が存続する間はそこに固定されることである。特に機械や農地の共同利用では、組織の継続性を前提に構成員も固定される。それは、直接的にはその要素の利用方法或いは保全方法などに関わる権限の固定を意味するが、同時に農家はその生産活動の中心を成す作物或いは品種の選択、つまり何をどのように生産するかという農家経営の達成目標についても何らかの制約を受け入れることが前提となる。機械利用においては、導入の経費に加えて燃料費や修繕費などが発生するし、土地については、所有者や利用者の所在の確認が必須となり、加えて土地利用収益の分配方法すなわち地代水準の決定やその支払が生じる。そのため、成り行き的な運営・管理では不十分となり、相互に確認が可能な文書化が必要とされる。

文書化を伴う組織管理は新たな制度観をもたらす契機となる。文書化される過程では、例えそれまで慣習として行われてきたものの文書化であっても、農民の

中にある齟齬や理解の差異を調整する、つまり一方を選択し他方を切り捨てるという過程を経ざるを得ない。それは、制度は選択性を持つ或いは制度とは固定的なものではなく可変性を持つという認識や制度観を生み出すことになる。ただし、そこでの可変性は無限定なものではない。文書化の過程で生ずる調整は、あくまでも決められた枠組みの中での調整であり、制度の骨格そのものの変更にまで及ぶものではない。制度の枠組自体の変更は、いわば規範からの逸脱として認識される。従って、枠組の変更には、従来の規範に代わる新たな規範意識の形成とそれに基づく新たな管理方式が必要とされるのである。しかしこのプロセスは、規範転換という価値観の変更を伴うものであるが故に、限られた社会関係の内部で自生的に生ずることは少ない。期待されるのは外部からの新たな規範と管理方式の注入とそれに基づく新たな制度形成、特にそこでの新たな管理パターンの共有である。

本来、制度を体現化する或いは代替する下位概念としての組織も、新たな集団的対応の局面では以上のような2つの制度体系の矛盾契機を媒介に形成されることとなる。特に余剰の移転という人々の価値観に大きく関わる側面では、制度の代替機能以上に、いくつかの戦略的役割が課せられることとなる。それらは、(1) 拮抗する諸制度の間にあってその調整を図る或いは必要な規範を維持する役割、(2) 単一の規範が優越する地域社会に多元的な規範をもたらす役割、(3) 地域社会に構造的緊張をもたらすような運動を代替する役割、(4) 家庭、地域社会、市場、行政の諸機能を内部化し、社会システムそのものを代替する役割などである。このような組織の役割の違いは、組織環境を形成する地域特性によるものであり、それは、形式制度の形成に関わる地域社会の行政力と、慣習制度を維持・発展させる地域社会の統合力から推し量られるものである。地域社会におけるこのような2つの制度と組織の関係を示すのが図5-2である。

東アジアの経験から言えば、地域独自の制度形成は、村の領域で行われる場合とそれを超える領域で行われる場合とがある。前者においては、村を基盤とした規範とそれに基づく管理パターンの存在がその条件となっていた。また後者においては、新たな規範形成とその共有、そしてそれに基づく管理パターンの創出がその必要条件とされた。具体的には、形式制度では、或る開発目的を達成するために生産・生活様式をどのように変えていくべきかを、資源の種類や量及びその

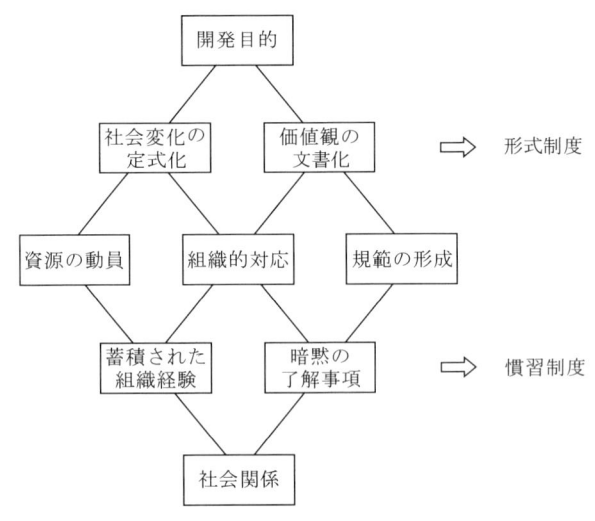

260　第5章　農村社会の内生的発展とその要因

```
                    開発目的
                   /        \
            社会変化の      価値観の
              定式化         文書化       ⇒ 形式制度
             /     \       /      \
        資源の動員    組織的対応    規範の形成
             \     /       \      /
            蓄積された      暗黙の
            組織経験       了解事項      ⇒ 慣習制度
                   \        /
                    社会関係
```

図 5-2　地域社会における制度と組織の関係 [2) 3)]
（作図：余語トシヒロ）

動員と運用を担う組織化の形を通じて定式化されねばならない。また、そこから生じる組織利益の分配や移転に関わる価値基準を、同じ組織の管理に必要とされる規範形成の一環として文書で明示することが必要となる。一方、社会関係の中で維持・蓄積されてきた組織経験に基づいて、資源の動員と組織の管理パターンが受け入れられ、暗黙裏に了解されている基準でもって利益分配が為されことが期待される。

　言い換えれば、制度には、ブループリントに基づいて組織化を図る形式制度と、ラーニングプロセスを通じて組織化を可能にする慣習制度、そしてそれぞれにおける資源動員の側面（費用分担）と規範意識の側面（利益分配）の4つの体系が見られる。ここに、この4者の整合或いは変容に関わる生産者組織の意味があり、本書で紹介してきた全ての事例を理解する鍵がある。東アジアの農村社会は、歴史的に構築された条件を基盤に多様な制度的対応を展開しつつ、その内生的な発展を通じて自らの生産と生活条件の向上を図り、ひいては国全体の発展の基礎となってきたのである。

注

1) 内生的発展の用語は、T.Yogo "A Hypothesis on the Endogenous Receiving Mechanisms in the Local Community" Regional Development Dialogue, UNCRD 1985 に依拠する。
2) T. Yogo "An Overview of Regional Fevelopment Approaches" Regional Development Dialogue, UNCRD 1985。
3) 余語トシヒロ「福祉社会開発と地域類型の視点」、日本福祉大学 COE 推進委員会編「福祉社会開発学」ミネルヴァ書房、2008。

索　引

本文では韓国語及び中国語の読みをローマ字で付記してありますが、索引では日本語読みに基づいて分類しています。

【ア　行】

アヘン戦争　186
暗黙の了解　102,104,255,256,260

意思疎通の仕組み　55,63,65,98
1-3-6 運動　70
一条便法　181
一田両主制　186
入会・入会権・入会地　9,10,11,114,252

受け皿・受け皿組織　28,29,40,43,53,172,252
運動の制度化　134,136,172,189,247

営農センター　85,89,102
営農団　147,158,159,166,171,256
燕王北掃　183
轅田制　177
援農隊　213,215

乙巳保護条約　118

【カ　行】

改革開放　196,206,208,215,216,242
開葉子　184
科挙　1,2,8,110
牙税・牙行　181,182
刀狩り　5,9
合作社　191,192
　　初級──　189,191,192,193,198,239,247
　　高級──　2,189,193,194,195,196,198,201,202,239
　　新──　239,244,247
勧業博覧会　27
換工　184,255
慣行制度・慣習制度　87,103,104,257,258,259,260
韓国農業銀行法　127
観察使　109
看青　185
観農官　113

飢餓輸出　31,131
基底社会　3,96,113
共益制度　89,93,103
協議・協議メカニズム　15,66,97,99,102,184,241,252,254,255,257
共済・共済制度　67,89,103
共助・共助金・共助制度　79,80,81,89,90,91,103
行政費用　191
均瓷　217
近世村　9,34,53
均田制　3,178
組　54,67,68,97,254,257
組営企業　222,225
蔵入り米　8
蔵役人　15

契　114,115,121,140,171
経営近代化施設事業　46
経済特区　206,212,243
経済連合社　220
形式制度　87,257,259,260
減反政策　23,53
検地・検地帳　5,6,7,9,14,252
検注　5

合意形成　65,73,103,167,254,255
公益金　200,201,211,240,242,243,257
交換分合　65
郷規民約　185
興業意見　26
耗境外農業　42
郷紳　182
郷政府・郷鎮政府　183,208,210,211,213,215,
　218,237,239,240,244
郷村・郷村組織　178,241,247
郷村建設学院　244
公積金　200,211
耕地整理・耕地整理事業・耕地整理委員会
　26,62,65,71,72,73,83,101,150,154,159,163,
　164,165,171,256
郷庁　110
郷鎮企業　208,211,213,216,219,220,224
公的制度　102,103,104
号牌・号牌法　112
合弁企業　207,213,229,242
郷役　110
郷約　115,117
郷里制　178,179,180,247
五家統の制　112
国有林野法　52
戸口登記条例　197,203,204
小作争議　32,33
小作人組合　32,33

小作料統制令　35
互助・互助機能・互助組織・互助制度
　13,29,34,91,184,185,254,255
互助組　189,191,239
個体経済　239,244
固定性・固定化　63,64,77,98,99,100,101,102,
　155,204,255,258,259
固定転作　91,92,94,95
戸等制　180
五人組　9,13,29,34,49
戸別（生産・経営）請負制　204,205,208,209,
　210,211,218,226,230,233,235,238,239,241
五保戸　200
古庸会　236

【サ　行】
差益　208,242
差出　5
三級所有制　199,239,253
産業組合　29,30,32,37
参勤交代　8
産地・産地形成・産地組織　18,19,20,21,24,
　25,26,30,33,42,56,58,59,60,62,63,84,101,171,
　245,251,255,256,257
三提五統　211,213,215

地下請制　252
自己完結　9,13,17,197
自己組織力　102,128,166,167,173,252
自作農創設事業　34,35
自然村　172,181,182,183,199,222,231,235,
　241,252,253
地主・地主制　23,25,29,96,166,188
　耕作──　25,28,29,36
　不耕作──　25,32
　在村──　29,30,36,40
　貸付──　29,30

不在—— 30,36
銀行—— 33
寄生—— 123
中間—— 186
経営—— 187
収租—— 187
集団—— 187
自封投櫃 181
仕法 20
社隊企業 199,201,202,208,211,216,219,228,240
種（包種・夥種・分種・輪種） 187
集権 1,3,15,16,166,173,199,251,253,254
集体所有制・集体経済 196,205,208,209,210,216,238,239,241,243,255
集団営農 23,40,42,43,48,50
集団耕作組合 72,73,74,75,77,81,101,256
宗門人別帳 14
集落・集落組織 34,53,54,65,66,82,97,98,100,102,104,138,139,140,144,145,148,167,182,183,246,253,255,256,258
集落営農組合 82,86
守令 109
将軍・将軍職 3,21
城郷集市貿易管理方法 208
上納・上納義務 203,204,209,213,226,230,238
常民 2,111,112,168
庄屋 10,12,20,24
殖産興業政策 24,29
食糧管理法・食糧管理制度 35,37
食糧問題 3,23,35,39,42,79,130,137,173
胥吏制度 181
所持 9,97,252
書堂 151
辛亥革命 186
進出口公司 208

壬辰倭乱 117
進退 9,11,59,97,252
新農業協同組合法 127
新農村建設事業 39,42,43,44,46,48,51
新物価体系 45
人民公社 177,195,196,198,199,200,204,205,206,208,211,212,218,219,222,228,239,240,241,244
　　初期—— 189,201,202
　　後期—— 190,201,202,239,247,253
人民所有制 196
人民幣 207

水田利用再編・水田利用再編対策協議会 62,79,80
水利安全田・水利不安全田 145,159

生活改善・生活改善事業・生活関連施設 3,39,68,132,134,143,145,149,150,162,166,167,168,169,170,172,173,184,206,246
生産請負制（包産・包工・包成本）・生産責任制 193,196,205
生産隊 193,199,200,201,203,205,208,226,230,233,234,239,253
生産大隊 199,200,208,218,219,222,223,228,230,231,233,235,238,239,240,253
生産統制令 35
生産量リンク請負制 210
政社一体 199,203,239
政社分離 240
整風運動 240
セマウル運動・事業 3,109,123,131,142,143,145,146,149,150,162,163,165,168,169,172,189,247,252
　　——推進委員会 136
　　——中央協議会 141
銭会 184

専業戸（請負専業戸・自営専業戸） 209,211
全国農村工作会議紀要 205
全国米穀検査制度 31
阡陌制 178,179,247

倉（社倉・義倉・郷倉） 12,96,117
宗会・宗族 160,161,169
総合農政 51
相互扶助・相互扶助組織 67,68,98,115,140,160,161,252,258
相互融資 245,246
組織費用・組織化費用 242,243
組織利益・組織化利益 100,242,243,257,260
ソーシャルベース 172,173,247
双層経営 210,230,234,241
惣村 4,6,251
壮年連盟 68,69
租庸調 178,179
村
　異姓—— 183,184,185,188
　同姓—— 183,184,188
村営企業 239
村是 20
村民委員会 183,208,209,210,211,213,215,216,218,219,221,223,224,225,227,228,229,230,231,232,233,234,236,237,239,240,241,243,244,247,254,255
村民小組 208,209,216,222,223,225,226,227,229,231,233,234,235,238,239,241,243,247,253,254,255
村弁企業 211,216,219,220,221,222,223,224,225,227,228,231,232,239

【タ行】
大韓農民総連盟 127
大日本農会 28,30

大名（守護大名・戦国大名） 4,8
大躍進 194,198,202
兌換幣 207
多元性・多元的組織 64,98,99,191,247,259
達成志向・達成志向型リーダー 133,136,138,172
縦の（社会）関係 98,241
頼母子講 12

地（採土地・義地・廟地） 183
地域社会開発事業 124,128,149
地域連携農業 84,85,90
地方の書 8
知行・知行権・知行所 6,7,8,9,16
地区営農組合 85,86,88,89,93,94,102
地区水稲協業組合 86
蓄積・蓄積装置 60,63,99,100,202,254,255,258,260
地下請制 4,6
地券 24,96
地租条例 24,25,31
地代管理制度 80,81
地丁銀 178,181
地場・地場産業 17,26,251
地方への権限の下放 2
茶業組合 56
中間団体・中間組織 2,4,6,111,183,185,240,253,257
町村合併促進法 69

適産調 28
寺子屋師匠・寺子屋教育 12,14
デリバリーメカニズム 44
田（公田・籍田・科田・功臣田・軍田・職田） 111,119,166
田（永業田・口分田・学田・丞誉田・太公田・祀田・祭田） 179,183,184,185

佃戸　186
田底権　186
田面権　186
田文　5

同居共財　185
搭套　184
東風機械場　227,228,229,230,243,257
トゥレ・洞トゥレ　115,116,119,121,170
土皇帝　204
土地改革・土地改革法　186,188,189,191
土地改良事業　145,146
土地基盤整備事業　46
土地調査事業　116,119
土法製鉄運動　194
洞会・洞会費　140,146,157,158,159,161,165,167,168,171,254
洞祭　139,140,161,167,168,254
洞畑　140,161,169
洞里・里　113,119,122,123,126,128,138,166
　　法定——　122,254
　　行政——　122,138,148,159
　　自然——　122,124,125,128,133,138

【ナ　行】
内生・内生的発展　251,260
内部化・内部取引・内部市場　100,102,156,243,256,259
名子・被官　4,7
ならし・地ならし　11,102,103,252
名寄帳　10,13,14

二重価格制　242
庭先農業　134

農業改良資金　48
農業基本法　46

農業協同組合・農業協同組合法　35,37,38,41,52,54,55,68,72,73,74,75,81,84,92,98,126,127,154
農業近代化資金　47,48
農業構造改善事業
　　第1次——　46,48,50,51,52,57
　　第2次——　51,52,72
　　第3次——　88
農業指導要員制度　123
農業振興計画　70,101
農業生産合作社の発展に関する議決　191
農業問題　23,50,79,130,137,173
農業用水開発事業　130
農漁民所得増大特別事業　130
農工商公司　223,224,243,257
農事教育研究法　123
農事教導法・農事教導事業　123,125
農事組合法人　85,88,89,94,99,102
農社　115
農書　20
農荘　111
農政懇談会　70
農村技術教育令　123
農村企業　216,217,239
農村経済更生計画　33,37
農村建設事業　42,124
農村産業基盤整備事業　146
農村振興法　125
農村人民公社の基本計算単位に関しての指示　199
農村生活環境改善事業　131
農村における人民公社の設立に関する決議　195
農談会・全国農談会　27,28
農地委員会　35,36
農地改革　33,35,36,38,121,122,168,239
農地改良組合・農地改良契　115,146,163,

164,165,171
農地価格統制令　35
農地管理令　35
農地調整法　35
農地法　48,52
農地保有合理化法人　92,95
農地利用委員会　80,81,256
農民の費用負担と労働義務管理条例　210
農林漁業金融公庫　47,48
農友会　149,154,155,156,157,171,254,256

【ハ　行】
配慮分水田　91,92,95
客家　183
法度支配　9
パリティー方式　47
班　67,68,97,138,139,141,148,159,167,168,193
半植民地化　187
半封建制　187

百姓一揆　14
百姓代　10,13
廟（祠廟・村廟・宗廟）　182,183,184
標準洞里育成事業　125

武家・武家支配・武家政権　3,4,16,21
福祉10項目　221,223,224,228,231
プマシ　115,116,139,161,169,254,255
部落（同族部落・近隣部落・特殊部落）
　　114
ブロックローテーション　91,92,94,95
文化大革命　201,202,205,241,242
文書化　257,258,259
文書管理　11,13,252

米穀自治管理法　32
米穀統制法　32

米穀配給統制法　35
兵農分離　5,9,13
編戸登籍　180

保甲制　2,178,180
包産到戸・包乾到戸　204,205
包税・包税人　181,182

【マ　行】
マウル・マウル賦役　119,122,124,125,133,
　　136,138,139,140,142,143,144,145,146,147,
　　148,149,155,156,158,159,161,162,163,165,
　　166,167,168,169,170,172,252,253,254,256,
　　257,258
　　基礎――　133
　　自助――　133,134
　　自立――　133,134
　　多姓――　139,167
　　二姓――　160,168

3つの現地の原則　201,202,242
宮座階梯制　14
民部省図帳　5

無尽・無尽講　12,19
村請制　1,6,7,9,14,21,23,96,97,98,103,177,
　　238,239,251,252,253
村方医師　12
村方三役　10,252
村方騒動　20
村切り　5,7,9,98
村組　13,29,34,97
村公会・村正・村副　181,182,185,253
村役　11,12,66,132

面・邑面　2,113,118,123,128,132,166,252
面経費負担方法　118

盲流　215

【ヤ　行】
亦工亦農労働　198

結い　255
輸出指向工業化　129

横の（社会）関係　97,98,241,244
余内　11

【ラ　行】
里甲制　2,178,180

リシービングメカニズム　44
律令・律令制　1,2,3
両班　2,110,113,121,136,168,252
領域管理国家　1
両税差役　178,179
領知　9

連合体企業　216

労働点数　192,201,222,224

【ワ　行】
割地・割地慣行　11,41,71,102,103

謝　辞

　本書は、事例の対象となった農村、農業生産者組織、地方自治体の関係者にその多くを負っています。特に韓国と中国では、当時、外国人は農村に入ることもできず、両国の政府機関関係者の特別の配慮なしには本文中の諸事例に近づくこともできない時代でした。個人個人のお名前をあげることはできませんが、これら関係者全ての皆様に心から御礼申し上げる次第です。

　恵まれた調査機会を与えられたにもかかわらず、あまりに多くのそして予期せぬ事実に限られた知識では追いついていけない歯痒さがありました。次から次へと湧いてくる疑問に、辛抱強く繰り返し答えて下さった以下の方々なしには何らの意味ある理解も解釈もできなかったと思います。ご厚意を生涯忘れることはありません。

　　星野常雄　宮迫茶業組合 組合長（当時）
　　葉山　長　和地施設園芸組合 組合長（当時）
　　李　萬儀　韓国内務部 セマウル企画課長（当時）
　　温　鉄軍　中国人民大学 農業・農村開発学院 院長
　　林　家彬　中国国務院 発展研究センター社会発展研究部 副部長
　　何　恵麗　中国人民大学 農業・農村開発学院 副教授
　　于　清高　中国企業管理協会（当時）

　また、本書の刊行にあたっては、古今書院社長の橋本寿資氏自らの校閲を願うことになりました。末尾ながら深謝の意を表します。

共著者一同

著者略歴及び執筆分担

余語 トシヒロ　日本福祉大学 大学院特任教授

学歴：北海道大学農学部 作物学専攻
職歴：㈱日本工営（1965～73）、国際連合（1973～98）、日本福祉大学（1998～）
主要著書：「Nation-Building and Regional Development（共著）」丸善アジア出版 1981、「Local Level Planning and Development（共著）」スターリング出版 1982、「New Training Design for Local Social Development Ⅰ・Ⅱ（共著）」UNCRD 1994、「事例研究Ⅰ・Ⅱ・Ⅲ（共著）」日本福祉大学通信教育部 2001、「福祉社会開発学の構築（共著）」ミネルヴァ書房 2005、「日本・アジアにおける地域の構造と開発（共著）」古今書院 2007、「福祉社会開発学：理論・政策・実際（共著）」ミネルヴァ書房 2008。
執筆分担：第1章、第2章（第1節・第5節）、第3章（第1節・第5節）、第4章（第1節・第5節）、第5章。

佐々木 隆　信州大学農学部 教授

学歴：京都大学農学部大学院博士課程 農業経営学専攻、農学博士、
職歴：信州大学農学部（1982～）、岐阜大学大学院連合農学研究科（兼任）（1992～04）。
主要著書：「農業経営研究の課題と方向（共著）」日本経済評論社 1993、「水田農業の総合的再編（共著）」農林統計協会 1994、「経営成長と農業経営研究（共著）」農林統計協会 1996、「食生活の表層と底流（共著）」農文協 1997、「日本農業の現代的課題（共著）」家の光協会 1998、「協同組合のコーポレート・ガバナンス（共著）」家の光協会 2000。
執筆分担：第2章（第2節・第3節・第4節）、第3章（第3節）、第4章（第2節・第3節・第4節）、第5章。

李 哲雨　慶北大学校 社会科学大学 教授

学歴：慶北大学校地理学科、名古屋大学文学部大学院博士課程 地理学専攻、文学博士
職歴：国際連合（1990～92）、慶北大学校（1992～）、Durham大学（客員教授）（2001～02）
主要著書：「農村問題と地域計画（共訳）」古今書院 1992、「空間理論の思想家たち（共著）」ハンウル 2001、「21世紀の韓国の代案的発展モデル（共著）」ハンウル 2002、「Policies and Strategies in Marginal Regions（共著）」Ashgate 2003、「地域経済の再構造化と都市産業空間の再編」ハンウル 2003、「ヨーロッパの地域発展政策（共著）」ハンウル 2003、「自立的地域発展モデル（共著）」大永文化社 2005
執筆分担：第3章（第1節・第2節・第4節）

陳 立行　日本福祉大学 情報社会科学部 教授
　学歴：東北師範大学外国語学部、筑波大学大学院博士課程 社会学専攻、社会学博士
　職歴：国際連合（1991～1995）、日本福祉大学（1995～）
　主要著書：「中国の都市空間と社会的ネットワーク」国際書院 1994、「現代中国の構造変動第 5 巻（共著）」東京大学出版会 2000、「移民政策の国際比較（共著）」明石書店 2003、「都市社会研究の歴史と方法（共著）」文化書房博文社 2007、「向社会福祉跨超（編著）」社会科学文献出版社 2007
　執筆分担：第 4 章（第 1 節・第 5 節）

新谷 直子　㈱住商アグロインターナショナル
　学歴：東京外国語大学外国語学部、日本福祉大学大学院修士課程 国際社会開発専攻、修士
　職歴：㈱シンテン（1993～97）、㈱住商アグロインターナショナル（1998～）
　執筆分担：第 4 章（第 1 節）

書　名	日本福祉大学COEプログラム　地域社会開発叢書　第1巻 **地域社会と開発－東アジアの経験－**
コード	ISBN978-4-7722-5217-1 C3033
発行日	2008年6月2日　第1刷発行
編　者	余語　トシヒロ・佐々木　隆 Copyright ©2008 Toshihiro Yogo・Takashi Sasaki
発行者	株式会社古今書院　橋本寿資
印刷所	株式会社カシヨ
製本所	高地製本所
発行所	**古今書院** 〒101-0062　東京都千代田区神田駿河台2-10
電　話	03-3291-2757
ＦＡＸ	03-3233-0303
振　替	00100-8-35340
ホームページ	http://www.kokon.co.jp/

検印省略・Printed in Japan

いろんな本をご覧ください
古今書院のホームページ

http://www.kokon.co.jp/

- ★ 500点以上の**新刊・既刊書**の内容・目次を写真入りでくわしく紹介
- ★ 環境や都市, GIS, 教育など**ジャンル別**のおすすめ本をラインナップ
- ★ **月刊『地理』**最新号・バックナンバーの目次&ページ見本を掲載
- ★ 書名・著者・目次・内容紹介などあらゆる語句に対応した**検索機能**
- ★ いろんな分野の関連学会・団体のページへ**リンク**しています

古 今 書 院
〒101-0062　東京都千代田区神田駿河台 2-10
TEL 03-3291-2757　　FAX 03-3233-0303
☆メールでのご注文は order@kokon.co.jp へ